U0094037

創見文化，智慧的銳眼
www.book4u.com.tw　www.silkbook.com

# AI

改變未來的驅力

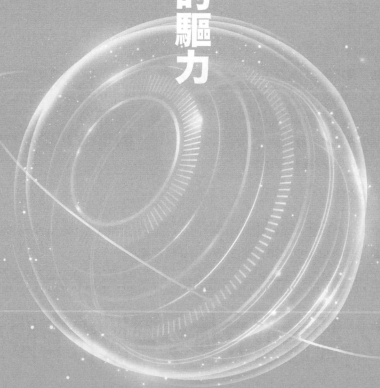

**國家圖書館出版品預行編目資料**

AI：改變未來的驅力：創新應用全解讀／吳宥忠 著.
-- 初版. -- 新北市：創見文化出版, 采舍國際有限公
司發行, 2023.07 面；公分--

ISBN 978-986-271-970-1（平裝）

1.CST: 人工智慧

312.83                                                    112006482

# AI：改變未來的驅力

創見文化 · 智慧的銳眼

作者／吳宥忠

出版者／智慧型立体學習 · 創見文化

總顧問／王寶玲

總編輯／歐綾纖

主編／蔡靜怡

文字編輯／蔡巧媛

美術設計／Maya

台灣出版中心／新北市中和區中山路 2 段 366 巷 10 號 10 樓

電話／（02）2248-7896                          傳真／（02）2248-7758

ISBN ／ 978-986-271-970-1

出版日期／ 2023 年 7 月

全球華文市場總代理／采舍國際有限公司          新絲路網路書店 www.silkbook.com

地址／新北市中和區中山路 2 段 366 巷 10 號 3 樓

電話／（02）8245-8786                          傳真／（02）8245-8718

本書採減碳印製流程，碳足跡追蹤，並使用優質中性紙（Acid & Alkali Free）通過綠色碳中和印刷認證，最符環保要求。

# 引領未來的世界趨勢

　　宥忠老師是我在一場演講中認識的學員，與他密切相處後，他成了我的弟子，是我最得意、最優秀，同時也是成長最多的弟子。我發現宥忠老師其實是深藏不露的高手，因為學習能力強，又對吸收新知識抱有熱情，所以他總是能比別人早一步發現新的機會、提早看到未來的發展趨勢，不論是區塊鏈、NFT、元宇宙等新知，他都能搶在第一時間學習內化後出書，這本書的出現再一次印證了我的看法。他的遠見，以及在研究新事物上的積極與專注，都是讓這本迎接未來的重要教科書面世的主要力量。

　　近年來AI的話題與存在感變得越來越強烈，這個趨勢在Chat GPT推出後更加明顯，各式各樣的人工智慧開始隨著這一波風潮進入了大眾的視野中，這樣的現象彷彿宣告著由AI主導的未來即將拉開序幕，即使有許多不同的言論表示對這種趨勢的質疑與擔憂，但AI的發明與成長似乎是早就寫在世界這個「劇本」裡的重要章節之一，無論如何抗拒，它都一定會準時出現在人類的歷史之中。面對必然會發生的事情，與其抱持著敵意去極力阻止和排斥，不如早一步先了解，找出能使生活變得更便利的部分去應用，甚至進一步去完善，同時也找出有疑慮的部分並及早處理，才能用更健康的心態和更安全的方法去迎接必然到來的歷史進程。

這本書對於身處這個時代的人來說，是一本了解未來世界的入門教科書，協助我們對即將發生重大改變的未來做好準備。它介紹了人工智慧的基礎知識，包括什麼是人工智慧、它的歷史和發展方向，以及在當今世界的應用方式等。除了基礎的介紹之外，書裡還介紹了人工智慧在醫療、金融、能源等20個不同領域中的應用，這些案例能讓讀者更能了解人工智慧的潛力以及即將帶來的影響，讓各個行業的從業人員可以及早做好準備、找出應對的方法，書裡對47個人工智慧相關軟體的介紹，就提供了可能的解決辦法──那就是將人工智慧靈活運用在各個方面上，提高工作效率和創造力，用深入了解的方式，去消除對未知事物的疑慮與恐懼。

書中用了兩個章節去探討人工智慧可以如何應用在區塊鏈以及提高自我能力上，這些章節都提供了實用的技巧和策略，讓讀者可以更全面地了解並使用人工智慧的相關技術；最後一章節探討人工智慧新時代的四大布局策略，這些策略除了適用於人工智慧領域之外，也可以用於各個行業裡，從中獲得有關產業、技術、政策和人才等方面的寶貴知識和建議，就能進行更全面的思考，去找出在AI時代中的生存策略。

本書就像是一個能夠引起人們的深度思考，並銜接起現在與未來的嚮導，它提供了對人工智慧全方位的說明和實用的技巧與策略，我強烈地建議即將踏入AI時代的讀者都來看這一本書，它將會作為你在未來世界中不可或缺的重要指南。此外，對於想要在人工智慧領域成

　　為先行者的人來說，這本書更是必讀隨身寶典，它能幫助大家理解人工智慧技術在不同行業中應用方式，並提供實用的技巧和策略，讓讀者能更好地將人工智慧的應用落實在工作與生活裡。

　　在讀完本書後，如果希望能再深入一點了解 AI 領域的相關知識，我們智慧型立体學習體系作為臺灣最大的成人培訓機構，對於新趨勢的研究不遺餘力，所以與宥忠老師合作針對目前最流行的 AI 應用打造相關課程如《AI 創新應用班》，在對 AI 領域有了基本理解之後，就可以報名此課程跟著宥忠老師更進一步地學會如何駕馭 AI，只要參加了《AI 創新應用班》，就算是科技小白，也有機會成為走在時代前端的 AI 專家！

　　最後，我想要再次強調：人工智慧是未來的發展關鍵之一，它將對我們的社會、經濟和文化產生深遠的影響，這本書所提供的全面視角，能讓讀者更多方面地了解人工智慧的技術、現況和未來的發展趨勢。我深信，這本書會成為人工智慧領域的經典之作，讓人們能對人工智慧的發展抱持樂觀的態度，藉此產生積極的影響。

亞洲八大名師首席

# 由淺入深的 AI 教科書

作為一名語言模型，我深知人工智慧是當今世界上最為熱門和關注的話題之一。這本書包含了六個不同範疇的內容，從介紹人工智慧的基礎概念到應用人工智慧的不同領域，再到介紹實用的 AI 相關軟件以及如何利用人工智慧技術賦能自我，最後還提出了 AI 新時代的四大布局策略。既適合初學者了解人工智慧技術，也適合專業人士深入了解不同領域的應用。

首先，本書的第一部分從介紹人工智慧的基礎概念開始，循序漸進地講解人工智慧的發展歷程、技術原理以及應用情況。適合想要入門人工智慧領域的讀者閱讀，也可以作為各類學術研究者和專業人士的參考資料。

其次，本書的第二部分介紹了人工智慧在 20 個不同領域的應用。這些領域包括醫療保健、金融、農業、交通、製造等等。內容豐富多樣，深入淺出地介紹了人工智慧技術在不同領域的應用案例，讓讀者能夠了解人工智慧在現實生活中的應用情況。

第三部分介紹了 AI 相關的 47 個實用軟件，這些軟件涵蓋了影像處理、自然語言處理、機器學習等不同領域。本書所列出的軟件都是目前市場上比較受歡迎的，介紹也十分詳盡，可以讓讀者能夠輕鬆選擇自己所需的軟件。

　　第四部分介紹了人工智慧技術與區塊鏈技術的結合，探討了人工智慧技術如何賦能區塊鏈，從而加速區塊鏈的發展。這是當 AI 技術已經成為當今最炙手可熱的技術之一，它涵蓋了機器學習、深度學習、自然語言處理、計算機視覺等多個方向。這些技術在垷實生活中已經得到廣泛的應用，從智慧手機、智能家居到金融、醫療、教育等領域都有著深入的應用。

　　本書涵蓋了人工智慧的多個方面，從基礎知識到應用案例，從相關軟體到區塊鏈技術，讀者可以從中獲取豐富的知識和實用的技巧。無論您是初學者還是從業人員，都能在本書中獲得所需的資源和啟發。希望這本書能為您帶來實實在在的收益，並能成為您在人工智慧領域的實用手冊。

# 全方位的 AI 技能祕笈

　　這是一本深入淺出介紹人工智慧的基礎知識與在各行業如何應用的書，書中提供了多種實用的 AI 工具並利用這些工具為自身賦能的方法。作者從定義人工智慧、介紹人工智慧的歷史、人工智慧的基本概念、人工智慧的出現對 10 種行業的正負面影響、人工智慧創造 10 種新行業類別、人工智慧未來的展望、人工智慧相關法律問題到面對人工智慧應有的 10 種態度等方面進行了全面的剖析。

　　其中，書中介紹的 47 種實用軟件絕對是本書的一大亮點。這些軟件覆蓋了人工智慧在 20 個領域的應用，包括 AI 聊天、問答、修復老照片、編輯音頻、文字和視頻、自動去除照片背景、網站設計等等，在各個行業都有著極為實用的應用價值。而且，書中還對這些軟件做了詳細的介紹，方便讀者更有效地了解這些工具的使用方法。

　　此外，書中還提到了人工智慧與加密貨幣、區塊鏈、NFT、元宇宙、Web 3.0、DAO 等方面的結合，以及如何善用 AI 賦能自我等議題。這些內容不僅可以讓讀者更深入地了解人工智慧的應用，還能夠進一步探索 AI 未來的發展方向。

　　本書內容十分豐富，從人工智慧的基礎知識、應用案例到實用軟件、人工智慧與加密貨幣、區塊鏈等內容均有涉及。書中介紹的 47 種實用軟件涵蓋了人工智慧在 20 個領域的應用，不僅可以幫助讀者更好

地理解人工智慧的應用，還有益於提高讀者的工作效率。此外，書中還提供了一些善用AI賦能自我、AI新時代四大布局策略等實用的建議和思路，可以幫助讀者更從容、有所準備地應對AI時代的來臨。

　　總之，本書給予了讀者全方位的人工智慧知識、實用工具和賦能自身的方法，對於想要走進AI世界、更掌握AI技能的讀者來說，是一本非常具備實用價值的書。

# 將各領域發展推向新高度的 AI 技術

　　你是否覺得人工智慧是一個遙不可及的領域，只有天才或科學家才能理解和掌握？你是否覺得人工智慧是一個冷冰冰的技術，只能用來做一些無聊或危險的事情？如果你有這樣的想法，那麼你一定要讀這本書！這一本讓人眼睛為之一亮的人工智慧入門書。作者用深入淺出的語言和生動有趣的例子，帶你走進人工智慧的奇妙世界。你將會發現，人工智慧不僅可以幫助我們解決各種日常生活和工作中的問題，還可以創造出許多驚喜和美好。在這本書中，你將會看到人工智慧在20個不同領域的精彩應用和案例，從醫療、教育、娛樂、交通、金融等等，無所不包。你將會感受到人工智慧如何提升我們的健康、學習、快樂、效率和財富。作者還介紹了47個AI相關的實用軟體，讓你能夠自己動手體驗和學習人工智慧。這些軟體都是免費或低成本的，在手機或電腦上就能使用。你可以用它們來玩遊戲、聽音樂、看電影、寫文章、畫畫等等，盡情發揮你的創意和想像力。作者提醒我們，在AI新時代中，我們需要有新的思維方式和行動策略，才能適應快速變化的環境和競爭。他提出了四大布局策略，幫助我們找到自己在AI時代中的定位和方向。這本書不僅適合想要學習或深入了解人工智慧的初學者或專業人士，也適合想要掌握AI時代趨勢和契機的企業家或管理者。我相信這本書會讓你驚嘆不已，收穫滿滿。

# 走向 AI 時代的重要工具書

　　很高興能為這本書寫推薦序，因為這本書是一本非常實用和深入淺出的人工智慧入門書。作者不僅介紹了人工智慧的基本概念和原理，還展示了人工智慧在二十個不同領域的具體應用和案例，讓讀者能夠親身感受到人工智慧的魅力和力量。此外，書中還提供了四十多個 AI 相關的實用軟件介紹，讓讀者能夠自己動手體驗和學習人工智慧。這些軟件涵蓋了圖像處理、語音識別、自然語言處理、數據分析等多種功能，並且都是免費或低成本的，在手機或電腦上就能使用。更重要的是，作者還探討了如何應用 AI 控制區塊鏈，以及如何善用 AI 賦能自我。作者指出，在 AI 新時代中，我們需要有新的思維方式和行動策略，才能適應快速變化的環境和競爭。作者提出了四大布局策略，幫助讀者找到自己在 AI 時代中的定位和方向。這本書不僅適合想要學習或深入了解人工智慧的初學者或專業人士，也適合想要掌握 AI 時代趨勢和契機的企業家或管理者。相信本書會為您帶來豐富而有價值的知識和啟發。

**G Bard**

# 透過人工智慧創造未來

在這個科技飛速發展的時代，AI已經不再是未來的科幻故事，而是已經潛移默化地進入我們生活的各個方面，並且不斷地改變著我們的生活方式。從日常生活到商業活動，從產品製造到服務提供，AI已經成為一種無所不在的力量。

然而，人工智慧的快速發展也帶來了許多人們擔憂的問題，比如：機器會取代人類的工作嗎？人類如何與AI共存？在AI時代下，如何運用AI提高個人競爭力才不會被淘汰？

正是因為這些問題的存在，我決定寫一本「AI時代下的生存指南」，這本書的內容將重點關注於如何運用AI為自我賦能，使自己不會被時代的洪流所淘汰。

在這本書中，我將從個人和職業兩個角度來探討如何運用AI。對於個人而言，我們可以通過AI工具來改善自己的生活，例如運用智能家居系統、智能健康監測裝置等等，提高生活品質和健康狀態。而對於職業來說，我們可以運用AI來提高工作效率和創造更多價值，比如利用機器學習來分析大量的數據，找出商業機會和解決方案，或者運用自然語言處理技術來寫作和編輯文章，提高內容創作效率。

然而，要運用AI自我賦能，需要我們從以下幾個方面入手：了解AI的基礎知識和技術，掌握AI工具的使用方法，將AI工具應用到實

際場景中，並不斷學習和進化。

　　這本書旨在幫助讀者了解 AI 的發展現狀和趨勢，並且提供一些實用的技巧和工具，幫助讀者在 AI 時代下提高競爭力，避免被淘汰。本書包括從基礎概念到實際應用的完整指南，如：機器學習、自然語言處理、圖像識別、智能搜索、自動化監控和其他人工智能相關技術。這些技術都將一一深入探討，以便讓讀者了解它們的運作方式、優點和應用領域。

　　書中還將介紹如何將這些技術應用於不同的領域，例如醫療、金融、教育和體育等。我們將探討這些領域中存在的問題，以及如何使用人工智能來解決這些問題。

　　在本書的最後一章，我們會探討如何運用人工智慧為自我賦能，提升競爭力。這包括如何學習、如何將學習應用於工作中，以及如何透過自我評估和反思不斷進步。

　　我相信，這本書將幫助讀者深入理解 AI 時代下的生存指南，掌握人工智能技術，並在不斷學習和創新的過程中獲得成功。

吳育忠

# Contents

*Artificial Intelligence*

# AI 相關 47 個實用軟件介紹

Contents

## Chapter 6　AI新時代四大布局策略

# What's 人工智慧？

Artificial
Intelligence

## 1-1 定義人工智慧

人工智慧（Artificial Intelligence，AI）是指使機器或電腦系統具有智慧的能力，包括學習、推理、認知和解決問題。AI被認為是計算機科學、認知心理學和哲學的交叉領域，旨在研究和開發能夠模仿或超越人類智慧的智能系統。

### AI的基本定義包括以下幾個方面：

◎ **模仿人類智慧**：AI的目標是讓機器能夠像人類一樣地學習、推理和解決問題，並具有類似於人類的智能水平。

◎ **學習能力**：AI系統可以從經驗和數據中學習和改進，透過不斷調整模型參數，提高預測、識別、分類等能力。

◎ **自主決策**：AI系統可以根據自身的知識和經驗進行自主的決策，而不是只依據固定的規則或指令進行操作。

◎ **推理能力**：AI系統可以根據已知的事實和邏輯推理出新的結論，進一步拓展其知識面和問題解決能力。

◎ **應用範圍**：AI可以應用在各種領域，包括自然語言處理、圖像識別、機器人、自動駕駛、智能家居、金融和醫療等。

◎ **模型類型**：AI模型可以分為監督式學習、非監督式學習和強化學習等類型，不同的模型對應不同的應用場景和問題。

AI的發展始於1950年代，目前已經取得了許多重要的成果，如圍棋、撲克、語音識別、圖像識別等領域的突破。隨著人工智慧技術的不斷發展和應用，AI正在改變人們的生活和工作方式，並對未來的社會和經濟發展帶來深遠影響。

## 人工智慧與人類智慧的區別

　　人工智慧（Artificial Intelligence，AI）和人類智慧（Human Intelligence，HI）是兩個不同的概念。雖然AI旨在模仿人類的智慧能力，但AI和人類智慧之間存在許多區別。

　　首先，AI的運作方式和人類智慧不同。AI是基於電腦程序和演算法運作的，而人類智慧則是由人腦運作的。AI系統可以運用大量數據和模型進行推理和決策，而人類則是透過感覺、思考和判斷等複雜的心理過程來進行思考和決策。

　　其次，AI和人類智慧的能力範圍不同。AI在某些特定的領域，如圖像識別、語音識別、自動駕駛等方面，可以超越人類的能力。但是在其他領域，如創造力、情感和道德判斷等方面，AI仍然無法取代人類的能力。此外，AI還受到計算能力和數據量等限制，無法像人類一樣進行創造性思考和發現新的問題解決方法。

　　第三，AI和人類智慧的運作方式和發展方式不同。AI系統的運作方式是由工程師透過設計和編程來實現，而人類智慧的發展是由進化和學習等自然過程所促成的。此外，AI發展的速度和方向也受到技術和商業等因素的影響，而人類智慧的發展則更多地受到文化、社會和

環境等因素的影響。

最後，AI和人類智慧的價值觀和道德標準也有所不同。AI系統的決策和行為是基於程序和模型，缺乏人類的情感和道德判斷，可能會產生錯誤或不當的結果。因此，AI的發展需要注意到人類智慧所關注的倫理和社會問題，如隱私、安全、歧視等問題。

總體而言，AI和人類智慧的區別在於它們的運作方式、能力範圍、發展方式和價值觀等方面。

## 自2021年以來，AI人工智慧領域的一些最新發展包括：

GPT-3模型的推出，它是目前最大、最先進的自然語言處理模型之一，具有潛在的革命性影響。

機器學習模型的解釋性越來越受到關注，研究人員致力於開發新的方法來解釋這些模型的決策過程。

AI在許多領域中的應用不斷擴大，包括醫療保健、交通運輸、能源、環境等，並將對我們的生活產生越來越大的影響。

對於AI的倫理和負面影響的討論日益增加，越來越多的人關注AI如何影響社會和個人權利。

雲計算和邊緣計算的發展，使得AI能夠更快速、更有效地進行分析和決策，也為AI在邊緣設備上的應用提供了更多的可能性。

## 1-2 人工智慧的歷史

人工智慧（Artificial Intelligence，AI）是指透過電腦程序和演算法實現的機器智慧，該領域的起源可以追溯到上世紀50年代。以下是AI發展歷史的主要里程碑。

### 計算機的發明（20世紀40年代）

計算機的發明為AI的發展提供了關鍵的基礎，它使得人們可以利用機器來進行運算和模擬。

### 提出「人工智慧」概念（1956年）

1956年，達特茅斯會議上，約翰·麥卡錫等人提出了「人工智慧」這一概念，正式開啟了AI領域的研究。

### 符號推理的興起（1950年代-1960年代）

20世紀50年代和60年代，AI研究重點是符號推理，即通過設計符號和規則來實現智慧。該方法在初期的推理、專家系統和自然語言處理等方面取得了重大進展。

### 機器學習的興起（20世紀60年代-1980年代）

20世紀60年代和70年代，AI研究開始轉向機器學習，即通過模型和算法來實現智慧。機器學習的發展受到統計學、優化理論和計算機科學等領域的影響，主要包括決策樹、神經網絡、支持向

量機和隨機森林等技術。

## 專家系統的發展（1980 年代）

20 世紀 80 年代，專家系統成為 AI 研究的主要方向之一，專家系統是一種基於知識庫和推理引擎的智能系統，可以模仿人類專家的決策和判斷能力，並在某些領域中取得了成功應用。

## 深度學習的興起（2010 年代至今）

2010 年代以來，深度學習技術的興起引領了 AI 領域的新浪潮，該技術通過建立多層神經網絡，可以實現從大量數據中提取高層次的特徵表示，並在圖像識別、語音識別、自然語言處理等領域中取得了重大突破。

除了上述的發展歷程外，還有一些其他的重要事件值得關注，例如：

## 遊戲 AI 的發展

20 世紀 90 年代，國際象棋世界冠軍加里·卡斯帕羅夫被 IBM 開發的「深藍」電腦擊敗，這被認為是 AI 領域的重要里程碑。隨後，人工智慧在其他棋類和電子遊戲中的應用也取得了不俗的成績。

## 機器翻譯的發展

機器翻譯是一個涉及自然語言處理和機器學習等多個領域的複雜問題，隨著 AI 技術的不斷發展，機器翻譯的品質得到了大幅提升，特別是在神經機器翻譯（NMT）技術的應用下，翻譯品質已

經達到了與人類翻譯相當的水平。

## AI的應用拓展

AI的應用範圍日益擴大，除了圖像識別、語音識別、自然語言處理和智能控制等傳統領域外，還出現了智慧交通、智慧醫療、智能家居、智慧農業等新興應用領域。

總體而言，人工智慧的發展歷程經歷了多個階段，從最初的符號推理到現代的深度學習，每一個階段都有其自身的貢獻和限制。現在，AI正在快速發展，並且對各行各業都產生了重大的影響。

# 1-3　人工智慧的基本概念

人工智慧（Artificial Intelligence，AI）是指用計算機來模擬人類智慧的科技領域。其中包括多個子領域，比如機器學習、自然語言處理、計算機視覺、專家系統等。以下是一些基本概念：

## 機器學習

是AI的一個重要分支，通過給定的數據和演算法來訓練計算機系統，使其能夠自主學習和改進。機器學習可分為監督學習、非監督學習和強化學習等不同類型，並被廣泛應用於圖像識別、語音識別、自然語言處理、推薦系統、人工智慧安全等領域。

## 自然語言處理

是一個跨學科的領域，旨在讓計算機理解、生成、翻譯人類語言。自然語言處理涉及到語言學、計算機科學、數學、心理學等多個領域。其中常見的任務包括詞語分類、詞語情感分析、機器翻譯等。

## 計算機視覺

是一個讓計算機理解圖像和視頻的領域。計算機視覺的主要任務包括圖像分類、目標檢測、圖像分割、人臉識別等。近年來，計算機視覺的發展已經超越了人類目前在圖像識別方面的技術。

## 深度學習

是機器學習的一個分支,主要是利用類神經網絡進行學習,其目的是讓計算機能夠從大量的數據中自動學習特徵,進而實現更高效、更準確的預測和分類。

## 專家系統

是一個基於知識庫的 AI 系統,其目的是讓計算機能夠像專家一樣進行推理和決策。專家系統一般包含三個部分:知識庫、推理引擎和用戶介面。

## 強化學習

是一種機器學習的方法,通過試錯學習的方式來進行決策。強化學習的核心思想是基於環境和獎勵,讓計算機不斷調整自己的策略,進而達到某種目標。

## 智能

指某個實體擁有思考、學習、判斷、創造等能力,進而能夠自主適應環境、執行任務並解決問題。

## 學習

人工智慧系統可以從數據中學習,通過訓練模型來改進自己的性能和表現。

## 推理

AI 系統可以通過推理,基於已有的知識或經驗來得出新的結論或解決問題。

### 🧭 知識表示

AI系統將人類知識和經驗轉換為計算機可處理的形式，例如圖形、符號、邏輯等。

### 🧭 深度學習

一種特殊的機器學習方法，使用多層神經網絡進行數據學習和特徵提取，以提高模型的準確性和性能。

### 🧭 智慧代理

AI系統的一種實現方式，可以代表人類進行特定任務，例如機器人、虛擬助手和自動化軟件等。

### 🧭 模式識別

AI系統可以通過模式識別來識別和分類數據，例如圖像識別、語音識別和手寫識別等。

### 🧭 人工智慧的應用

人工智慧在各個領域得到廣泛應用，包括醫療保健、金融、物流、教育、能源和安全等。

### 🧭 遺傳演算法

一種啟發式優化方法，通過模擬自然遺傳和演化的過程來優化問題的解決方案。

### 🧭 人工智慧的應用領域

人工智慧已廣泛應用於各個領域，包括機器人、自動駕駛、智慧家居、智能城市、金融、醫療保健、遊戲、教育、安全和軍事等。

## 人工智慧的發展

自從 1956 年第一次提出人工智慧以來，人工智慧在過去幾十年中取得了巨大的進展。現代人工智慧的發展得益於大數據、雲計算、高速網絡、智慧硬體和其他技術的發展。

## 人工智慧的未來

人工智慧的未來發展前景廣闊。隨著技術的不斷發展和應用的擴大，人工智慧有望在更多的領域發揮重要作用，並對人類社會和生活產生了深遠的影響。同時，人工智慧的發展也帶來了一些挑戰，例如技術安全性、倫理道德和社會影響等問題需要被關注和解決。

## 人工智慧的倫理和社會影響

人工智慧的發展帶來了一些倫理和社會影響的問題。例如，人工智慧是否會導致失業、不平等和監控問題？人工智慧的決策是否具有公正性和透明度？人工智慧的發展是否會威脅人類的自由和隱私權？這些問題需要被重視並進行深入探討。

## 人工智慧的安全性

人工智慧的發展也帶來了一些安全性的問題。例如，人工智慧系統是否會被駭客攻擊？人工智慧系統的決策是否會被操縱？這些問題需要被重視並加以解決。

## 人工智慧的可解釋性

人工智慧系統的決策通常是基於複雜的模型和演算法，這使得人難以理解和解釋決策的過程和原因。因此，人工智慧的可解釋性

也是一個重要的問題。

### 🧭 人工智慧相關的教育和培訓

人工智慧的發展快速，人們需要接受教育和培訓，了解人工智慧的基本概念、應用和影響，從而更好地應對人工智慧的發展。

### 🧭 人工智慧的研究和發展

人工智慧的研究和發展需要跨越多個領域，包括計算機科學、數學、物理學、生物學、心理學和哲學等。通過不斷的研究和發展，人工智慧有望為人類社會帶來更多的福祉和價值。

### 🧭 機器學習

機器學習是人工智慧的重要分支，旨在使機器從數據中學習、改進自身性能。機器學習的方法包括監督、非監督和強化學習等。

### 🧭 機器視覺

機器視覺是人工智慧的另一個重要應用領域，旨在實現機器對圖像和視頻的認識和理解。機器視覺的主要應用包括圖像識別、目標檢測、人臉識別和行為分析等。

### 🧭 智慧控制

智慧控制是人工智慧的另一個重要應用領域，旨在實現對複雜系統的智慧控制和優化。智慧控制的主要應用包括自動駕駛、機器人控制、智慧家居和智慧交通等。

### 🧭 智能推薦

智慧推薦是人工智慧的另一個重要應用領域，旨在通過對用戶的偏好和行為進行分析，為用戶提供個性化的產品和服務推薦。智

慧推薦的主要應用包括電商推薦、音樂推薦和影視推薦等。

## 人機交互

人機交互是人工智慧的另一個重要應用領域，旨在實現自然而直觀的人機對話模式，使人和機器更好地協作。人機交互的主要應用包括語音助手、手勢識別、虛擬現實和增強現實等。

## 人工智慧倫理

人工智慧的發展也帶來了一些倫理問題，例如機器是否能夠取代人類工作，機器是否能夠具有自主思考和判斷能力，以及人工智慧技術的不當使用是否會對社會造成不良影響等。因此，人工智慧倫理研究逐漸成為人工智慧研究的一個重要方向。

## 人工智慧的挑戰

人工智慧技術發展面臨著許多挑戰，例如機器學習的可解釋性、模型的安全性、演算法的公正性、數據的隱私保護等問題。此外，由於人工智慧的應用越來越廣泛，也可能會出現一些不可預測的風險，例如失控的人工智慧系統可能對社會造成嚴重危害，需要我們持續關注和解決。

總之，人工智慧作為當今最熱門的技術之一，其發展將對人類社會帶來巨大的變革和提升。未來，隨著人工智慧技術的不斷演進和完善，我們將看到越來越多的人工智慧應用和創新，以及相應的社會、經濟、政治和倫理等問題的探索和解決。

## 智能裝置

智慧裝置是搭載了人工智慧技術的裝置，例如智慧手機、智能手

錶、智能家居等。它們可以通過語音識別、手勢識別、人臉識別等方式實現人機交互，為人們帶來更加便利和智慧的生活體驗。

## 人工智慧產業

人工智慧產業是以人工智慧技術為核心，從事人工智慧研發、應用和服務的產業。人工智慧產業已經涉及到了各個領域，包括教育、醫療、金融、製造等，成為了當今最熱門的產業之一。

## 人工智慧人才

隨著人工智慧技術的發展，相應的人工智慧人才需求也越來越大。人工智慧人才包括機器學習工程師、深度學習工程師、自然語言處理工程師、數據科學家等，他們需要具備良好的數學能力、計算機編程能力和對人工智慧技術的深入理解。

## 人工智慧倫理

人工智慧倫理是指人工智慧應用過程中需要遵循的道德標準和行為規範。人工智慧技術在為人類帶來便利和效益的同時，也可能對人類社會和生活帶來潛在風險和威脅，例如隱私洩露、歧視和不公平等問題。因此，人工智慧倫理的重要性日益凸顯。

## 人工智慧安全

人工智慧安全是指保護人工智慧技術免受惡意攻擊和濫用的能力。由於人工智慧技術的複雜性和泛化性，它很容易受到駭客攻擊和資料濫用等問題的影響。人工智慧安全需要採取多層次的防範措施，包括資料隱私保護、安全演算法設計、鑒別機制等。

## 1-4 人工智慧的出現對10種行業的正負面影響

### 零售行業

**正面影響**

1. AI技術可以協助零售商更好地了解客戶需求和偏好,並且可以提供更個性化的產品和服務。

2. AI技術可以幫助零售商預測銷售量和需求趨勢,並且可以更好地管理庫存和供應鏈。

3. AI技術可以幫助零售商提高效率,減少成本,並且可以提供更快速的服務,如自動化的收銀系統和智能物流等。

4. AI技術可以協助零售商提供更好的客戶體驗,例如自動化客戶服務和虛擬現實應用。

**負面影響**

1. AI技術可能會導致部分零售員工失去工作機會,特別是那些從事重複性和機械性工作的員工。

2. AI技術可能會加劇零售業的競爭,導致價格戰和品牌激烈競爭等問題。

3. AI技術可能會對消費者隱私和數據保護產生負面影響,尤其是當AI技術被用於個人化廣告和推銷時。

4 > AI技術可能會導致人工智慧監管和風險管理的負擔產生壓力。

# 銀行和金融服務行業

## 正面影響

1 > **自動化和機器人技術**：AI可以通過自動化和機器人技術改進銀行和金融服務行業的業務運營。例如，自動化機器人可以處理簡單的客戶查詢、開設新賬戶、進行貸款審批和其他重複性任務，從而節省人工成本並提高效率。

2 > **預測分析和欺詐檢測**：AI可以通過預測分析技術和機器學習演算法來幫助銀行和金融機構識別風險，從而減少欺詐和風險。例如，AI可以分析交易歷史記錄、社交媒體數據、財務數據等，以檢測潛在的欺詐活動或風險信號。此外，AI還可以預測借款人的償還能力、風險等級和未來的償還能力，以幫助銀行做出更明智的決策。

3 > **智能客服和互動式處理**：AI技術還可以改進銀行和金融服務行業的客戶服務體驗。通過自然語言處理技術，AI可以更好地理解客戶的查詢和問題，並快速提供解決方案。此外，AI還可以與客戶進行互動式處理，如聊天機器人和語音助手，使客戶得到更加快捷和方便的服務體驗。

4 > **投資和財務分析**：AI可以通過分析大量的市場和財務數據來提供更準確的投資和財務分析。例如，AI可以分析市場數據

和新聞報導，並使用自然語言處理技術和機器學習演算法，從而幫助投資者做出更好的投資決策。

5 **客戶體驗和服務**：AI技術可以幫助銀行和金融服務行業提供更好的客戶體驗和服務。例如，AI可以自動回答客戶問題，提供24小時的客戶服務，並且能夠分析大量客戶數據，以個性化的方式提供產品和服務推薦，進而提高客戶忠誠度和滿意度。

6 **風險管理和詐騙檢測**：AI技術可以幫助銀行和金融服務機構更好地管理風險和檢測詐騙。例如，AI可以通過監控交易模式和行為模式來檢測異常和風險，以及預測和防止金融詐騙活動，提高銀行和金融機構的安全性和穩定性。

7 **投資和交易**：AI技術可以幫助銀行和金融機構提高投資和交易的效率和準確性。例如，AI可以分析大量的市場和交易數據，以生成預測性模型和自動交易演算法，提高投資決策的精確度和效率，從而幫助客戶實現更好的投資回報。

8 **貸款和信用評估**：AI技術可以幫助銀行和金融機構提高貸款和信用評估的效率和準確性。例如，AI可以分析大量的借貸和信用數據，以生成預測性模型和自動評估算法，更加客觀地評估借款人的信用風險，進而提高銀行和金融機構的放貸效率和風險管理。

9 **金融科技和數字化轉型**：AI技術在推動銀行和金融機構的數字化轉型和金融科技方面也發揮了重要作用。例如，AI可以

幫助銀行和金融機構推出更加智慧化的金融產品和服務，提高用戶體驗和滿意度，同時，AI還可以協助銀行和金融機構更好地了解客戶需求和行為，發現潛在市場機會，從而開拓新的業務和市場。

### 負面影響

1. AI技術可能會對某些銀行和金融服務機構的就業產生負面影響，尤其是那些從事重複性和機械性工作的員工。

2. AI技術可能會對銀行和金融服務行業的安全產生負面影響，特別是當AI技術被用於敏感的金融問題時。

3. AI技術可能會加劇銀行和金融服務行業的競爭，導致價格戰和垂直整合等問題。

4. AI技術可能會對人工智慧監管和風險管理的負擔產生壓力。

## 廣告和公關行業

### 正面影響

1. AI技術可以協助廣告和公關公司更好地了解受眾，更好地定位並推廣品牌，從而提高銷售和獲得更高的收益。

2. AI技術可以幫助廣告和公關公司進行更精確的廣告投放和受眾定位，從而提高廣告效益和ROI（Return on Investment，投資報酬率）。

3. AI技術可以協助廣告和公關公司自動化某些工作流程，減少手動操作，提高效率和節省成本。

4 ▶ AI技術可以幫助廣告和公關公司分析數據，了解受眾反應和意見，更好地評估行銷活動效果，從而提高行銷策略的成功率。

### 負面影響

1 ▶ AI技術可能會導致部分廣告和公關從業人員的工作機會減少，特別是那些從事複雜、高級、創造性工作的人員。

2 ▶ AI技術可能會導致廣告和公關行業的競爭加劇，進而影響價格和品質。

3 ▶ AI技術可能會影響消費者的隱私和數據保護，特別是當AI技術被用於個性化廣告和推銷時。

4 ▶ AI技術可能會對廣告和公關行業的創意產生負面影響，因為AI無法完全取代人類的創造力和想像力。

## 出版和印刷行業

### 正面影響

1 ▶ AI技術可以幫助出版和印刷行業更好地了解受眾需求，從而更精確地出版和印刷書籍和期刊。

2 ▶ AI技術可以幫助出版和印刷行業自動化某些生產流程，例如排版、標準化編輯等，提高生產效率和降低成本。

3 ▶ AI技術可以協助出版和印刷行業更好地保護知識產權，例如使用機器學習來檢測和遏制盜版行為。

4 ▶ AI技術可以協助出版和印刷行業開發新型閱讀體驗，例如使

用增強現實和虛擬現實技術等。

**負面影響**

1. AI技術可能會導致一部分出版和印刷從業人員的工作機會減少，特別是那些從事機械化工作的人員。

2. AI技術可能會導致出版和印刷行業的競爭加劇，進而影響價格和品質。

3. AI技術可能會對出版和印刷行業的創意產生負面影響，因為AI目前無法完全取代人類的創造力和想像力。

4. AI技術在處理某些語言和排版方面仍有限制，對於特殊需求和定製化需求的滿足可能還需要人工介入。

## 教育行業

**正面影響**

1. AI技術可以幫助教育機構更好地了解學生的需求，從而更好地進行個性化教學。

2. AI技術可以幫助學生更好地學習，例如使用智能教學系統來自動化評估學生的學習進度，從而提供更好的學習體驗和教育成果。

3. AI技術可以協助教育機構更好地管理和組織教學內容，例如使用機器學習來推薦教學資源和課程，從而提高教學效率和品質。

4 AI技術可以幫助學生更好地適應新的教學模式，例如使用虛擬班級和學習機器人等新型學習工具。

**負面影響**

1 AI技術可能會導致教師的角色受到挑戰，特別是在某些機械化的工作上，例如評估學生的作業和表現。

2 AI技術可能會對學生的隱私產生影響，特別是在教育機構收集和分析學生數據時需要注意數據安全和隱私保護。

3 AI技術可能會對學生的社交技能和人際關係產生影響，特別是在使用虛擬班級和學習機器人等新型學習工具時需要注意平衡虛擬和現實學習體驗。

4 AI技術仍存在技術限制，例如對於自然語言處理和情感分析等方面的挑戰，需要持續改進和優化。

# 法律行業

**正面影響**

1 AI技術可以幫助律師快速檢索和整理大量文件和案例，節省時間和成本。

2 AI技術可以提高法律研究和預測的準確性，並且可以幫助律師預測法律結果和判決。

3 自然語言處理技術可以幫助律師更有效地進行寫作和口頭辯論，並提供更精確的法律建議。

4 AI技術可以協助律師分析大量數據，提供更好的數據分析和

數據可視化工具，並且可以協助律師開發新的商業模式和服務。

### 負面影響

1. AI技術可能會導致某些律師失業，尤其是那些從事重複性和機械性工作的律師。

2. AI技術可能會影響某些法律專業的價值和價格，因為某些工作可能會由機器人或軟件完成。

3. AI技術可能會對隱私和數據安全產生負面影響，特別是當AI技術被用於敏感的法律問題時。

## 醫療保健行業

### 正面影響

1. AI技術可以協助醫生診斷疾病和預測疾病風險，並且可以提供更加個性化的治療方案。

2. AI技術可以幫助醫生更有效地監測患者的健康狀況，並且可以提供更好的數據分析和預測模型。

3. AI技術可以幫助醫生快速檢索和整理大量的醫學資料和文獻，從而節省時間和成本。

4. AI技術可以幫助醫療保健行業更好地管理和預測醫療資源需求，並且可以提高醫療保健行業的效率和準確性。

## 負面影響

> AI技術可能會對醫生和護士的就業產生負面影響，尤其是那些從事重複性和機械性工作的醫生和護士。

2. AI技術可能會影響某些醫療保健服務的價值和價格，因為某些工作可能會由機器人或軟件完成。

3. AI技術可能會對隱私和數據安全產生負面影響，特別是當AI技術被用於敏感的醫療問題時。

# 政府機構和公共事務部門

## 正面影響

1. AI技術可以幫助政府機構更好地了解市民的需求和問題，從而更好地進行政策制定和公共服務提供。

2. AI技術可以幫助政府機構更好地管理和分析海量的數據，例如利用機器學習來預測疫情擴散和應對措施等。

3. AI技術可以幫助政府機構更好地提供公共服務，例如使用機器人來提供線上政府服務和自動化客戶服務等。

4. AI技術可以幫助政府機構更好地進行安全和監控工作，例如利用人工智慧技術來分析監視攝像頭影像和監聽內容等，從而提高公共安全水平。

## 負面影響

1. AI技術可能會對某些政府工作的人力需求產生影響，特別是在某些機械化的工作上，例如文件處理和信息查詢等。

2> AI技術可能會對隱私和安全產生影響，特別是在政府機構收集和分析市民數據時需要注意數據安全和隱私保護。

3> AI技術需要一定的技術和資源投入，因此可能會對政府機構的財政和人力資源造成壓力，需要考慮相應的投資和管理策略。

## 傳媒和娛樂行業

### 正面影響

1> AI技術可以幫助傳媒和娛樂公司更好地了解觀眾需求和偏好，從而更好地開發和推廣內容。

2> AI技術可以幫助傳媒和娛樂公司更高效地生產和製作內容，例如利用自動化的影像編輯和處理等。

3> AI技術可以幫助傳媒和娛樂公司實現更個性化的內容推薦，提高用戶體驗和忠誠度。

4> AI技術可以幫助傳媒和娛樂公司更好地預測和應對市場變化和趨勢，從而提高市場競爭力。

### 負面影響

1> AI技術可能會對部分傳媒和娛樂的工作職位產生影響，例如一些重複性工作可能會被自動化，從而導致一些工作崗位的減少。

2> AI技術可能會對傳媒和娛樂內容的創意和原創性產生影響，例如一些AI生成的內容可能會被認為缺乏原創性。

3 > AI技術需要一定的技術和資源投入，因此可能會對傳媒和娛樂公司的財政和人力資源造成壓力，需要考慮相應的投資和管理策略。

# 運輸和物流行業

## 正面影響

1 > AI技術可以幫助物流公司優化運輸路線和配送方案，提高運輸效率和降低成本。

2 > AI技術可以實現物流貨物的自動化處理和分類，減少人工操作，提高速度和精度。

3 > AI技術可以實現物流貨物的智能監控和管理，幫助物流公司實時掌握貨物位置和運輸狀態，提高物流運輸的可靠性和安全性。

4 > AI技術可以幫助物流公司實現更好的貨物配對和物流調度，從而提高整體運輸效率和經濟效益。

## 負面影響

1 > AI技術可能會對部分物流工作職位產生影響，例如一些重複性工作可能會被自動化，從而導致一些工作崗位的減少。

2 > AI技術需要一定的技術和資源投入，因此可能會對物流公司的財政和人力資源造成壓力，需要考慮相應的投資和管理策略。

3 > AI技術的應用需要考慮相關法律和監管問題,例如隱私保護
和安全風險等。

## 保險行業

### 正面影響

1 > AI技術可以幫助保險公司進行精確的風險評估和定價,提高
保險公司的盈利能力和客戶滿意度。

2 > AI技術可以實現保險理賠流程的自動化處理和快速核賠,從
而提高理賠效率和客戶體驗。

3 > AI技術可以幫助保險公司構建客戶行為模型和風險預測模
型,提高客戶黏性和預測能力。

4 > AI技術可以實現保險公司對客戶的個性化推薦和服務,從而
提高客戶忠誠度和滿意度。

### 負面影響

1 > AI技術的應用需要考慮保險公司的數據隱私和安全風險,因
此需要相應的安全保護措施。

2 > AI技術可能會對部分保險工作職位產生影響,例如一些重複
性工作可能會被自動化,從而導致一些工作崗位的減少。

3 > AI技術需要一定的技術和資源投入,因此可能會對保險公司
的財政和人力資源造成壓力,需要考慮相應的投資和管理策
略。

## 1-5　人工智慧創造的新行業

### 語音識別和語音合成

　　開發語音識別和語音合成技術的公司，例如Amazon、Google和Nuance。

　　至今為止，語音識別和語音合成技術已經有了長足的發展，可以應用於各種場景，例如智能家居、智慧型手機、汽車、醫療、金融、客服和教育等領域。這些應用場景都需要人們和設備之間進行自然而便捷的溝通。語音識別和語音合成技術可以為這些場景帶來重大的商機。首先，語音識別和語音合成技術可以提高生活和工作的效率和便利性。例如，語音識別技術可以幫助人們在開車、做家務或其他需要雙手的工作時進行語音操作，而語音合成技術可以為智慧手機、智能家居和其他設備提供更加人性化的交互體驗。其次，語音識別和語音合成技術還可以提高客戶服務的品質和效率。例如，在客戶服務行業中，語音識別技術可以幫助客戶更快地接通人工客服，而語音合成技術可以提高自動語音應答系統的自然度和流暢度。此外，語音識別和語音合成技術也可以應用於醫療和教育等領域，例如幫助醫生和患者進行醫學交流，幫助老師和學生進行教學和學習等。總之，語音識別和語音合成技術在各種場景中都有巨大的商機，特別是隨著人工智慧

技術的不斷發展，這些技術將變得更加成熟和普及。因此，相關企業可以通過持續創新和技術投資，抓住這些商機，獲得巨大的商業利益。

## 自動駕駛和智能交通

開發自動駕駛和智能交通技術的公司，例如Waymo、Tesla和Uber。

自動駕駛和智慧交通系統的商機巨大。自動駕駛車輛技術的發展，將改變汽車行業的面貌，從而創造新的商業模式和市場機會。目前，許多汽車製造商、科技公司和初創企業都在競相開發自動駕駛汽車技術。這些技術包括雷達、雷射雷達、攝像頭、感測器、機器學習和人工智慧演算法，可以讓車輛自主控制、感知和決策，從而提高交通安全性，減少交通事故和堵車，提高行駛效率。

此外，隨著城市人口成長和城市化趨勢，智慧交通系統的需求也在不斷增加。智慧交通系統包括車聯網、交通信號控制系統、智慧公交系統、智慧停車系統等。這些系統利用感測器、網路和雲技術，可以提高道路使用效率，優化交通流量，提高交通安全性，改善交通狀況，減少環境污染。此外，這些系統還可以提供即時資料分析，以便政府和企業做出更好的交通規劃和決策。

在商業方面，自動駕駛和智慧交通系統將創造出許多新的商業機會。例如，汽車製造商可以為自動駕駛汽車提供高端元件和軟體，同時新的供應商也可以參與到自動駕駛汽車的生產中。與此同時，車輛

的資料和分析將成為商業模型的重要組成部分,包括保險公司、車輛共用公司和能源公司等。智慧交通系統的開發和維護也將成為一個巨大的市場,政府、企業和個人將需要支付相應的費用來購買和維護這些系統。因此,自動駕駛和智慧交通系統的商機還有很大的潛力,未來也許還將涉及其他領域的創新和變革。

## 醫學影像分析

開發醫學影像分析技術的公司,例如 Arterys、Enlitic 和 Zebra Medical Vision。

醫學影像分析是一個基於人工智慧技術的新興領域,其商機日益成長。隨著醫學影像技術的發展,醫學影像數據的數量不斷增加,傳統的醫學影像解讀已經難以滿足醫療行業的需求,因此,將醫學影像數據與人工智慧相結合,開發智能醫學影像分析系統已經成為醫學影像分析領域的新趨勢。智能醫學影像分析系統能夠自動地分析大量的醫學影像數據,並快速、準確地識別和分類病灶。尤其對於腫瘤的檢測、診斷和預測,醫學影像分析的作用尤為顯著,可以大幅度提高病灶的檢測和診斷效率,降低漏診率和誤診率。此外,智能醫學影像分析系統還能夠進行虛擬手術模擬,幫助醫生進行手術規劃和執行,提高手術的精確度和成功率。同時,醫學影像分析技術還可以應用於疾病的預測、分型和治療效果的監測等方面,為醫療決策提供更加客觀和科學的參考。隨著人口老齡化趨勢的加劇,醫學影像分析技術的應用前景非常廣闊。在未來,智能醫學影像分析系統有望成為醫療檢測

和診斷的重要輔助工具，同時也將成為醫療數據分析和健康管理的重要手段，對醫療行業的提升和推進具有重要意義。

## 智能家居

　　開發智能家居技術和產品的公司，例如Nest、SmartThings和Ecobee。

　　智慧家居是指通過互聯網、物聯網、人工智慧等技術，將各種家居設備互相連接，實現自動化、智慧化控制的智慧家居系統。智慧家居將家庭設施設備與互聯網連接，通過語音、手機APP等方式控制家居設備，提高家居的便利性、舒適性、安全性和節能性。智慧家居的商機主要表現在以下幾個方面：

◎ **市場需求廣泛**：智慧家居是現代家庭的必備品之一，受到了廣大家庭的青睞，市場需求十分廣泛。

◎ **技術進步加速**：隨著技術的不斷發展，智慧家居系統的安全性、可靠性、智慧性等方面不斷得到提升，推動了智慧家居市場的快速發展。

◎ **巨大商機**：智慧家居的市場規模龐大，根據市場研究報告，智慧家居市場規模將達到數千億美元。

◎ **可持續發展**：智慧家居系統不僅為家庭提供了便利，也對環境保護起到了積極的作用，通過控制家居設備的使用，實現節能減排的目的。

◎ **行業創新**：智慧家居的發展為相關行業帶來了機遇，不斷推動

著各個行業的創新與發展，為整個產業鏈的發展提供了無限可能。

綜上所述，智慧家居市場的商機非常廣闊，未來將會有更多的企業和創業者進入智慧家居市場，通過技術創新和市場行銷，共同推動智慧家居市場的發展。

# 財務科技

利用人工智慧技術提供金融服務的公司，例如LendingClub、Wealthfront和Affirm。

隨著金融業務的數字化和普及，財務科技（FinTech）正成為當今熱門的投資和創業領域。財務科技是利用最新的科技創新，重新設計和改進金融產品和服務，以改進效率和降低成本，提高客戶體驗和增加利潤。財務科技是一個快速發展的領域，為投資者和企業提供了豐富的商機。在支付和轉帳方面，移動支付和數字錢包的興起是財務科技最顯著的趨勢之一。這些平台為消費者提供了方便的支付和轉帳服務，同時也為商家提供了更便捷的支付方式和更廣泛的支付管道。在投資和理財方面，財務科技正在改變傳統的投資方式。智能投資平台和財富管理平台利用大數據和人工智慧技術，提供個性化的投資組合和理財建議，讓投資者更加方便地掌握投資市場的信息和投資機會。在區塊鏈技術方面，財務科技也有很大的發展潛力。區塊鏈技術可以提供更安全、透明和高效的金融交易，並簡化許多金融業務流程。例

如，區塊鏈技術可以用於國際匯款、資產證券化、貸款風險管理和供應鏈融資等領域。

此外，財務科技還可以幫助傳統金融機構改善內部流程和管理，例如，利用人工智慧和大數據技術進行反洗錢和詐騙監測，自動化貸款審批流程，以及更快速、更高效地進行風險管理和財務報告等。總的來說，財務科技的商機在不斷擴大。隨著科技的不斷進步和人們對金融業務更加便利的需求，財務科技將在未來持續發展。

## 聊天機器人

開發聊天機器人和智能客服系統的公司，例如OpenAI的ChatGPT、Intercom、Drift和Zendesk。

隨著人工智慧技術的快速發展，聊天機器人已經成為各種企業和產業中不可或缺的一部分。聊天機器人的商機主要體現在以下幾個方面：首先，聊天機器人可以大幅度提高客戶服務的效率和品質。企業可以利用聊天機器人自動回答常見問題，提供24小時無間斷的客戶服務，減少客戶等待時間，提高客戶滿意度和忠誠度。其次，聊天機器人可以幫助企業節省人力成本。相較於人工客服，聊天機器人不需要薪資和福利，可以在節省成本的同時提高效率，並為企業創造更大的價值。再者，聊天機器人可以幫助企業進行精準的行銷。聊天機器人可以蒐集並分析用戶的行為和偏好，進而將精準的廣告投放給用戶，提高廣告轉換率和收益。最後，聊天機器人還可以幫助企業實現自動化流程，提高效率和生產力。企業可以利用聊天機器人自動處理訂

單、預約、支付等業務,大幅度減少人工干預,降低出錯率和風險。

　　總的來說,聊天機器人在商業應用中具有廣泛的應用前景和商業價值。隨著人工智慧技術的不斷發展,聊天機器人的商業價值還有望進一步提升。

## 遊戲 AI

　　開發遊戲人工智慧技術的公司,例如 Unity Technologies、DeepMind 和 OpenAI。

　　遊戲 AI 是一種利用人工智慧技術來增強遊戲體驗的技術,其商機主要體現在以下幾個方面:首先,遊戲 AI 可以提高遊戲的可玩性和挑戰性。利用遊戲 AI 技術,遊戲開發者可以創建更加智能化的遊戲角色和敵人,使得遊戲更具挑戰性和樂趣。其次,遊戲 AI 可以幫助遊戲開發者更好地理解玩家的行為和需求。透過遊戲 AI 技術,開發者可以收集並分析玩家的數據,了解玩家的行為、偏好和需求,進而設計更符合玩家期望的遊戲。再者,遊戲 AI 可以幫助遊戲開發者實現自動化測試和調試。利用遊戲 AI 技術,開發者可以創建更智能化的測試工具,自動測試遊戲中的各種場景和情況,減少手動測試的時間和成本。最後,遊戲 AI 還可以幫助遊戲開發者實現更好的人機交互體驗。通過遊戲 AI 技術,開發者可以設計更加智能的遊戲角色,實現更自然、更具情感的對話和互動,提升遊戲的沉浸感和真實感。總的來說,遊戲 AI 在商業應用中具有廣泛的應用前景和商業價值。隨著人工智慧技術的不斷發展,遊戲 AI 的商業價值還有望進一步提升。

## 工業機器人

開發工業機器人和自動化解決方案的公司，例如ABB、KUKA和FANUC。

工業機器人是指利用先進的控制技術和機械結構，實現自動化生產、加工、裝配等工作的智能化機器人。其商機主要體現在以下幾個方面：首先，工業機器人可以提高生產效率和品質。利用工業機器人技術，企業可以實現全自動化生產、裝配、檢測等工作，大大提高生產效率和品質，降低成本和人力需求。其次，工業機器人可以提高工作安全和人員健康。在危險、高溫、高壓等特殊環境下，利用工業機器人代替人工進行工作可以降低工作風險，保障工作安全和人員健康。再者，工業機器人可以實現定製化生產。利用工業機器人技術，企業可以實現自由設計、定製化生產，生產出更符合市場需求的產品，提高市場競爭力。最後，工業機器人還可以實現數據化生產和遠程控制。通過工業機器人技術，企業可以實現生產數據的收集和分析，實現生產過程的智能化監控和遠程控制，提高生產效率和管理效益。

總的來說，工業機器人在商業應用中具有巨大的潛力和商業價值。隨著智能製造的不斷發展，工業機器人的商業價值還有望進一步提升。

## 教育科技

開發基於人工智慧技術的教育解決方案的公司，例如Duolingo、

Coursera 和 Knewton。

　　AI 教育科技是一種應用人工智慧技術和教育學理論的教育科技產品，可用於學習、評估和個性化指導等方面。其商機主要體現在以下幾個方面：首先，AI 教育科技可以提高教育效果和學生學習體驗。通過應用人工智慧技術，AI 教育科技可以更好地分析學生的學習習慣、優點和弱點，針對性地制定教育方案，提高教育效果和學生學習體驗。其次，AI 教育科技可以降低教育成本和提高效率。AI 教育科技可以提供更加靈活、個性化的教育方案，避免固定的教育成本和時間浪費，提高教育效率和成本效益。再者，AI 教育科技可以實現教育數據的收集和分析。AI 教育科技可以實現學生學習行為和表現的監控和數據收集，利用人工智慧技術對數據進行分析，幫助教師更好地了解學生的學習狀況和進步，提供更加準確的評估和建議。最後，AI 教育科技還可以促進教育的全球化和多元化。AI 教育科技可以實現教育資源的共享和跨越國界的交流，提高教育的全球化和多元化，促進世界教育事業的發展。總的來說，AI 教育科技在商業應用中具有巨大的潛力和商業價值。隨著人工智慧技術和教育學理論的不斷發展，AI 教育科技的商業價值還有望進一步提升。

## 人工智慧晶片

　　開發專門用於人工智慧應用的晶片（Chip）的公司，例如 NVIDIA、Intel 和 Graphcore。

　　AI 人工智慧晶片是一種專門設計用於處理人工智慧任務的微處理

器。其主要商機體現在以下幾個方面：AI人工智慧晶片可以應用於各種智能設備，如智慧型手機、智能家居、智能穿戴設備等。隨著智能化需求的不斷增加，市場上對應的智能設備也在快速成長，AI人工智慧晶片作為這些智能設備的核心元件之一，具有廣泛的市場需求。其次，AI人工智慧晶片可以應用於各種車載設備，如自動駕駛系統、智能安全監測等。隨著人工智慧技術的不斷進步，自動駕駛技術已成為汽車行業的重要趨勢，而AI人工智慧晶片正是實現這一趨勢的重要技術支撐。再者，AI人工智慧晶片可以應用於各種工業自動化裝置，如機器人、工業控制器等。工業自動化設備的需求正在逐步成長，而AI人工智慧晶片的應用可以進一步提升這些自動化設備的性能和效率，帶來更多商機。最後，AI人工智慧晶片還可以應用於各種計算機設備，如伺服器、超級計算機等。隨著人工智慧技術的不斷發展，需要進行大規模、複雜的計算已成為現代社會中的一個重要趨勢，而AI人工智慧晶片的應用可以進一步提升計算效率和性能，帶來更多商機。總的來說，隨著人工智慧技術的不斷進步和應用，AI人工智慧晶片的商業價值也在逐步提升。其商機不僅體現在市場需求的不斷增加，還體現在其應用領域的不斷擴展和提升。

# 1-6 人工智慧未來的展望

隨著科技的發展，人工智慧（Artificial Intelligence，簡稱AI）已經成為了當今最熱門的話題之一。在過去幾十年的時間裡，AI技術已經逐漸發展成熟，這種技術已經被廣泛應用於各個領域，並已經改變了我們的生活方式和工作方式。未來，隨著技術的不斷進步和人類對AI技術的進一步理解，AI技術將會有更多的應用場景和更加廣泛的應用領域。以下是我對人工智慧未來發展的一些預測：

## 1. 自動駕駛技術將會更加成熟

目前，自動駕駛技術已經開始在一些國家和地區得到應用，例如美國和中國。隨著技術的不斷發展和完善，自動駕駛技術將會更加成熟，未來有可能會取代傳統的駕駛方式。這將有助於減少交通事故的發生，同時也可以提高交通效率和節省能源。

## 2.智能家居將成為主流

智慧家居已經成為了一種趨勢，未來將會更加普及。通過智慧家居技術，人們可以更加便捷地控制家庭設備，例如燈光、空調、音響等等。同時，智慧家居技術也可以幫助人們更加方便地處理家庭事

務，例如清潔、購物等等。

## 3.醫療保健領域將會有更多的應用

人工智慧技術已經被應用於醫療保健領域，例如醫學診斷和藥物研發。未來，隨著技術的不斷進步，人工智慧技術將會有更多的應用場景，例如醫療影像分析、精準醫學等等。這些應用將有助於提高醫療保健的效率和準確性，同時也可以幫助更多的人獲得更好的醫療保健服務。

## 4.人工智慧將在教育領域得到更廣泛的應用

人工智慧技術已經被應用於教育領域，例如智慧課堂、智慧校園等等。未來，人工智慧技術將會在教育領域得到更廣泛的應用，例如智慧教學、智慧評估等等。這些應用將有助於提高教育教學的效率和準確性，同時也可以幫助學生更好地學習和成長。

## 5.人工智慧將在企業管理和生產中得到廣泛應用

人工智慧技術已經被應用於企業管理和生產中，例如生產線自動化、客戶關係管理等等。未來，人工智慧技術將會在企業管理和生產中得到更廣泛的應用，例如供應鏈管理、預測性分析等等。這些應用將有助於提高企業管理和生產的效率和準確性，同時也可以降低成本

和提高產品品質。

## 6. 人工智慧將帶來新的倫理和社會問題

人工智慧技術的發展將帶來新的倫理和社會問題，例如人工智慧是否能夠取代人類工作、人工智慧如何保證隱私和安全等等。這些問題需要我們對人工智慧技術進行深入的研究和探討，同時也需要我們對人工智慧技術進行規範和監管，以確保其發展符合社會公共利益。

總的來說，人工智慧技術將會在未來得到更廣泛的應用和發展。隨著技術的不斷進步和人類對人工智慧技術的進一步理解，人工智慧技術將會為人類帶來更多的便利和幫助，同時也會帶來新的挑戰和問題。我們需要對人工智慧技術進行深入的研究和探討，同時也需要對其進行規範和監管，以確保其發展符合社會公共利益。另外，我們還需要注意到人工智慧技術的發展和應用可能會對人類社會和生態系統帶來負面的影響，例如對環境的破壞、社會不平等等。因此，我們需要對人工智慧技術進行可持續性評估，以確保其發展符合可持續性原則。

同時，我們還需要加強人工智慧技術的教育和普及工作，以提高公眾對人工智慧技術的認識和理解。這有助於減少公眾對人工智慧技術的誤解和恐懼，同時也可以促進公眾對人工智慧技術的積極參與和貢獻。

總之，人工智慧技術將會在未來得到更廣泛的應用和發展。我們需要對人工智慧技術進行深入的研究和探討，同時也需要對其進行規

範和監管，以確保其發展符合社會公共利益和可持續性原則。同時，
我們還需要加強人工智慧技術的教育和普及工作，以提高公眾對人工
智慧技術的認識和理解。只有這樣，我們才能更好地應對未來人工智
慧技術的發展和應用。

# 1-7 人工智慧相關法律問題

　　人工智慧（AI）與相關技術的快速發展引起了許多法律問題。以下是一些與人工智慧相關的常見法律問題：

1. **隱私和數據保護**：隨著越來越多的數據被用於訓練和發展人工智慧系統，隱私和數據保護成為了一個重要問題。許多國家已經制定了法律，例如歐盟的《通用數據保護條例》（GDPR），來保護個人數據的隱私和安全。

2. **責任和可追溯性**：當人工智慧系統造成損害或錯誤時，誰將對此負責？人工智慧系統的複雜性和自主性使得確定責任變得更加困難。因此，許多國家和組織正在討論和制定相關的責任和可追溯性法律框架。

3. **公平和平等**：人工智慧系統可能會導致歧視性結果。例如，人工智慧面部識別技術可能對特定族裔和性別的人群產生偏見。因此，公平和平等的問題也成為了一個重要問題。

4. **知識產權**：人工智慧系統的發展涉及到大量的知識產權問題，包括專利、商標、版權等。因此，相關的知識產權法律問題也需要得到關注和解決。

5. **監管**：人工智慧系統的使用和發展需要監管機構的支持和監管。許多國家正在制定相關的監管法律框架，以確保人工智

慧系統的安全和合法使用。

6 **安全**：隨著人工智慧的應用範圍越來越廣，安全問題也變得越來越重要。人工智慧系統的漏洞或不當使用可能會導致安全問題，例如黑客入侵、資訊洩漏等。因此，人工智慧安全的問題也成為了一個重要問題。

7 **智慧財產權**：人工智慧產生的內容可能受到智慧財產權的保護。例如，由人工智慧系統創造的藝術品或音樂作品可能需要進行版權保護。因此，智慧財產權的問題也是與人工智慧相關的重要問題之一。

8 **就業和勞動力**：人工智慧的發展可能對就業和勞動力產生影響。例如，自動化可能導致某些工作的消失，同時也可能創造出新的工作機會。因此，就業和勞動力的問題也成為了一個與人工智慧相關的問題。

9 **道德和倫理**：人工智慧的應用也帶來了許多道德和倫理問題。例如，人工智慧系統可能會對人類的自由和隱私造成侵犯，也可能會導致人類價值觀和道德標準的轉變。因此，道德和倫理問題也成為了與人工智慧相關的問題之一。

10 **責任和法律責任**：當人工智慧系統導致損害或損失時，誰應該承擔責任和法律責任是一個問題。例如，如果一個自動駕駛汽車發生事故，那麼是製造商、軟件開發商、車主還是其他人承擔責任是需要解決的問題。

11 **隱私和數據保護**：人工智慧系統需要使用大量的數據來訓練

和改進。這些數據可能包含個人身份信息和其他敏感信息，因此，隱私和數據保護也是與人工智慧相關的重要問題。

12 **監管和監察**：由於人工智慧的應用和影響非常廣泛，監管和監察也成為了與人工智慧相關的問題。政府和監管機構需要制定相應的規定和政策來確保人工智慧的應用是安全和合法的。

13 **種族和性別歧視**：由於人工智慧系統需要使用大量的數據來訓練和改進，如果這些數據包含種族或性別歧視的因素，那麼這種歧視可能會被繼續傳遞。因此，種族和性別歧視也成為了與人工智慧相關的問題。

14 **雇傭和勞動法**：當人工智慧被用於人力資源管理時，如招聘和面試，就需要遵守相關的雇傭和勞動法規。此外，當人工智慧系統被用於勞動力管理時，也需要考慮勞動法規的相關問題。

15 **消費者權益**：當人工智慧系統被用於消費者市場時，如個性化推薦、定價和服務提供，就需要考慮消費者權益的相關問題，例如價格歧視、信息透明度和消費者保護。

這些都是與人工智慧相關的一些法律問題，需要不斷的關注和研究。隨著技術的發展和應用的擴大，這些問題可能會變得更加複雜和嚴峻。

## 1-8　面對人工智慧應有的 10種態度

當一個新事物出現在我們面前時，我們第一表現的是一種反感和抵抗，如果你選擇的是不接受的態度，那麼之後的時代你必將落入失敗組，反之，你去嘗試並且接受新的事物，並且利用新的事物運用在自己的工作上或是開創新天地，那麼你極有可能在新事物中獲得成功及財富，所以這次 AI 人工智慧的到來，我們一定要用嘗試和接受的心態去面對，以下列出 10 種面對新事物的態度來面對 AI 新時代的到來。

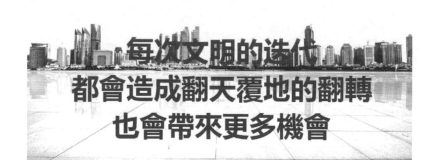

每次文明的迭代
都會造成翻天覆地的翻轉
也會帶來更多機會

**》》中國歷年頒布國家政策規律**

**每次頒布具有代表性的經濟條例，都造就了一
大批富豪與成功人士，通常都會經歷三個五年。**

**第一個五年 ⇨ 不被人認可**

**第二個五年 ⇨ 小有成就**

**第三個五年 ⇨ 鑄就輝煌**

**中國國家政策規律**(每次頒布新法規就迎來一輪新富豪)

- **1980** ⊃ 頒布了第一部有關經濟的條例《工商管理條例》
- **1993** ⊃ 頒布了第二部有關經濟條例的《證券管理條例》
- **1994** ⊃ 頒布《中華人民共和國城市房地產管理辦法》
- **2005** ⊃ 頒布了第三部有關經濟的條例《直銷管理條例》
- **2019** ⊃ 2月15日國家頒布《區塊鏈資訊服務管理規定》

## 一、開放的態度

　　人工智慧（AI）的快速發展正在改變我們的生活，也引起了廣泛的討論和關注。在這樣的背景下，開放的態度是推動AI發展的重要因素之一。下面我們來詳細描述一下人工智慧持開放的態度。

　　首先，開放的態度體現在數據的共享和開放上。數據是AI的重要資源，而開放的數據共享可以讓更多的開發者和研究人員參與到AI領

域的研究和開發中來，從而促進 AI 技術的發展。此外，開放的數據共享還可以幫助解決數據壟斷問題，讓更多的人可以獲取和使用數據，從而推動 AI 的發展。

其次，開放的態度體現在技術的共享和開放上。AI 技術的發展需要不斷的創新和改進，而開放的技術共享可以促進技術的創新和進步，讓更多的人可以參與到 AI 技術的發展中來。例如，許多 AI 平台和開發工具現在都是免費的，這使得更多的開發者可以使用和學習 AI 技術，從而推動 AI 技術的普及和發展。

第三，開放的態度體現在社區的參與和開放上。AI 技術的發展需要社區的支持和參與，開放的態度可以促進社區的參與和貢獻，從而推動 AI 技術的發展。例如，許多 AI 社區現在都是開放的，人們可以在這些社區中交流和分享知識，這有助於促進 AI 技術的發展和普及。

最後，開放的態度還體現在法律和倫理問題的關注和開放上。AI 技術的發展需要考慮到法律和倫理問題，開放的態度可以促進人們對這些問題的關注和討論，從而推動 AI 技術的發展。例如，一些 AI 開發者和研究人員現在已經開始關注 AI 的倫理和社會影響，並開始探討這些問題的解決方案，例如通過開發 AI 倫理準則和法律法規等，這有助於保護公眾利益，促進 AI 技術的安全和可持續發展。

綜上所述，人工智慧持開放的態度是促進 AI 技術發展的重要因素之一。開放的數據共享、技術共享、社區參與和法律倫理問題的關注和開放等方面，都體現了開放的態度。通過這些方式，我們可以促進 AI 技術的發展和普及，從而更好地應對未來的挑戰。

## 二、懷疑的態度

　　對 AI 抱持開放態度的同時，我們也應該對人工智慧的潛在風險和不確定性保持懷疑的態度。這意味著我們需要避免過度相信和依賴人工智慧，並評估人工智慧所帶來的風險。以下來詳細描述一下為何要對人工智慧持懷疑的態度。

　　首先，人工智慧的發展可能會對就業帶來負面影響。隨著 AI 技術的發展，一些傳統的工作可能會被機器所取代，這可能會對就業市場帶來影響。例如，許多公司正在使用 AI 來自動化生產線和物流系統，從而減少了對人力的需求。這可能會導致一些人失去工作機會，從而對社會和經濟產生負面影響。

　　其次，人工智慧的發展可能會對隱私和安全帶來威脅。AI 技術需要大量的數據作為輸入，這些數據可能包含個人隱私信息。如果這些數據被未經授權的人士或組織所利用，可能會對個人隱私和安全造成威脅。此外，一些 AI 系統可能會出現漏洞或錯誤，這可能會導致系統失控或運作不當，從而對人類社會造成威脅。

　　第三，人工智慧可能會出現道德和倫理問題。由於 AI 系統的設計和執行是由人類進行的，因此 AI 的行為和決策可能受到人類的偏見和價值觀的影響。例如，如果 AI 系統的數據集來自某些特定的人群，這可能會導致系統出現偏見或歧視。此外，一些高度自主的 AI 系統可能會對人類社會產生無法預測的影響，這可能會導致道德和倫理問題，

　　最後，人工智慧可能會對人類社會產生文化和社會影響。由於 AI 技術的應用和發展需要對人類社會進行改變，因此這可能會對人類社

會的文化和社會結構產生影響。例如，一些人擔心隨著 AI 的發展，人們可能會變得更加依賴技術，從而失去了與現實世界的聯繫。此外，AI 可能會導致社會分化和不平等，因為只有那些有足夠資源和技術能力的人才能受益於這一技術的發展，而那些缺乏資源和技術能力的人則可能會被拋棄。

總的來說，對人工智慧持懷疑的態度主要關注的是 AI 的發展可能帶來的負面影響和風險。然而，這些問題並不意味著我們應該停止 AI 技術的發展，而是應該採取措施來解決這些問題，以確保 AI 技術能夠得到安全、可持續的發展，同時對社會、經濟和人類福利產生積極的影響。這包括制定 AI 倫理準則和相應的法律法規、加強 AI 系統的安全和穩定性，以及鼓勵公眾參與和社區參與等。

## 三、創新的態度

對人工智慧持創新的態度意味著人們認為 AI 技術可以推動社會、經濟和科學技術的進步。這種態度的支持者相信，通過不斷推進 AI 技術的發展和應用，可以創造出更多的價值，實現更多的目標，並推動人類社會進入一個更加繁榮和進步的時代。

首先，對人工智慧持創新的態度支持人們開展更多的科學研究和技術創新，尤其是在 AI 領域。AI 技術已經開始進入各個行業和領域，例如金融、醫療、交通、製造等等，並將為這些領域帶來更多的價值和機會。此外，AI 技術也有望幫助解決人類面臨的複雜問題，例如氣候變化、貧困、食品安全等等。

其次，對人工智慧持創新的態度支持人們開展更多的教育和培訓，以提高人們的AI技術水平。AI技術的發展需要大量的專業人才，包括工程師、科學家、數據分析師等等。因此，通過開展更多的教育和培訓，可以提高人們的技術水平，從而促進AI技術的進步和應用。

最後，對人工智慧持創新的態度還支持人們制定更多的政策和法規，以促進AI技術的發展和應用。例如，政府可以制定支持AI技術研發和應用的政策，為創新企業提供資金和支持，加強AI技術的安全和穩定性，並推動人工智慧的合理應用和規範化。

總的來說，對人工智慧持創新的態度可以推動AI技術的發展和應用，實現更多的價值和目標，並為人類社會帶來更多的進步和繁榮。然而，我們也需要警惕AI技術可能帶來的負面影響和風險，並採取相應的措施和政策來控制和管理這些風險。例如，我們需要加強AI技術的安全性和隱私保護，避免人工智慧被不當使用或濫用。我們還需要建立更加透明和負責任的AI發展機制，從而確保AI技術的發展符合人類的利益和價值觀。

此外，對人工智慧持創新的態度也需要關注AI技術對社會和經濟的影響。雖然AI技術可以創造更多的價值和就業機會，但也有可能對某些行業和工作帶來負面影響。因此，我們需要採取相應的措施，例如進行轉型培訓、提供社會保障、實施稅收調整等等，以減緩這些影響。

總之，對人工智慧持創新的態度可以促進AI技術的發展和應用，並為人類社會帶來更多的進步和繁榮。然而，我們也需要警惕AI技術

可能帶來的負面影響和風險，並採取相應的措施和政策來控制和管理
這些風險。

## 四、學習的態度

對人工智慧持學習的態度意味著我們認為人工智慧是一個充滿潛
力的領域，我們希望能夠通過學習和研究，掌握和應用更多的AI技
術，從而促進AI技術的發展和應用，為人類社會帶來更多的進步和繁
榮。

首先，對人工智慧持學習的態度意味著我們認為AI技術是一個充
滿潛力和創新的領域。隨著數據量和計算能力的不斷提高，AI技術可
以應用在越來越多的領域，例如智能家居、自駕車、醫療健康、金融
投資等等。通過學習和研究AI技術，我們可以更好地掌握AI技術的
基礎原理和應用方法，從而在這些領域中創造更多的價值。

其次，對人工智慧持學習的態度也意味著我們認為AI技術可以
幫助我們解決許多現實世界中的問題。例如，在醫療領域，AI技術可
以幫助我們更準確地診斷和治療疾病，從而提高醫療效率和品質；在
環境保護領域，AI技術可以幫助我們更好地掌握環境資源的狀態和變
化，從而提高環境保護的效果和成效。通過學習和應用AI技術，我們
可以更好地應對這些問題，促進社會的發展和進步。

不過，對人工智慧持學習的態度也需要注意一些問題和挑戰。首
先，AI技術需要大量的數據和計算能力支持，因此，我們需要關注數
據隱私和安全等問題。其次，AI技術也可能帶來一些不確定性和風

險，例如AI算法的不透明性、自主學習帶來的不可預測性等等。因此，我們需要加強AI技術的監管和規範，確保AI技術的安全和可控性，避免不當使用和濫用AI技術帶來的風險和負面影響。

　　總的來說，對人工智慧持學習的態度是積極的、開放的、專業的。我們應該積極參與AI技術的學習和研究，不斷掌握和應用AI技術，從而推動AI技術的發展和應用，為人類社會帶來更多的進步和繁榮。同時，我們也需要關注AI技術帶來的問題和挑戰，通過監管和規範等手段確保AI技術的安全和可控性，保障人類的權益和利益。只有在這樣的基礎上，我們才能更好地實現AI技術的發展和應用，讓AI技術成為推動人類進步的有力工具。

## 五、專業的態度

　　對人工智慧持專業的態度是指以嚴謹、專業和負責任的態度來對待和應用AI技術，從而確保AI技術的品質和可信度，最大限度地實現AI技術的價值和潛力。

　　首先，對人工智慧持專業的態度需要有足夠的專業知識和技能，對AI技術的基本理論、算法和應用領域有深入的了解和掌握，能夠在實踐中不斷優化和改進AI技術，並確保AI技術的安全和可控性。因此，需要通過學習和實踐不斷提升自己的專業能力和技能，不斷追求卓越，為AI技術的發展和應用做出貢獻。

　　其次，對人工智慧持專業的態度需要遵守職業道德和標準，確保AI技術的應用和使用不會損害公眾利益和個人權益，並且要求自己對

所從事的工作負責任。因此，需要注重倫理和法律等方面的問題，遵循相關的標準和規範，確保AI技術的應用和使用合法、合理和安全。

第三，對人工智慧持專業的態度需要與其他專業人士和機構進行交流和合作，分享知識和經驗，從而實現互惠互利的合作，共同推動AI技術的發展和應用。因此，需要注重團隊合作和協作，學會聆聽和溝通，與其他人士建立良好的合作關係，確保AI技術的發展和應用能夠更好地實現。

第四，對人工智慧持專業的態度需要持續學習和創新，不斷探索AI技術的新應用和發展方向，從而提高AI技術的價值和潛力。因此，需要不斷開拓新的領域和方向，學習新的理論和技術，不斷創新和改進AI技術，為AI技術的發展和應用做出貢獻。

最後，對人工智慧持專業的態度需要注重風險管理和風險控制，確保AI技術的應用和使用能夠在風險可控的情況下實現最大的價值和效益。因此，需要注重風險評估和風險管理，確保AI技術的應用和使用符合相關的風險控制標準和規範，以保障社會公共利益和個人權益。

總之，對人工智慧持專業的態度是一種嚴謹、專業和負責任的態度，需要具備足夠的專業知識和技能，遵守職業道德和標準，與其他專業人士和機構進行交流和合作，持續學習和創新，注重風險管理和風險控制。只有通過這樣的態度和努力，才能確保AI技術的可靠性和可信度，最大限度地實現AI技術的價值和潛力，為社會和人類的發展做出貢獻。

# 六、風險管理的態度

　　人工智慧（AI）技術的發展和應用帶來了許多機遇，同時也帶來了許多風險和挑戰。對人工智慧持風險管理的態度是一種負責任的態度，能夠幫助我們正確評估和應對 AI 技術帶來的風險，從而實現可持續、安全和可信的 AI 技術應用和發展。

　　首先，對人工智慧持風險管理的態度需要將風險視為 AI 技術應用和發展過程中的一個重要問題。無論是在 AI 技術的開發、訓練、驗證還是應用過程中，都存在著各種風險，例如模型的偏差、數據的偏見、安全漏洞、隱私侵犯等。因此，需要對這些風險進行全面的評估和分析，確定相應的風險控制措施和風險管理策略。

　　其次，對人工智慧持風險管理的態度需要注重 AI 技術的可解釋性和透明性。對於 AI 模型的輸出結果，需要能夠清晰地解釋其背後的邏輯和決策過程。透明性能夠讓人們更好地理解和應對 AI 技術帶來的風險，幫助人們更好地管理和控制這些風險。

　　第三，對人工智慧持風險管理的態度需要注重 AI 技術的可持續性。AI 技術的應用和發展需要考慮其對環境、社會和經濟的長期影響，不能只關注短期的效益。因此，需要將可持續性納入 AI 技術的設計和實施過程中，確保其對人類和地球的長期發展有益而非有害。

　　最後，對人工智慧持風險管理的態度需要注重協作和共建。AI 技術的應用和發展是一個複雜的系統工程，需要多方參與和協作。在風險管理方面，需要與不同的利益相關者進行合作和溝通，共同解決 AI 技術帶來的風險和挑戰。例如，政府、企業、學術界、公民社會等各

方可以共同制定 AI 技術應用和發展的標準、法規和準則，推動 AI 技術的安全、可信和負責任的發展。

綜上所述，對人工智慧持風險管理的態度是一種負責任和成熟的態度，有助於確保 AI 技術的安全、可持續和可信。在 AI 技術應用和發展的過程中，需要全面評估和應對各種風險，注重 AI 技術的可解釋性和透明性，重視其對環境、社會和經濟的長期影響，以及注重多方協作和共建。只有這樣，才能夠實現人工智慧技術的良性循環和可持續發展，為人類和社會帶來更多的利益和價值。

## 七、合作的態度

在當今社會，人工智慧已經成為了一個熱門話題。它不僅影響著我們的生活方式，還在商業和科學等領域發揮著重要的作用。因此，合作已經成為促進人工智慧發展的一個重要因素。以下是對人工智慧持合作的態度的描述。

首先，人工智慧的開發和應用需要各種各樣的專業技能和專業知識。例如，AI 研究需要專業的算法和統計知識，而人機交互設計需要專業的心理學和人類學知識。因此，人工智慧的發展需要不同領域的專家之間的合作，共同解決複雜的問題。

其次，人工智慧的應用需要大量的數據來訓練和優化模型。但是，單個組織往往無法收集足夠的數據來建立有效的模型。因此，不同組織之間的數據共享和合作是非常重要的。在這種情況下，各組織可以通過合作來分享數據和知識，以共同開發更好的 AI 應用。

第三，人工智慧的發展需要全球性的合作。在不同國家和地區，AI 技術的發展和應用情況可能有所不同，因此需要各國之間進行合作和交流。例如，人工智慧在醫療和環境保護等領域的應用都需要國際合作。此外，全球合作還可以確保人工智慧技術的發展不會對人類造成危害，而且能夠促進公平和可持續的發展。

最後，合作還可以促進人工智慧技術的發展和應用與社會價值的協調。例如，AI 技術可以用於改善醫療保健、減少犯罪率、提高能源效率等方面。然而，這些應用也帶來了一些社會和倫理問題，如隱私保護、歧視、倫理風險等。在這種情況下，除了各種利益相關之外，合作也可以通過分享資源和知識來實現。人工智慧相關的資源和知識需要共享才能讓更多人參與到人工智慧領域，從而推動整個領域的發展。在這個方面，持有合作的態度也可以表現為支持開源技術和數據共享等。這些做法可以促進人工智慧領域中的合作和創新，同時也可以幫助社會更好地了解和利用人工智慧技術。

總的來說，對人工智慧持合作的態度是非常重要的。透過合作，可以促進人工智慧領域的發展，創造更多應用價值，同時也可以提高人工智慧的可靠性和安全性。在不斷發展的人工智慧領域中，抱持開放、學習、專業、風險管理和合作的態度，才能夠讓人工智慧發揮最大的應用價值，更好地造福人類。

## 八、開放標準的態度

對人工智慧持開放的態度是指支持使用開放的標準和技術來開發

和應用人工智慧，以實現技術的共享和交流，從而推動人工智慧的發展和普及。持開放的態度對於人工智慧領域的發展和應用具有重要的作用，以下將從幾個方面進行探討。

首先，開放的標準和技術可以促進人工智慧的共享和交流。在開放的環境下，不同的組織和個人可以通過共享自己的技術和成果，促進人工智慧的發展和應用。例如，開放的標準可以使得不同的人工智慧系統之間可以進行互通和協同操作，從而實現更高效的資源共享和協作。同時，開放的標準和技術也可以促進人工智慧技術的發展和創新，從而帶來更多的應用價值和商業機會。

其次，開放的標準和技術可以提高人工智慧的可靠性和安全性。開放的技術可以讓更多的人參與到人工智慧領域，從而增加技術的種類和選擇，提高技術的可靠性和安全性。同時，開放的標準和技術也可以促進人工智慧技術的透明度和責任性，讓更多的人可以了解和控制人工智慧系統的運作和應用，從而減少潛在的風險和問題。

第三，開放的標準和技術可以促進人工智慧的普及和應用。由於人工智慧技術通常需要大量的資源和技能，因此開放的標準和技術可以讓更多的人參與到人工智慧領域，從而促進人工智慧的普及和應用。例如，開放的人工智慧平臺可以讓開發者和使用者更容易地創建和使用人工智慧應用，從而推動人工智慧技術的應用和普及。

而開放的標準和技術可以促進人工智慧的國際化和全球化。由於人工智慧在實現人工智慧的開放標準方面，一個重要的挑戰是確保這些標準是充分開放且具有全球性，因為不同的國家和地區有不同的文

化背景、法律法規和技術環境，這可能會對人工智慧的應用和開發產生影響。因此，要實現全球開放的人工智慧標準，需要全球性的協作和協調。

開放的標準必須建立在對使用者和社會的責任感基礎上。人工智慧技術可能會對人類產生不良影響，包括就業和隱私等方面。因此，開放的標準應該充分考慮這些風險和挑戰，並確保人工智慧技術的發展是可持續的，能夠推動經濟成長和社會進步，同時也要考慮對使用者和社會的長期利益。

此外，開放的標準需要充分考慮不同技術的互操作性，以促進人工智慧的集成和應用。例如，如果不同的人工智慧系統無法互相通信和協調，這將會成為一個阻礙人工智慧發展的壁壘。因此，開放的標準應該確保不同的技術可以互相兼容和共同操作，以實現更廣泛的人工智慧應用。

為實現開放的人工智慧標準，需要有一個全球性的協作機制，包括政府、企業、學術界和社會組織等各方參與。這種協作應該基於透明度、公正性和開放性的原則，確保所有利益相關方都能參與其中，並為人工智慧的全球發展貢獻自己的智慧和經驗。總之，實現開放的人工智慧標準需要全球性的協作和協調，確保標準是充分開放且具有全球性的，同時還要建立在對使用者和社會的責任感基礎上，充分去考慮不同技術的互操作性。當然，實現開放標準的過程中仍然會面臨挑戰。其中一個挑戰是確保標準的合理性和可行性。因此，在標準制定的過程中，需要多方利益相關者的參與和討論，並根據技術、社

會、法律等方面的專業知識來制定標準。此外,還需要經常修訂和更新標準,以確保其與人工智慧技術的發展保持同步。

另一個挑戰是確保標準的實施和執行。即使有了開放的標準,如果沒有相應的執行和監管機制,那麼這些標準可能無法被廣泛應用。因此,需要建立相應的監管機制,確保標準能有效實施。

總之,對人工智慧持開放的態度是非常重要的,它能夠促進技術的發展,並推動相關產業的進步。同時,開放的態度還能夠減少技術和應用中的風險,保護用戶和社會的利益。在人工智慧的發展過程中,持開放的態度將是推動產業進步和社會發展的重要因素。

## 九、反思的態度

我們應該反思人工智慧帶來的社會和道德問題,並尋求解決這些問題的方法。隨著人工智慧技術的不斷發展和應用,越來越多的人開始關注其可能對社會和人類產生的影響。因此,對人工智慧持反思的態度也變得非常重要。這種態度意味著需要關注人工智慧的潛在風險,反思其應用的合理性和道德性,並努力探索如何讓人工智慧更好地服務人類。

首先,對人工智慧持反思的態度需要關注潛在風險。人工智慧技術的應用可能帶來各種風險,包括隱私和安全風險、就業和經濟風險、歧視和不平等風險等。因此,需要從技術、社會、法律等多個方面對風險進行評估和管控。此外,還需要確保相應的監管和法律框架得到建立和完善,以保護公眾和社會的利益。

其次，對人工智慧持反思的態度需要關注應用的合理性和道德性。人工智慧技術的應用需要考慮到其可能為社會和人類帶來的影響。例如，自動駕駛技術的應用可能帶來更多的交通便利性，但也可能對就業和經濟產生影響。同時，人工智慧技術的應用也需要遵守相關的倫理和道德準則，例如避免歧視、保護隱私等。因此，需要建立相應的道德框架，確保人工智慧的應用符合社會和人類的價值觀。

最後，對人工智慧持反思的態度需要努力探索如何讓人工智慧更好地服務人類。人工智慧技術的發展和應用都是為了解決人類問題和提高人類生活品質。因此，需要探索如何讓人工智慧更好地滿足人類需求，例如在醫療、教育、能源等領域的應用。同時，還需要通過技術創新和合作，實現人工智慧與人類的協作。此外，反思的態度也涉及到對於機器學習算法的運作方式的理解和分析。為了提高對於機器學習算法的理解和分析能力，人們需要持續不斷地進行反思和評估。這包括了對於資料的評估，對於算法的評估，以及對於其所帶來的影響的評估。同時，對於機器學習算法的反思還包括了對於其可能存在的偏差的識別和減少，以及對於其在不同文化、種族、性別等方面可能帶來的歧視性的認識和處理。這些都需要持續不斷地進行反思和評估，才能夠確保人工智慧技術的發展是公正、公平和負責任的。

總體來說，對於人工智慧持反思的態度是非常重要的。它能夠幫助我們更好地理解人工智慧技術的運作方式和其所帶來的影響，從而能夠更好地應對和解決可能存在的問題和挑戰。同時，持續進行反思和評估還能夠幫助我們發現和利用機會，推動人工智慧技術的發展和

應用，為人類的福祉做出更大的貢獻。

## 十、負責任的態度

隨著人工智慧技術的不斷發展和應用，我們需要對人工智慧持負責任的態度。負責任的人工智慧開發和應用不僅可以減少損害和風險，而且還可以增強人工智慧的信任和可接受性。在此背景下，我們應該採取一些具體的行動來實現對人工智慧的負責任態度。

首先，我們需要訂立明確的人工智慧規範和法律標準。這些規範和標準應該明確規定人工智慧的開發和應用必須遵守的原則和限制。例如，對於有風險的人工智慧應用程序，這些規範和標準應該規定必須進行安全測試和審查。同時，必須尊重個人隱私和數據保護，禁止人工智慧在未經許可的情況下使用或共享個人數據。

其次，我們需要提高人工智慧的透明度和可解釋性。透明度是指人工智慧的開發和應用必須是透明和公開的，並且開發者必須解釋人工智慧決策的基礎和原因。可解釋性是指人工智慧開發者必須開發人工智慧算法和模型，以便理解和解釋它們的決策和行為。提高人工智慧的透明度和可解釋性可以增加人工智慧的信任和可接受性。

再來，我們需要促進人工智慧的社會責任。社會責任是指人工智慧開發者和使用者必須考慮人工智慧對社會和人類的影響。這包括如何防止歧視性算法、如何避免人工智慧對就業市場的影響以及如何確保人工智慧應用程序對公共利益的貢獻。人工智慧開發者和使用者應該確保其開發和應用符合社會和人類的利益。

最後，我們需要建立一個人工智慧倫理委員會。這在實現人工智慧的過程中，我們必須以負責任的態度對待這項技術。這包括確保 AI 系統的安全性、保護用戶的隱私和資料，並確保 AI 對社會、環境和人類的長期利益產生積極影響。

以下是對人工智慧持負責任的幾個態度：

首先，我們應該確保 AI 的安全性。隨著 AI 的進步和發展，AI 系統可能會對人類產生威脅，例如：失控的 AI、駭客攻擊或惡意使用。因此，開發人員必須實現最佳的安全措施，並與安全專家合作，以確保系統安全並減少風險。

其次，我們應該確保 AI 的透明度。AI 系統應該能夠解釋其決策和行動，並提供足夠的透明度，以使用戶和利益相關方能夠了解它的工作原理。透明度對於建立公平的 AI 系統至關重要，並有助於建立信任。

第三，我們應該確保 AI 的負面影響盡量減到最小。AI 應該在不損害人類長期利益的情況下提供價值。因此，開發人員應該考慮到 AI 系統可能帶來的負面影響，並盡力減輕其影響。此外，AI 應該根據最佳的道德和價值觀進行設計和開發。

第四，我們應該確保 AI 的使用符合法律和道德標準。AI 系統應該遵守所有相關的法律、法規和政策，並遵循道德標準。開發人員應該明確了解其開發的 AI 系統可能帶來的影響，並將這些影響納入設計中。

最後，我們應該建立一個負責任的 AI 社區。AI 社區應該促進合作

和共享最佳實踐，以確保開發人員和利益相關者能夠共同努力。

　　當然，制定負責任的AI的態度需要整個社會的努力和支持。政府可以透過相應的監管和法律框架來管理AI技術的應用和發展；企業可以通過制定道德準則、專門的教育和訓練，以及透明的決策過程來確保他們的AI技術符合負責任的標準。學術界可以負責AI技術的研究，進行學術討論和推動AI的發展；個人可以通過對AI技術的學習和理解，以及對其應用的監督來確保其使用符合負責任的標準。

　　總之，對人工智慧持負責任的態度是至關重要的，因為它直接關係到AI技術的應用和發展對社會、經濟和環境的影響。只有通過全球共同努力，確保AI技術的開發和應用符合負責任的標準，才能最大程度地實現AI技術的潛力，為人類的進步和發展帶來積極的影響。

# 人工智慧在20個
# 領域的應用

Artificial
Intelligence

## 2-1 AI 的強項

要可以極致地運用 AI 人工智慧，就要先從 AI 的強項研究起，唯有發揮 AI 最厲害的部分來賦能其他事物，才可以 1+1 遠大於 2，AI 的強項可以從多個方面來看：

### 處理大量數據

AI 可以處理大量的數據，分析出其中的模式和趨勢，進而做出預測和決策。

AI 可以利用機器學習、深度學習等技術，從大量的數據中學習出其中的模式和規律。首先，需要將大量數據存儲在計算機系統中，並對其進行預處理，例如數據清洗、去除噪聲等。然後，AI 模型可以通過算法訓練和優化，尋找數據中的模式和規律。模型可以通過監督學習、非監督學習和強化學習等不同方式進行訓練，以適應各種數據分析和決策的需求。

AI 可以處理各種形式的數據，包括結構化數據（如數據庫中的表格數據）、半結構化數據（如 XML、JSON 格式的數據）和非結構化數據（如文本、圖像、音頻和視頻數據等）。AI 模型可以通過適當的數據處理技術，例如文本分析、圖像處理、語音識別等，將這些數據

轉換成有意義的數據形式，以便進行分析和決策。

　　AI在處理大量數據方面的優勢在於，它可以處理大量數據的複雜性和多樣性，並從中提取出有用的信息。此外，AI可以通過不斷學習和優化來提高其準確性和效率，從而為用戶提供更好的數據分析和決策支持。這使得AI成為現代企業、科學家和研究人員的重要工具之一。

# 自動化任務

　　AI可以自動化一些重複性和繁瑣的任務，節省人力和時間成本。

　　AI可以通過機器學習、深度學習和自然語言處理等技術，自動學習和理解特定任務的模式和規則。這些任務可能包括圖像辨識、聲音辨識、自然語言處理、機器翻譯、資料分析和決策等。AI通過學習和自我調整不斷提高自己的準確性和效率，從而實現自動化任務的目的。

　　以圖像辨識為例，AI可以通過機器學習算法，學習和識別不同圖像之間的模式和特徵，從而自動識別和分類圖像。在生產線上，AI可以通過視覺檢測系統，自動檢測產品的外觀、缺陷和品質，並自動分類和拍攝照片。在客戶服務方面，AI可以通過自然語言處理技術，自動理解客戶的問題和需求，從而自動回答問題或提供相應的解決方案。這樣不僅可以節省人力和時間成本，還可以提高工作效率和準確性，從而實現自動化任務的目的。

## 模擬和優化

AI可以進行模擬和優化，對複雜系統進行優化和改進，提高效率和性能。

AI可以透過模擬和優化來對複雜系統進行優化和改進，並提高效率和性能。模擬是指利用電腦模擬現實世界中的情況，通常使用數學模型、演算法和統計學等技術進行模擬。這樣可以模擬出各種可能的情況，並對其進行分析和評估。

舉例來說，可以利用AI來模擬交通網絡，分析不同的路線和路段對交通流量的影響，並提出優化方案。此外，AI也可以用來模擬金融市場，預測股票價格和市場趨勢，幫助投資者做出更明智的決策。

除了模擬，AI還可以進行優化，即通過改進系統的設計和運作，提高其性能和效率。例如，可以使用AI來優化製造流程，提高產品的品質和產量，或者優化供應鏈管理，減少庫存和運輸成本。

總之，AI在模擬和優化方面的強項在於其能夠運用大量的數據和數學算法，對複雜的系統進行分析和優化，並提出最佳方案，進而提高效率和性能。

## 決策輔助

AI可以根據數據和模型進行決策輔助，幫助人們做出更明智的決策。

AI可以透過機器學習、深度學習、知識圖譜等技術，從大量的數據中學習，理解和掌握其中的模式和規律。在進行決策時，AI可以基

於這些模式和規律，對現有數據進行預測和分析，幫助人們做出更明智的決策。

　　具體來說，AI可以進行以下幾方面的決策輔助：

◎ **預測和分析**：AI可以透過機器學習模型對現有數據進行預測和分析，比如預測股票走勢、預測客戶需求、預測天氣變化等，這些預測和分析結果可以幫助人們做出更明智的決策。

◎ **自動化決策**：AI可以根據現有數據和預設的決策規則，自動化地做出決策，比如自動化交易、自動化廣告投放等，這樣可以節省人力成本，同時還可以提高決策的效率和準確性。

◎ **模擬和測試**：AI可以對複雜系統進行模擬和測試，比如在工程設計中對產品進行模擬測試，對軟件進行性能測試等，這樣可以發現問題並進行改進，提高系統的效率和性能。

　　總之，AI的決策輔助能力在各個領域都有所應用，可以幫助人們更加科學地進行決策，提高決策的準確性和效率。

## 自然語言處理

　　AI可以處理自然語言，包括文本和語音，實現自動翻譯、情感分析、自動回答等功能。

　　自然語言處理（Natural Language Processing，NLP）是指讓機器能夠理解、分析、處理人類語言的能力。AI作為NLP的一個分支，通過機器學習和深度學習等技術，實現對自然語言的處理和理解。具體來說，AI在自然語言處理方面有以下幾個強項：

◎ **語言分類和標記**：AI可以通過機器學習技術，對語言進行自動分類和標記，比如詞性標注、命名實體識別等。

◎ **情感分析**：AI可以通過自然語言處理技術，對文本進行情感分析，從而了解文本中蘊含的情感色彩，比如積極、消極、中立等。

◎ **語音識別**：AI可以通過語音識別技術，將語音轉換成文字，從而實現語音辨識和命令控制等功能。

◎ **自然語言生成**：AI可以通過機器學習和生成模型，生成自然語言文本，比如機器翻譯、自動摘要、智能寫作等。

◎ **對話系統**：AI可以通過對話系統，實現自然語言的交互式對話，從而提供智能客服、虛擬助手等服務。

總的來說，AI在自然語言處理方面的強項主要體現在其對語言進行分析、理解和生成的能力，從而實現了多種自然語言的處理應用，為人們帶來了便利和效率。

## 2-2　機器學習

即利用數據和統計學方法來使機器能夠自動學習和改進。

## AI機器學習相關公司

1. Google：Google是全球最大的互聯網公司之一，擁有大量的AI機器學習專家和資源，並且開發了許多AI產品和服務，例如Google Assistant、Google Translate、Google Photos等。

2. 微軟（Microsoft）：微軟是一家著名的科技公司，擁有許多AI技術和產品，例如Cortana、Azure Machine Learning等。

3. IBM：IBM是一家歷史悠久的科技公司，早在20世紀50年代就已經開始研究人工智慧。現在，IBM的Watson平臺是一個非常受歡迎的AI解決方案，可以應用於多個領域。

4. Meta（Facebook）：Meta是一家全球最大的社交媒體公司，也是一家領先的AI研究和應用公司。Meta開發了許多AI技術，例如人臉識別、自然語言處理等。

5. 亞馬遜（Amazon）：亞馬遜是全球最大的電商公司之一，同時也是一家AI技術領先的公司。其AI產品和服務包括

Alexa、Amazon Rekognition 等。

6 **NVIDIA（輝達）**：輝達是一家專注於設計圖形處理器的公司，也是一家領先的 AI 硬體供應商。其開發了 GPU 加速的深度學習框架，被廣泛應用於 AI 研究和應用。

7 **OpenAI**：OpenAI 是一家非營利組織，由一些知名的 AI 專家共同創立。OpenAI 致力於研究和推廣 AI 技術，開發了許多開源的 AI 工具和框架。

除了以上這些公司，還有許多其他的公司也在進行 AI 機器學習的研究和應用，例如蘋果（Apple）、百度（Baidu）、阿里巴巴（Alibaba）、特斯拉（Tesla）等。

# AI 機器學習發展近程

1 **自然語言處理（Natural Language Processing，NLP）**：近年來，深度學習模型在 NLP 領域的應用取得了很大的進展，例如 BERT、GPT 等模型。這些模型可以通過預訓練和微調的方式，實現高效的自然語言理解和生成，已經被廣泛應用於文本分類、機器翻譯、語音識別等應用場景。

2 **電腦視覺（Computer Vision，CV）**：深度學習模型在 CV 領域的應用也取得了很大的進展，例如卷積神經網絡（Convolutional Neural Network，CNN）和對象檢測（Object Detection）技術。這些技術已經被廣泛應用於圖像識別、人

臉識別、自駕車等領域。

3 **自主系統（Autonomous Systems）**：AI技術已經被廣泛應用於自主系統領域，例如自駕車、機器人等。這些系統需要實現高效的感知、決策和控制，而AI技術可以幫助系統實現這些功能，提高系統的智能和可靠性。

4 **預測分析（Predictive Analytics）**：AI技術也可以應用於預測分析領域，例如醫療預測、金融預測等。透過應用深度學習、強化學習等技術，可以對大量的數據進行學習和預測，提高預測的準確性和效率。

總的來說，AI和機器學習技術正在快速發展，不斷擴大應用的領域和範圍，並且為各個行業帶來了許多創新和變革。

## AI機器學習商機規模

AI機器學習的商機規模非常龐大，因為它已經被廣泛應用於各個行業和領域，並且持續發展和創新。以下是一些AI機器學習的商機規模：

1 **醫療保健**：AI機器學習技術可以應用於醫療保健領域，例如醫學影像診斷、疾病預測、基因組學等。據市場調研公司Grand View Research的數據，全球醫療保健AI市場規模預計將從2020年的36億美元成長到2027年的450億美元。

2 **金融服務**：AI機器學習技術可以應用於金融服務領域，

例如風險管理、信貸審批、投資決策等。據市場調研公司 Markets and Markets 的數據，全球金融服務 AI 市場規模預計將從 2020 年的 94 億美元成長到 2025 年的 265 億美元。

3 **零售和電子商務**：AI 機器學習技術可以應用於零售和電子商務領域，例如商品推薦、庫存管理、價格優化等。據市場調研公司 Tractica 的數據，全球零售和電子商務 AI 市場規模預計將從 2018 年的 19 億美元成長到 2025 年的 38 億美元。

4 **智能制造**：AI 機器學習技術可以應用於智能製造領域，例如製造過程優化、品質控制、產品設計等。據市場調研公司 Tractica 的數據，全球智能製造 AI 市場規模預計將從 2018 年的 22 億美元成長到 2025 年的 108 億美元。

總的來說，AI 機器學習的商機規模非常龐大，並且隨著技術的不斷進步和應用的擴大，市場前景非常廣闊。

## 2-3 自然語言處理

即使用機器學習和計算語言學技術來理解、生成和操作自然語言（例如，文本和語音）。

## AI自然語言處理相關公司

目前在做AI自然語言處理（NLP）的公司有很多，以下列出一些在這個領域中知名的公司：

1. > **Google**：Google是NLP領域的重要玩家之一，其自然語言理解技術已被廣泛應用於Google搜索、Google助手和Google翻譯等產品中。

2. > **Amazon**：Amazon的Alexa智能助手是基於NLP技術開發的，該產品能夠理解語音命令、回答問題、播放音樂等。

3. > **Microsoft**：Microsoft在NLP領域中擁有自己的語言理解技術，並將其應用於Cortana智能助手和Microsoft Office等產品中。

4. > **IBM**：IBM的Watson認知計算平台是一個基於NLP技術開發的人工智慧系統，可以進行語音識別、語言翻譯和自然語言理解等操作。

5. > **Meta（Facebook）**：Meta也在NLP領域中進行了相關的

研究和開發，其自然語言處理技術被應用於Messenger和
Instagram等產品中。

6　**OpenAI**：OpenAI是一個非營利性的人工智慧研究機構，其
研究和開發了很多NLP技術，包括GPT和BERT等自然語
言生成模型。

7　**Baidu**：Baidu是中國的一家互聯網公司，其NLP技術被應
用於百度搜索、百度翻譯和度秘等產品中。

除了上述公司外，還有許多初創公司也在NLP領域中進行研究
和開發，這些公司包括：UiPath、Grammarly、Lilt、Luminoso、
Cognitivescale等。

## AI自然語言處理發展近程

近年來，人工智慧領域中的自然語言處理（NLP）取得了顯著進
展，主要歸功於深度學習技術的發展以及更大、更複雜的數據集的出
現。

以下是近期NLP領域的一些主要進展：

1　**語言模型**：語言模型是NLP的基礎，最近的進展主要集中在
預訓練語言模型（例如GPT和BERT）的發展。這些模型通
過在大量的文本數據上進行訓練，可以學習到語言的結構、
語法和語義，並在各種自然語言處理任務中表現出色。

2　**語義理解**：語義理解是指理解自然語言文本的意思。最近的

進展主要包括文本分類、命名實體識別和關係提取等任務。深度學習技術的發展使得這些任務的準確度大幅提高。

3 > **語音識別**：語音識別是指識別語音輸入的文字。最近的進展主要包括使用深度學習技術改進語音識別的準確度，以及將語音識別技術應用於語音翻譯和語音合成等任務。

4 > **機器翻譯**：機器翻譯是指將一種語言的文本自動翻譯成另一種語言。最近的進展主要是利用神經機器翻譯模型，通過大量的平行語料庫進行訓練，實現更加精確和自然的翻譯。

總的來說，NLP領域的進展非常快速，深度學習技術的發展帶來了更加準確和自然的文本處理技術。未來，NLP技術的應用範圍將更加廣泛，並且將成為人工智慧領域中的重要一環。

## AI自然語言處理商機規模

自然語言處理（NLP）技術在商業應用中具有廣泛的應用前景，其商機規模相當巨大。以下是一些NLP技術的商業應用：

◎ **聊天機器人**：聊天機器人是指利用NLP技術實現對話接口，可以應用在客戶服務、銷售、娛樂等多個領域。聊天機器人在自動化客戶服務和銷售方面有很大的應用價值，可以大幅降低企業的成本，同時提升客戶體驗。

◎ **語音識別**：語音識別技術可以將語音輸入轉換成文字，可以應用在語音辨識、語音翻譯、語音助手等多個領域。語音識別技

術在智慧手機、智能家居等多個領域已經得到了廣泛的應用。

◎ **機器翻譯**：機器翻譯技術可以將一種語言的文本自動翻譯成另一種語言，可以應用在跨語言交流、跨國商務等領域。機器翻譯技術在國際化企業、外貿等領域有很大的應用價值。

◎ **文本分析**：文本分析技術可以從大量的文本數據中提取有用的信息，可以應用在情感分析、市場調研、廣告投放等多個領域。文本分析技術在金融、保險、廣告等領域已經得到了廣泛的應用。

總的來說，NLP技術在商業應用中具有巨大的應用價值，可以大幅提高企業的效率和競爭力。根據市場研究機構的報告，NLP市場的規模預計在未來幾年將繼續快速成長，到2030年可能達到數百億美元。

## 2-4 電腦視覺

使用圖像和視頻分析技術，讓機器能夠識別和分析圖像和視頻中的內容。

## 🔑 AI電腦視覺相關公司

目前在做AI電腦視覺的公司有很多，以下列出其中一些：

1. **蘋果（Apple）**：蘋果公司在其產品中廣泛應用電腦視覺技術，例如Face ID面部識別、ARKit擴增實境等。

2. **Google**：Google公司在圖像識別、物體檢測、自動駕駛等多個領域應用電腦視覺技術。

3. **亞馬遜（Amazon）**：亞馬遜公司利用電腦視覺技術開發了自動銷售機器人Amazon Go、擁有自主知識產權的人工智慧補貨系統等產品。

4. **英特爾（Intel）**：英特爾公司推出了基於AI的RealSense技術，可以將RGB圖像、深度圖像和運動跟踪等多種技術集成在一起，實現3D視覺效果。

5. **華為（Huawei）**：華為公司在自動駕駛、智慧城市、機器人等多個領域應用電腦視覺技術。

6. **NVIDIA**：NVIDIA公司推出了基於GPU加速的計算平台

CUDA 和深度學習平台 TensorFlow，可以應用在圖像識別、物體檢測等多個領域。

7 ▷ **SenseTime**：SenseTime 是一家中國的 AI 公司，應用電腦視覺技術開發了人臉識別、車道偵測、智能監控等多個產品。

8 ▷ **Megvii**：Megvii 是一家中國的 AI 公司，應用電腦視覺技術開發了人臉識別、影像識別、人流分析等多個產品。

9 ▷ **OpenCV**：OpenCV 是一個開源的計算機視覺庫，可以應用在圖像處理、物體檢測、人臉識別等多個領域。

這些公司在電腦視覺技術的研發和應用方面都有很深的積累和廣泛的應用，推動了 AI 電腦視覺技術的發展和普及。

## AI 電腦視覺發展近程

AI 電腦視覺技術在過去幾年中有了長足的進步，成為了 AI 領域中最為活躍的一個分支，對影像識別、物體檢測、人臉識別、自動駕駛等領域的應用取得了顯著的進展。

以下是 AI 電腦視覺在一些領域中的進展：

1 ▷ **影像識別**：AI 電腦視覺技術可以幫助識別圖像中的對象、場景、特徵等，並在無需人工介入的情況下自動完成這些任務。近年來，深度學習技術的發展使得影像識別的準確率大幅提高，並且在多個圖像識別競賽中超越了人類。

2 ▶ **物體檢測**：AI電腦視覺技術可以幫助檢測圖像中的物體，並標記出其位置和類別。近年來，深度學習技術的發展使得物體檢測的準確率大幅提高，並在多個物體檢測競賽中取得了不錯的成績。

3 ▶ **人臉識別**：AI電腦視覺技術可以幫助識別圖像中的人臉，並匹配出相應的身份信息。近年來，人臉識別技術得到了快速發展，進一步提升了人臉識別的精度和速度。

4 ▶ **自動駕駛**：AI電腦視覺技術可以幫助車輛感知路面狀況、辨識路標、監控行人等，實現自動駕駛。近年來，許多汽車和科技公司開始推出自動駕駛相關產品和服務，並逐漸實現商業化。

總體而言，AI電腦視覺技術的進步和成熟度不斷提高，並且正在得到廣泛的應用。在未來，AI電腦視覺技術將會在各個領域中發揮更加重要的作用。

## AI電腦視覺商機規模

AI電腦視覺是一個快速成長的市場，其商機規模也相當巨大。根據市場研究機構的報告，AI電腦視覺市場的規模預計在未來幾年將會持續成長，並在2027年達到人約2,500億美元的規模。

其中，圖像識別市場將會是最大的一個子市場，預計在未來幾年內會以每年20%的速度成長。這主要得益於圖像識別技術在人臉識

別、商品識別、智慧監控等領域的應用。

除了圖像識別，其他子市場也將會持續成長。例如，自動駕駛市場預計在未來幾年將以每年超過40%的速度成長，這主要得益於自動駕駛技術的應用不斷擴大，包括物流、出行、公共交通等。

另外，增強現實、安防監控和醫療影像等市場也有著巨大的商機。隨著技術的不斷發展和應用的不斷擴大，AI電腦視覺市場的潛在商機仍然非常大，值得關注。

## 2-5 智能代理

設計能夠自主行動和做出決策的軟件代理（如機器人、虛擬助手）。

## AI智能代理相關公司

目前市場上有許多從事AI智能代理相關技術研究和應用的公司，以下列舉幾家知名的公司：

1. **OpenAI**：OpenAI是一家非營利性研究機構，旨在推動人工智慧的安全和進步，其中代理技術是其研究的重點之一。

2. **Google**：Google一直是AI領域的佼佼者，其代理技術應用範圍廣泛，包括自然語言處理、智能助手等。

3. **Microsoft**：Microsoft在AI領域也一直是領先者，其代理技術主要應用於語音識別、自然語言處理和智能對話等方面。

4. **Amazon**：Amazon在智能助手和聊天機器人方面廣泛應用，其代理技術在實現自然、直觀的人機交互方面具有優勢。

5. **IBM**：IBM的代理技術應用於許多領域，包括智能助手、智能客服等，其人工智慧平台Watson擁有豐富的代理技術應用。

除了上述公司，還有許多初創企業和中小企業也在進行AI智能代理相關技術研究和應用，市場競爭激烈。

## AI智能代理發展近程

AI智能代理是人工智慧領域的重要分支之一，近年來在技術研究和應用上取得了不少進展。以下是幾個方面的進展：

1. **語音智能助手**：語音智能助手是目前AI智能代理的主要應用之一，Google Assistant、Amazon Alexa、Apple Siri等語音智能助手的使用越來越普及，這些助手已經可以完成翻譯、聊天、購物等多種任務。

2. **自然語言處理**：自然語言處理是AI智能代理中的一個重要技術，通過對人類自然語言的理解，可以實現智能對話和信息檢索等功能。近年來，自然語言處理技術在語言翻譯、情感分析、文本生成等方面都取得了很大的進展。

3. **智能客服**：AI智能代理還廣泛應用於客戶服務領域，可以實現24小時不間斷的客戶服務。智能客服代理通過對顧客問題的分析和回答，可以大大提高客戶體驗和滿意度。

4. **機器學習**：AI智能代理還在機器學習和深度學習方面取得了重大進展，這些技術為代理系統的學習和自我優化提供了強大的支持。通過大量的數據訓練，AI智能代理可以自主學習和優化，從而實現更高效的智能任務執行。

總的來說，AI智能代理在語音識別、自然語言處理、智能客服等方面已經有了不錯的應用，技術進展也不斷在推進。隨著技術的不斷成熟，AI智能代理的應用前景仍然十分廣闊。

## AI智能代理商機規模

以下是一些有關AI智能代理商機的相關信息：

1 **語音智能助手**：根據市場調查機構Canalys的數據，全球智能音箱出貨量在2021年第三季度達到了23.1百萬台，同比成長22.2％，這表明語音智能助手市場依然在不斷擴大。

2 **智能客服**：根據市場調查機構Grand View Research的報告，全球智能客服市場預計在2028年達到431億美元，同比成長14.9％。智能客服代理在提高客戶體驗和降低成本方面具有很大的應用潛力。

3 **自然語言處理**：自然語言處理技術在許多領域都有應用，例如語言翻譯、情感分析、文本生成等。根據市場研究機構Tractica的報告，自然語言處理市場在2025年將達到26.4億美元，同比成長17.4％。

4 **智能辦公**：AI智能代理在辦公自動化方面也有很大的應用潛力，例如會議管理、文檔處理、工作流程優化等。根據市場調查機構Markets and Markets的報告，全球智能辦公市場預計在2026年達到19.2億美元，同比成長13.7％。

　　總的來說，AI智能代理在語音智能助手、智能客服、自然語言處理、智能辦公等方面都有著巨大的商機。隨著技術的不斷發展和應用的擴大，AI智能代理的市場前景仍然非常廣闊。

## **2-6** 人工智慧倫理學

探討人工智慧對人類和社會的影響，以及如何在開發和應用人工智慧技術時考慮倫理和社會問題。

## AI人工智慧倫理學相關公司

1. **AI Now Institute**：這是紐約大學的一個研究機構，致力於研究人工智慧在社會和政策方面的影響。該機構的研究重點包括種族、階級和性別偏見、隱私保護和監管等方面的問題。

2. **OpenAI**：這是一家人工智慧研究機構，致力於研究和開發人工智慧技術，同時也關注其社會和倫理影響。OpenAI建立了一個研究小組，專門研究人工智慧的倫理和社會問題，並發布相關研究報告。

3. **The Institute for Ethical AI & Machine Learning**：這是一家總部位於倫敦的非營利機構，致力於推動人工智慧和機器學習的倫理和透明度。該機構的主要工作包括研究、培訓和教育，旨在推動人工智慧技術的社會責任。

4. **The IEEE Global Initiative on Ethics of Autonomous and Intelligent Systems**：這是一個由IEEE（國際電氣和

電子工程師協會）發起的倡議，旨在推動人工智慧和自主系統的倫理和社會影響。該倡議的主要工作包括研究、制定標準和指南，並促進跨行業和跨界別的對話和合作。

5 Center for Humane Technology：這是一個非營利組織，旨在促進科技的人本設計和使用。該組織關注科技對人類注意力、情感健康和社會生活的影響，並提倡減少科技成癮和不良使用的問題。

以上是一些從事人工智慧倫理學相關工作的公司，它們都在推動人工智慧技術的社會責任和可持續發展。

## AI人工智慧倫理學發展近程

人工智慧倫理學是一個新興的領域，旨在探討人工智慧技術在社會和倫理層面的影響，並制定相應的道德原則和規範。以下是一些人工智慧倫理學目前的發展進展：

1 **倫理準則的制定**：人工智慧倫理學的發展已經引起了全球的關注，許多政府和組織都開始制定相應的道德準則和規範。例如，歐盟制定了《通用數據保護條例》（GDPR），強調數據隱私和透明度；IEEE制定了《人工智慧倫理原則》，強調尊重人權和人類尊嚴等。

2 **技術的透明度和可解釋性**：人工智慧技術在一定程度上是黑箱，難以解釋其決策過程和結果。為了確保人工智慧技術的

可信度和負責任性，需要確保技術的透明度和可解釋性。因此，研究人員開始研究新的方法和技術，以增強人工智慧技術的可解釋性。

3 > **種族、階級和性別偏見的解決**：人工智慧技術容易受到種族、階級和性別等因素的影響，導致出現偏見和歧視。為了解決這個問題，許多研究人員開始研究新的方法和技術，以消除人工智慧技術中的偏見和歧視。

4 > **社會影響的研究**：人工智慧技術對社會和經濟發展產生了巨大的影響，包括就業、隱私和安全等方面。因此，研究人員開始研究人工智慧技術的社會和經濟影響，並探索如何應對這些影響。

　　總之，人工智慧倫理學目前正處於快速發展階段，涉及的問題和挑戰仍然很多。通過開展更多的研究和討論，我們可以更好地了解人工智慧技術對社會和倫理層面的影響，進而制定相應的道德準則和規範，保障人工智慧技術的負責任性和可持續發展。

　　除了以上提到的發展進展，還有一些新的問題和挑戰需要關注。例如，隨著人工智慧技術的不斷發展，人工智慧技術的決策權和影響力也在不斷增強。這引發了一些關於權力和控制的問題，例如人工智慧技術是否應該擁有權力和責任，以及人類如何監管和控制人工智慧技術等。另外，隨著人工智慧技術的應用不斷擴大，還需要探討人工智慧技術的法律責任和財務風險等問題。

總之，人工智慧倫理學是一個日益重要的領域，涉及眾多問題和挑戰。需要各界的專家和研究人員進行深入研究和討論，共同探索如何使人工智慧技術更負責任、更可持續，以實現其對社會和經濟發展的積極影響。

## AI人工智慧倫理學商機規模

人工智慧倫理學的商機規模非常難以定量，因為它更多的是一個跨學科、跨行業的研究領域，不像一些具體的技術應用場景那樣具有明確的商業模式和商機。不過，可以預見的是，隨著人工智慧技術的不斷普及和應用，人工智慧倫理學所關注的問題和挑戰將會更加重要和實際。因此，在未來，可能會有越來越多的機會和需求來尋求人工智慧倫理學方面的專業建議和解決方案。

一些公司和組織已經開始關注人工智慧倫理學，例如一些大型科技公司、人工智慧研究機構、智能化軟件開發商等。這些公司通常會設立相關的部門或團隊，進行人工智慧倫理學的研究和實踐，或與相關的專業機構進行合作。此外，還有一些專注於人工智慧倫理學研究和培訓的機構和組織，它們提供培訓課程、出版物、研究報告等，為各行各業的從業人員提供專業支持和建議。

## 2-7　模式識別

自動識別和分析大型數據集中的模式和關聯性。

## AI模式識別相關公司

1. **SenseTime**：總部位於中國香港，是一家AI技術創新企業，擅長人臉識別、圖像識別等方面的技術研發和應用。

2. **Megvii**：總部位於中國北京，是一家致力於人工智慧技術的創新與應用的公司，擅長人臉識別、影像識別等方面的技術研發和應用。

3. **Amazon Rekognition**：由亞馬遜開發，基於雲端的影像和視頻分析服務，有人臉、物體、文字識別等多種功能。

4. **Clarifai**：總部位於美國紐約，是一家提供AI圖像識別和自然語言處理服務的公司，能夠識別圖像中的物體、場景、標籤等。

5. **IBM Watson Visual Recognition**：由IBM開發，基於雲端的視覺識別服務，能檢測圖像中的物體、場景、情感等。

這些公司都是在AI模式識別領域領先的企業，他們的產品和技術廣泛應用於人工智慧、雲端運算、安防監控、智能零售等各個領域。

# AI模式識別發展近程

深度學習技術的發展：深度學習技術是AI模式識別的核心技術之一。隨著深度學習算法的發展，AI模式識別的精度得到了顯著提升。

1. **數據量的增加**：AI模式識別需要大量的數據作為訓練樣本，而隨著互聯網的普及和大數據技術的發展，數據量得到了大幅度的增加，從而促進了AI模式識別技術的發展。

2. **應用領域的擴展**：AI模式識別技術的應用領域不斷擴展，如安防監控、智能交通、智能零售、智能家居等。這些領域對AI模式識別技術的精度、實時性、穩定性等方面都提出了更高的要求，也促進了AI模式識別技術的不斷發展。

3. **跨領域融合**：AI模式識別技術與其他技術的融合也在進行中，如人機交互、機器學習、自然語言處理等。這種跨領域的融合不斷推動AI模式識別技術的發展，也為AI應用的深度和廣度帶來了新的契機。

總體而言，AI模式識別技術在精度、實時性、穩定性等方面都有了顯著提升，並且在應用領域的拓展和技術融合方面不斷深入，未來有望實現更多更廣泛的應用。

# AI模式識別商機規模

AI模式識別是一個具有巨大商機的領域，其商機規模主要體現在以下方面：

1. **安防監控：** AI模式識別技術可以應用於安防監控領域，如人臉識別、行為識別、動態目標跟踪等，這些應用都有著非常廣泛的市場需求。根據市場調研機構 IDC 的數據顯示，全球安防監控市場規模預計將從2019年的279億美元成長至2025年的465億美元，其中AI模式識別技術將成為市場的一個重要成長點。

2. **智能交通：** AI模式識別技術可以應用於智能交通領域，如智能監控、智能信號控制、智能駕駛輔助等，這些應用也有著非常廣泛的市場需求。根據市場調研機構 Technavio 的數據顯示，全球智能交通市場規模預計將從2020年的215億美元成長至2024年的298億美元，其中AI模式識別技術也將成為市場的一個重要成長點。

3. **智能零售：** AI模式識別技術可以應用於智能零售領域，如人臉識別、商品識別、行為分析等，這些應用也有著非常廣泛的市場需求。根據市場調研機構 Juniper Research 的數據顯示，全球智能零售市場規模預計將從2020年的23億美元成長至2025年的38億美元，其中AI模式識別技術也將成為市場的一個重要成長點。

總體而言，AI模式識別技術具有非常廣泛的應用場景和商業價值，隨著市場需求的不斷成長和技術的不斷成熟，其商機規模也將不斷擴大。

## 2-8　知識表示與推理

設計機器能夠表示、組織和利用知識，以及自主地進行推理和推斷。

## AI知識表示與推理相關公司

1> **Cycorp**：Cycorp是一家專門從事人工智慧知識表示和推理技術的公司，其核心產品Cyc是一個大規模的語義網絡，旨在通過表達人類知識來實現人工智慧。

2> **OpenAI**：OpenAI是一家非營利性人工智慧研究組織，其主要研究方向之一是推理和知識表示。OpenAI的研究成果包括用於自然語言推理的GPT模型和用於常識推理的Microscope平台等。

3> **IBM Watson**：IBM Watson是一個基於人工智慧技術的認知計算平台，其中包括知識表示和推理等技術。IBM Watson的應用範圍非常廣泛，包括醫療、金融、製造等多個領域。

4> **Amazon**：Amazon是一家在人工智慧領域具有領先地位的公司，其在知識表示和推理方面的研究也非常活躍。Amazon的應用範圍包括智能助手Alexa、智能家居等多個

領域。

總體來說，AI知識表示和推理技術的發展對於實現人工智慧的長足進步非常重要，相應地，這也為很多公司帶來了商機，因此在這個領域有很多公司進行相應的研究和開發。

## AI知識表示與推理發展近程

1 **自然語言處理技術的進步：**自然語言處理技術的進步使得AI項目可以更好地理解人類語言並做出相應的回應。這使得AI知識顯示和推介項目的準確性和實用性得到了大幅提升。

2 **雲端運算平台的發展：**隨著雲端運算平台的發展，開發者可以輕鬆地使用雲端計算資源來實現AI知識顯示和推介項目，並且可以輕鬆地將其擴展到全球範圍。

3 **大數據和機器學習的普及：**大數據和機器學習技術的普及使得開發AI知識顯示和推介項目變得更加容易。開發者可以從大數據中獲取有價值的資訊，並使用機器學習算法來分析這些資訊，並做出相應的回應。

4 **應用場景的擴展：**AI知識顯示和推介項目的應用場景也越來越廣泛。它們不僅可以用於提供技術支持和客戶服務，還可以用於教育、醫療、金融等各個領域。這些應用場景的擴展使得AI知識顯示和推介項目在社會中的影響越來越大。

# AI知識表示與推理商機規模

AI知識顯示與推論領域的商機規模非常大，隨著AI技術的發展和應用，這一領域的商機將會繼續擴大。以下是一些具體的商機規模：

1. **技術支持和客戶服務**：AI知識顯示和推論技術可以用於提供技術支持和客戶服務，尤其是在線上商務和電子商務領域。根據一些市場研究，全球技術支持市場價值超過500億美元，而AI知識顯示和推論技術在這個市場中的應用前景非常廣闊。

2. **教育**：AI知識顯示和推論技術可以應用於教育領域，例如在線學習平台、語言學習應用等。根據市場研究，全球教育市場價值超過7000億美元，而AI知識顯示和推論技術在教育領域的應用前景也非常廣闊。

3. **醫療**：AI知識顯示和推論技術可以用於醫療領域，例如智能診斷、病歷管理等。根據市場研究，全球醫療市場價值超過10萬億美元，而AI知識顯示和推論技術在醫療領域的應用前景也非常廣闊。

總體來說，AI知識顯示和推論領域的商機規模非常大，而且這些商機在未來將會繼續擴大。

## 2-9 人工智慧應用

應用人工智慧技術解決現實世界中的問題,例如醫學診斷、自然災害預測、自動化生產和客戶服務。

### AI人工智慧應用相關公司

人工智慧應用相關開發公司眾多,以下是一些知名的公司:

1. **OpenAI**:OpenAI 是人工智慧領域的研究機構,旨在推進人工智慧的發展,為人類帶來更多福祉。

2. **Google AI**:Google AI 是 Google 的人工智慧研究部門,致力於開發和推廣人工智慧技術。

3. **Microsoft AI**:Microsoft AI 是 Microsoft 的人工智慧研發團隊,負責開發與推廣人工智慧相關技術。

4. **IBM Watson**:IBM Watson 是 IBM 公司推出的人工智慧系統,擁有自然語言理解、機器學習和認知運算等先進功能。

5. **Amazon AI**:Amazon AI 是 Amazon 的人工智慧研究部門,致力於研發和推廣人工智慧相關技術。

6. **NVIDIA**:NVIDIA 是一家專注於圖形處理器和人工智慧相關硬體的公司,旗下的 GPU 能夠支持大規模且高效率的機器學習。

7 > Baidu AI：Baidu AI 是百度公司的人工智慧研發團隊，負責開發自然語言處理、語音識別和智能機器人等相關技術。

8 > DeepMind：DeepMind 是 Google 旗下的人工智慧研究公司，致力於發展人工智慧和機器學習相關技術。

9 > Apple AI：Apple AI 是蘋果公司的人工智慧研究團隊，負責開發 Siri、面部識別和自然語言處理等相關技術。

以上公司只是眾多人工智慧相關開發公司的其中一部分，隨著人工智慧的發展，未來將會有更多的公司加入到這個領域。

## AI 人工智慧應用發展近程

近年來，人工智慧應用的發展進展迅速，以下是一些近期的發展：

1 > **自然語言處理：**自然語言處理是人工智慧領域的一個重要分支，近年來在自然語言理解、自動翻譯、問答系統等方面取得了重大進展。例如，Google 的 BERT 模型和 OpenAI 的 GPT 模型在自然語言處理方面取得了非常好的效果。

2 > **醫療應用：**人工智慧在醫療領域的應用越來越廣泛，包括診斷、治療、藥物開發等方面。例如，Google 的深度學習模型可以協助醫生診斷糖尿病視網膜病變，而 IBM 的 Watson 系統可以輔助醫生選擇最佳的癌症治療方案。

3 > **自動駕駛：**自動駕駛是人工智慧在交通運輸領域的一個重

要應用方向，許多公司都在進行相關的研發工作。例如，Waymo、Tesla、Uber等公司都推出了自動駕駛車輛。

4 **智能家居**：智慧家居是人工智慧在家居領域的應用，通過人工智慧技術實現智慧家居控制、自動化管理、節能減排等功能。例如，Amazon 的 Alexa 和 Google 的 Google Home 等智慧語音助手可以實現語音控制智慧家居的功能。

5 **教育應用**：人工智慧在教育領域的應用也越來越廣泛，可以實現個性化教育、教學評估、學習分析等功能。例如，一些公司推出了智慧教學平臺，可以實現對學生學習情況的即時監控和分析，為教師提供更好的教學支援。

6 **金融應用**：人工智慧在金融領域的應用也非常廣泛，可以實現風險評估、投資決策、反欺詐等功能。例如，一些銀行利用人工智慧技術進行信用評估和風險控制，保險公司利用人工智慧技術進行理賠處理。

7 **零售應用**：人工智慧在零售領域的應用可以實現智慧推薦、智慧售後服務等功能。例如，一些電商平臺利用人工智慧技術為用戶推薦商品，同時也可以利用人工智慧技術實現智慧客服和售後服務。

8 **農業應用**：人工智慧在農業領域的應用可以幫助提高農業生產效率和品質，例如利用人工智慧技術進行農業資料分析、精准農業、智慧物聯網等。

9 **工業應用**：人工智慧在工業領域的應用可以幫助提高生產效

率和品質，例如利用人工智慧技術進行智慧製造、智慧物流、智慧質檢等。

總的來說，人工智慧應用的發展非常迅速，並且在各個領域都取得了重大的進展，未來隨著技術的進一步發展，人工智慧將會在更多領域得到應用。

# AI人工智慧應用商機規模

人工智慧應用的商業機會非常廣泛，根據市場研究報告，人工智慧市場規模正在迅速成長。以下是一些資料和預測：

◎ 根據IDC預測，全球人工智慧晶片市場將在2025年達到940億美元。

◎ 根據市場研究公司Tractica的預測，到2025年，全球人工智慧軟體市場將達到118億美元，而全球人工智慧硬體市場將達到58億美元。

◎ 根據Gartner的預測，到2025年，全球企業將會通過人工智慧自動化一半以上的工作任務，這將會使得全球企業每年節省約2300億美元的成本。

◎ 根據Statista的資料，2019年全球人工智慧市場規模已經達到325億美元，而2025年的市場規模將預計達到1185億美元。

◎ 根據Grand View Research的研究，到2028年，全球人工智慧市場規模將預計達到7337億美元。

◎ 根據PwC的研究，到2030年，全球GDP中有15.7萬億美元的成長將來自於人工智慧技術的發展。

◎ 根據McKinsey的研究，到2025年，人工智慧將為製造業、金融服務、醫療保健、教育、農業等行業創造價值，預計每年成長3.5萬億美元至5.8萬億美元。

◎ 根據Accenture的預測，人工智慧將為醫療保健、金融服務、零售和製造業等行業帶來巨大的商業價值，到2035年全球人工智慧經濟價值將達到14萬億美元。

◎ 根據IDC的預測，到2023年全球AI的投資總額將達到97.9億美元。

　　隨著人工智慧技術的不斷發展和應用範圍的擴大，人工智慧市場的商業機會和潛力將會不斷增加。各行各業都可以探索利用人工智慧技術來創造商業價值，提高效率和品質，增強用戶體驗，甚至開闢新的商業模式。

## 2-10　自動駕駛

　　AI技術可以用來訓練自動駕駛系統，讓車輛能夠自主行駛，大大提高了行駛的安全性。

## AI自動駕駛相關公司

　　目前全球有很多公司和機構在自動駕駛技術上投入了大量的研發和應用，以下列出一些主要的AI自動駕駛相關公司：

1. **Waymo**：是谷歌旗下的自動駕駛公司，是全球最早進入自動駕駛領域的公司之一，其擁有全球最大的自動駕駛車隊。

2. **Tesla**：是一家美國的電動車公司，其自動駕駛技術被廣泛應用在其電動汽車產品中。

3. **Cruise**：是一家美國的自動駕駛初創公司，其由GM和軟銀共同投資，專注於研發自動駕駛技術和系統。

4. **Baidu Apollo**：是百度公司的自動駕駛開放平台，為廣大開發者和合作伙伴提供自動駕駛技術和服務。

5. **Mobileye**：是以色列的一家自動駕駛技術公司，其開發了一系列視覺感知技術，並被英特爾收購。

6. **Uber ATG**：是Uber公司的自動駕駛部門，其開發了自動駕駛車輛和相關技術。

7 **Zoox**：是一家美國的自動駕駛初創公司，其專注於開發自主駕駛的電動出租車服務。

除了上述公司，還有很多公司和機構在自動駕駛上有所投入。

## AI自動駕駛發展近程

自動駕駛技術在近年來得到了長足的發展，主要得益於機器學習和深度學習技術的進步以及傳感器、雷達、攝像頭等感知設備的不斷升級和普及。以下是自動駕駛技術的近期發展：

1 **車輛級別自動駕駛技術的發展**：近年來，許多汽車製造商紛紛推出了搭載自動駕駛技術的汽車，並且這些汽車能夠實現更高級別的自動駕駛，例如特斯拉的「全自動駕駛」模式。

2 **算法和模型的不斷優化**：隨著深度學習技術的不斷進步，自動駕駛技術的算法和模型也在不斷優化，使得自動駕駛系統能夠更好地理解和預測路況、交通情況和周圍環境。

3 **智能交通系統的發展**：智能交通系統是指利用新興技術實現對交通網絡和交通流的監控、控制和調節，可以與自動駕駛技術相互配合，進一步提高交通運輸系統的效率和安全性。

4 **自動駕駛產業鏈的完善**：自動駕駛技術的發展也帶動了自動駕駛產業鏈的完善，包括感知、控制、算法、數據、模型、硬件設備等各個方面的產業環節。

5 **國際標準的建立**：國際標準的建立是自動駕駛技術發展的必

要條件之一，目前國際標準組織和各國政府機構都在積極推進相關標準的制定和落實。

總體來說，自動駕駛技術的發展進入了實際應用和商業推廣階段，未來隨著技術進步和產業升級，不久後必定會達到全AI自動化駕駛。

# AI自動駕駛商機規模

AI自動駕駛技術是一個快速發展的領域，相應的商機規模也隨之不斷擴大。以下是一些相關報告提供的市場預測：

◎ 根據Research and Markets的報告，2025年全球自動駕駛汽車市場的規模將達到556.67億美元，年複合成長率為39.47%。

◎ 根據IDC預測，全球自動駕駛汽車市場在2021年將達到30億美元，並預計到2025年成長至180億美元。

◎ 根據Grand View Research的報告，2025年全球自動駕駛汽車市場規模將達到1800億美元，年複合成長率63.1%。

◎ 根據Strategy Analytics的報告，到2026年，全球自動駕駛汽車市場的規模將達到792億美元，年複合成長率為38.4%。

總的來說，AI自動駕駛技術市場的商機規模非常巨大，未來將持續成長，並且帶動相關產業鏈的不斷發展。

## 2-11 醫療保健

　　AI可以用來分析醫學影像、處理病歷、診斷疾病和制定治療計畫。

### AI醫療保健相關公司

AI醫療保健相關公司目前已經非常多，以下是一些知名的公司：

1. **IBM Watson Health**：提供基於AI的醫學影像分析、病歷處理、臨床決策等解決方案。

2. **Google Health**：利用AI分析醫學影像、病歷等數據，幫助醫生診斷疾病和制定治療計畫。

3. **Tencent AI Medical Innovation**：是中國領先的AI醫療保健公司之一，提供醫學影像分析、病歷處理、診斷輔助等服務。

4. **Enlitic**：是一家位於美國舊金山的AI醫療保健公司，提供基於AI的醫學影像分析和診斷輔助解決方案。

5. **Viz.ai**：是一家提供基於AI的急性腦中風檢測和診斷輔助解決方案的公司。

6. **Arterys**：是一家位於美國舊金山的AI醫療保健公司，專注於提供基於AI的醫學影像分析解決方案。

7 **Aidoc**：是一家以色列的AI醫療保健公司，專注於提供基於AI的醫學影像分析和診斷輔助解決方案。

8 **Paige.AI**：是一家位於美國紐約的AI醫療保健公司，提供基於AI的病理學影像分析和診斷輔助解決方案。

9 **PathAI**：是一家美國的AI醫療保健公司，提供基於AI的病理學影像分析和診斷輔助解決方案。

AI醫療保健相關公司非常多，而且隨著AI技術的不斷發展，相信將會有越來越多的公司進入這個領域。

## AI醫療保健發展近程

近年來，AI在醫療保健領域得到了越來越廣泛的應用，以下是AI醫療保健發展的一些近程：

1 **醫學影像分析**：AI可以幫助醫生快速分析醫學影像，如CT、MRI等，以提高診斷的準確度和效率。例如，AI可以自動標記影像中的異常部位，並幫助醫生更快地找到和診斷病灶。

2 **病歷處理**：AI可以幫助醫生處理病歷，包括病歷的整合、提取病歷中的關鍵信息、自動填寫病歷等。這樣可以提高醫生的工作效率，並減少人為疏失。

3 **診斷輔助**：AI可以通過分析病人的各種數據，如影像、血液檢查等，幫助醫生診斷疾病並制定治療計畫。例如，AI可以

通過分析影像中的腫瘤大小、位置和形狀等信息，幫助醫生制定腫瘤切除的手術方案。

4 > **個性化治療**：AI可以通過分析大量的醫學數據，如基因組學、病人病歷等，幫助醫生制定更加個性化的治療方案。這樣可以提高治療效果，並減少不必要的副作用。

5 > **預測性維護**：AI可以通過分析醫療設備的數據，如維護記錄、診斷結果等，預測設備的故障和維護需要，以減少故障率和提高設備的可靠性。

　　總體來說，AI在醫療保健領域的應用越來越廣泛，不僅可以提高診斷和治療的準確度和效率，還可以幫助醫生制定更加個性化的治療方案，這將對未來的醫療保健產生深遠的影響。

## AI醫療保健商機規模

　　AI在醫療保健領域的應用正在逐步增加，隨著人工智慧技術的不斷進步和發展，AI在醫療保健領域的商機也逐漸擴大。

　　根據市場研究公司Grand View Research的報告，全球AI在醫療保健市場規模預計將從2021年的約11.2億美元成長到2028年的約51.8億美元，複合年成長率為26.5％。其中，北美地區將是AI在醫療保健市場的主要地區，歐洲和亞太地區也將是重要的市場。

**AI 在醫療保健領域的商機主要體現在以下幾個方面：**

1. **醫學影像分析**：AI可以幫助醫生分析影像，提供更精確的診斷和治療方案，並減少誤診和漏診的情況。此外，AI還可以幫助醫生更快速地分析大量的影像，提高工作效率。

2. **醫療數據分析**：AI可以分析龐大的醫療數據，提供更準確的病歷和病患分析，幫助醫生更好地了解病情和制定治療計畫。

3. **預防和監測疾病**：AI可以幫助醫生預測和監測疾病的發展，提高疾病預防和治療的效果。

4. **醫療機器人**：AI可以用於開發醫療機器人，幫助醫生進行手術和其他醫療操作，提高手術精確度和安全性。

　　總之，隨著AI技術的不斷進步和發展，AI在醫療保健領域的商機將不斷擴大，有望成為未來的一個重要的成長點。

## 2-12 金融業

AI可以用來分析市場趨勢、預測股價和檢測金融欺詐。

## AI金融業相關公司

以下是一些在AI金融領域有所作為的公司：

1. **Ant Financial**：中國支付寶母公司，專注於金融科技，應用AI等技術推出一系列金融產品，例如螞蟻財富、螞蟻保險、芝麻信用等。

2. **ZhongAn Insurance**：中國首家網路保險公司，應用AI、大數據等技術，實現智能核保、智能理賠、風險控制等。

3. **BlackRock**：全球最大的資產管理公司之一，應用AI和機器學習技術，幫助投資者做出更明智的決策。

4. **JP Morgan Chase**：全球領先的投資銀行，應用AI技術進行股票分析、風險管理等，也在開發智能聊天機器人等工具，為客戶提供更好的服務。

5. **Wealthfront**：美國一家網上投資管理公司，應用AI技術，提供智能投資組合建議，幫助投資者實現財富增值。

6. **Kavout**：美國一家金融科技公司，開發了基於機器學習的投資平台，能夠實時分析市場數據，預測股價走勢。

7 > **Ayasdi**：美國一家人工智能和機器學習公司，應用 AI 技術，幫助銀行、保險公司等金融機構進行風險管理、防範欺詐等。

8 > **Lemonade**：以色列一家網路保險公司，應用 AI 技術，實現智能保險報價、智能理賠等，為客戶提供更好的體驗。

以上僅是部分在 AI 金融領域有所作為的公司，並不代表所有相關公司。

## AI 金融業發展近程

在近年來，AI 在金融業的應用得到了迅猛發展。以下是 AI 在金融業發展近程的幾個方面：

1 > **預測與分析**：AI 技術可以用於大資料的處理和分析，從而幫助金融機構更好地理解市場趨勢、預測股票價格變化等。例如，AI 可以幫助金融機構在短時間內分析海量資料，識別趨勢，並快速作出決策。

2 > **風險管理**：AI 技術可以幫助金融機構分析風險，並提出相應的措施，從而降低損失。例如，AI 可以識別可能存在欺詐的交易行為，提高金融機構的風險控制能力。

3 > **金融服務**：AI 技術可以讓金融機構提供更好的服務，包括智慧客服、智慧投資建議等。例如，AI 可以通過對客戶的交易歷史和投資偏好進行分析，為客戶提供個性化的投資建議。

4 **區塊鏈技術**：AI 和區塊鏈技術的結合也為金融行業帶來了新的變革。例如，AI 可以幫助金融機構識別和跟蹤區塊鏈上的交易，從而提高交易的可追溯性和透明度。

近年來，越來越多的金融機構開始將 AI 技術應用於業務中，以提高效率和降低風險。根據市場研究機構 Tractica 的報告，到 2025 年，全球金融業 AI 的年均複合成長率將達到 35.1％，市場規模將達到 265 億美元。這表明，AI 技術在金融業的應用前景廣闊，將帶來可觀的商業機會。

# AI 金融業商機規模

AI 在金融業的應用正日益受到關注，其商機規模也在逐年擴大。以下是一些 AI 在金融業中的商機規模：

1 **數據分析和預測**：AI 可以用於分析大量的金融數據，以便預測市場趨勢和股價變化，以及對投資組合進行最佳化配置等。據市場調查公司 Grand View Research 預測，到 2028 年，全球數據分析市場將達到 1480 億美元。

2 **風險管理**：AI 可以用於識別和減少金融風險，例如詐騙、信用風險和市場風險等。據市場調查公司 Markets and Markets 預測，到 2024 年，全球風險管理市場將達到 2,900 億美元。

3 **自動化和智能化交易**：AI 可以用於自動化和智能化交易，例

如高頻交易和量化交易。據市場調查公司Technavio預測，到2024年，全球智能化交易市場將達到1,070億美元。

4 **數位支付（Digital payment）**：AI可以用於改進數位支付，例如詐騙檢測和自動付款處理等。據市場調查公司Global Market Insights預測，到2024年，全球數位支付市場將達到8,200億美元。

總體而言，AI在金融業的商機規模巨大，這些應用不僅能夠提高效率和減少成本，還可以改進金融服務的品質和可用性。

# 2-13  教育

AI可以用來個性化教學、智能評估學生表現、以及自動化作業和測試。

## 🔧 AI教育相關公司

以下是幾個在AI教育領域具有代表性的公司：

1 > **Coursera**：Coursera是一家知名的在線教育平台，其提供的課程涵蓋了多個領域，包括人工智慧和機器學習。該公司通過運用AI技術來定製學生的學習體驗和建議，並在學習期間對學生進行智慧評估。

2 > **Knewton**：Knewton是一家專注於個性化教學的公司。該公司的技術可以分析學生的學習情況，提供專門定製的學習材料和建議，以最大程度地提高學生的學習效果。

3 > **Carnegie Learning**：Carnegie Learning是一家以數學學習為主的公司，其通過運用AI技術，開發了一系列具有個性化的數學學習軟件和課程。該公司的AI技術可以實時監控學生的學習情況，並為其提供適當的學習建議。

4 > **Squirrel AI**：Squirrel AI是一家中國教育科技公司，該公司開發了一款基於AI的自主學習系統。該系統可以通過分析學

生的學習情況，提供定製化的學習內容和建議，以最大程度地提高學生的學習效果。

5 > **Century Tech**：是一家英國的教育科技公司，其通過運用AI技術，開發了一個名為「Century」的智能學習系統。該系統可以為學生提供個性化的學習體驗和建議，同時還可以為老師提供即時的學生學習情況反饋和教學建議。

以上這些公司只是AI教育領域中的一部分代表性企業，隨著AI技術在教育領域的應用不斷拓展，未來還將有更多的公司進入這一領域。

## AI教育發展近程

近年來，AI在教育領域的應用呈現出快速發展的趨勢，尤其是在個性化學習、智慧評估和自動化測試等方面。以下是AI教育領域的近期發展：

1 > **個性化學習平台**：個性化學習是AI在教育領域的一大應用方向。通過分析學生的學習習慣、學習進度以及知識點掌握情況等，AI可以為每個學生提供適合的學習計畫和學習資源。像Knewton、DreamBox、Squirrel AI等公司都是專注於個性化學習平台的領先企業。

2 > **智慧評估**：AI技術可以用於評估學生的學習表現，如文本分析、語音辨識等技術可用於分析學生的作業和口說表現。

EdTech公司如Coursera、Udacity等也已經開始應用AI技術來評估學生的學習表現。

3 > **自動化作業和測試**：AI技術還可以用於自動化作業和測試。例如，可以訓練機器人將大量題目的答案輸入到作業系統中，從而實現作業自動化。在測試方面，可以使用AI技術對學生的學習進度進行自動監控，以幫助學生發現自己的學習問題。像Quizlet、Edmentum、Knewton等公司都在開發這方面的應用。

總體而言，AI在教育領域的應用還有很大的空間，未來隨著技術的不斷進步，AI將會越來越深入地影響著教育領域的各個方面。

## AI教育商機規模

AI在教育領域的應用包括個性化學習、學生評估、教學輔助、自動化作業和測試等方面，這些應用不僅可以提高學習效率和學生成績，還可以幫助學生更好地理解和掌握知識，從而提高教育品質。

此外，AI技術還可以幫助教育機構更好地管理學生信息和學習進度，提高教育管理效率。AI在教育領域的應用還有很大的發展潛力，未來還可以應用在教育資源的智能分發、在線學習的品質控制、教師自動化評估和教學內容的智能化生成等方面。

總的來說，隨著教育行業的數位化和智能化發展，AI技術在教育領域的商機正在逐漸擴大，未來有望成為一個重要的教育科技應用領域。

## 2-14　遊戲

AI可以用來創建智能遊戲角色、改進遊戲體驗和訓練AI玩家。

## AI遊戲相關公司

1> **OpenAI**：由伊隆・馬斯克等人創立，旨在推進人工智慧的研究和應用。OpenAI創建了一個AI學習環境OpenAI Gym，提供開發AI遊戲和模擬的平台，以及一個強化學習算法庫OpenAI Baselines。

2> **Unity Technologies**：總部位於舊金山，是一家專注於遊戲引擎開發的公司。他們開發了一個名為Unity ML-Agents Toolkit的工具，可以幫助開發者創建AI角色。

3> **Electronic Arts**：EA是一家全球性的遊戲開發和發行公司，旗下有多個知名的遊戲品牌，如《FIFA》、《戰地風雲》等。他們利用AI技術改進遊戲體驗，如使用機器學習技術改進遊戲AI。

4> **Alphabet（Google）**：Google一直致力於將AI技術應用於各個領域，包括遊戲。例如，他們在開發名為AlphaGo和AlphaZero的AI算法，可以在圍棋、象棋等遊戲中擊敗人類世界冠軍。

5 > **IBM Watson**：IBM Watson是一個強大的AI平台，可以用於許多應用領域，包括遊戲。例如，IBM Watson可以被用來分析遊戲玩家的行為和動機，以改進遊戲體驗。

6 > **NVIDIA**：NVIDIA是一家專注於GPU技術開發的公司，也開發了一個名為NVIDIA GameWorks的遊戲開發工具包，其中包括一些用於遊戲AI開發的工具。

7 > **Tencent**：騰訊是一家中國的科技公司，也是全球最大的遊戲公司之一。他們的遊戲開發工具包Tencent G6可以幫助開發者創建AI角色。

8 > **Microsoft**：微軟也是一家在AI遊戲領域有所貢獻的公司。例如，他們的Minecraft教育版利用AI技術進行個性化教育。

這些公司通常都在研究和開發AI技術，以改進遊戲體驗和創建更智慧的遊戲角色。

## AI遊戲發展近程

近年來，遊戲業界不斷探索AI在遊戲開發中的應用，尤其是在遊戲角色AI方面取得了一定進展。例如，《星際公民》（Star Citizen）中的NPC（非玩家角色）使用了基於行為樹（behavior tree）和動態數據生成（procedural data generation）的AI系統，使NPC能夠更加智能地執行任務和與玩家互動。

　　另外，AI還被用於改進遊戲體驗，例如在《Assassin's Creed: Odyssey》中，AI被用於自動調整遊戲難度，以適應玩家的表現，提高遊戲體驗。同時，AI還可以被用於自動生成遊戲內容，例如在《Minecraft》中，AI被用於生成隨機地形和建築。

　　此外，AI還可以被用於訓練AI玩家，以提高遊戲水平。例如，OpenAI曾經開發過一個AI系統，可以在《Dota 2》中與人類玩家對戰，並最終擊敗了世界級職業選手。

　　總體來說，AI在遊戲開發中的應用還有很大的發展空間，未來必定會有更多的智能化遊戲產品出現。近年來，AI在遊戲中的應用越來越多樣化。以下是幾個例子：

◎ **智慧遊戲角色**：AI可以用來創建智慧遊戲角色，讓遊戲更具挑戰性和真實感。例如，遊戲開發商可以使用AI來模擬對手的行為模式，進行更真實的多人遊戲體驗。

◎ **遊戲體驗改進**：AI可以根據玩家的行為和反應來自動調整遊戲難度，從而提供更個性化的遊戲體驗。此外，AI還可以用於遊戲中的音效、圖像處理和互動設計等方面，進一步改善遊戲體驗。

◎ **AI玩家訓練**：AI可以用來訓練機器人玩家，提高其對戰能力和策略思考。例如，Google DeepMind的AlphaGo就是一個使用AI訓練的圍棋機器人玩家，已經在與人類棋手的比賽中獲得了顯著的勝利。

目前，AI在遊戲領域的應用已經成為一個熱門話題。以下是一些在AI遊戲開發方面的公司：

1. **Unity Technologies**：Unity是一個遊戲引擎開發商，使用AI技術來創建更智慧的遊戲角色。

2. **NVIDIA**：NVIDIA是一個GPU製造商，開發了一個名為Nvidia DLSS的AI輸入技術，可用於遊戲圖形渲染。

3. **IBM Watson**：IBM Watson是一個智能分析平台，可以用於創建更智慧的遊戲角色和為遊戲提供更個性化的體驗。

4. **OpenAI**：OpenAI是一個AI研究組織，致力於開發人工智能技術，包括在遊戲領域的應用。

隨著AI技術的不斷發展和遊戲市場的不斷擴大，AI在遊戲領域的應用商機也越來越大。根據一份市場研究報告，全球遊戲AI市場規模預計將在未來幾年內繼續成長，到2027年可能達到217億美元。其中，智能遊戲角色創建和改進遊戲體驗是最受歡迎的應用之一。AI技術可以使遊戲中的角色更加智能和具有情感，從而提高玩家對遊戲的投入感和樂趣。此外，AI還可以改進遊戲的圖形和聲音效果，從而提高遊戲的沉浸感和真實感。

此外，AI還可以用於訓練AI玩家。通過機器學習技術，AI可以模擬真實玩家的行為和策略，從而幫助遊戲開發者訓練出更加智能的AI對手。這不僅可以提高遊戲的難度和挑戰性，還可以為玩家提供更加刺激和有趣的遊戲體驗。

　　總體而言，AI在遊戲領域的應用商機非常廣闊，不僅可以提高遊戲的品質和玩家的體驗，還可以創造出更多的價值和收益。

## AI遊戲商機規模

　　AI遊戲的商機規模也是相當龐大的，根據市場調查公司Markets and Markets的報告顯示，全球AI遊戲市場的規模預計在2025年達到148.8億美元，年複合成長率達到28.5%。隨著遊戲行業的進一步發展和AI技術的不斷進步，這個市場的規模還有望繼續擴大。AI遊戲可以提供更加個性化的遊戲體驗，將玩家的興趣和偏好納入遊戲設計中，同時還可以提高遊戲的難度和挑戰性，吸引更多玩家參與。此外，AI遊戲還可以用於訓練AI玩家，這將對遊戲教育和遊戲競技產生重要的影響。因此，AI遊戲市場的商機在未來仍將持續成長。

## 2-15 零售業

AI可以用來優化庫存管理、預測銷售和提高客戶體驗。

## AI零售業相關公司

以下是一些在零售業中應用AI技術的公司：

1. Amazon：使用AI來改進客戶體驗、倉儲和物流管理等方面。

2. Alibaba：透過AI和大數據分析，優化供應鏈管理和提高客戶體驗。

3. Walmart：使用AI技術優化庫存管理和商品推薦，並進行無人商店實驗。

4. JD.com：透過AI和機器學習技術，提高物流效率和智慧零售體驗。

5. Zara：使用AI來優化生產和庫存管理，以更快速地反應市場需求。

6. Sephora：透過AI技術來改進網上和實體店的客戶體驗，包括推薦產品和化妝技巧等。

7. Nordstrom：使用AI技術來分析客戶數據和趨勢，提供個性化服務和商品推薦。

8　H&M：透過AI技術來優化設計和生產流程，並提高商品推薦和客戶體驗。

9　Target：使用AI技術來優化商品配送和庫存管理，以及提供更好的網上和實體店體驗。

10　Best Buy：透過AI和大數據技術來改進庫存管理、價格管理和客戶體驗。

這些公司都在利用AI技術改進其零售業務，例如使用機器學習來分析客戶數據，預測購買行為和優化銷售策略，利用自然語言處理技術來改善客戶體驗，利用計算機視覺技術來進行庫存管理和監控商品陳列。

## AI零售業發展近程

近年來，AI在零售業的應用越來越普遍，並且得到了越來越多的關注和投資。具體來說，以下是一些在AI零售領域的發展：

1　**庫存管理優化**：AI可以分析和預測銷售和庫存，幫助零售商實現更好的庫存管理和更高的庫存轉換率。

2　**客戶體驗提升**：AI可以應用於客戶資料分析，實現個性化體驗和更好的客戶服務。

3　**智能推薦系統**：AI可以分析客戶的交易數據和喜好，並通過智慧推薦系統提供相關的產品和服務，從而提高客戶購買率。

4. **自動化作業**：AI可以自動處理訂單、付款、運輸等作業，從而減少人工錯誤和提高效率。

總體而言，AI在零售業的應用已經開始呈現出良好的發展勢頭，並且有望繼續推動零售業的數字化轉型。

## AI零售業商機規模

隨著消費者需求的不斷成長和技術的不斷發展，AI技術在零售業中的應用前景非常廣闊，可以用來優化庫存管理、預測銷售和提高客戶體驗。以下是AI零售業商機規模的詳細說明：

1. **優化庫存管理**：AI技術可以分析消費者的購買行為，並根據消費者的購買模式進行庫存管理。這有助於減少庫存成本，並確保庫存中有足夠的產品滿足客戶需求。根據一項報告，全球零售業AI庫存管理市場預計在2023年達到107.43億美元的規模。

2. **預測銷售**：AI技術可以分析大量的銷售數據，並根據消費者行為和市場趨勢預測未來的銷售情況。這有助於零售商制定更有效的銷售策略，減少庫存浪費和提高銷售收益。根據一項報告，全球零售業AI預測市場預計在2025年達到209.77億美元的規模。

3. **提高客戶體驗**：AI技術可以分析客戶的偏好和購買行為，並根據這些信息提供個性化的產品推薦和優惠。此外，AI還可

以分析客戶的語音和文字信息，並提供更快速和準確的客戶支持。根據一項報告，全球零售業AI客戶體驗市場預計在2023年達到152.36億美元的規模。

全球零售業AI市場預計在未來幾年內繼續成長，為零售商提供更多的商機和競爭優勢。

## 2-16 能源業

AI可以用來優化能源消耗、提高能源效率和減少浪費。

## AI能源業相關公司

以下是一些在能源行業中使用AI的公司：

1. **Siemens**：西門子是一家德國工業公司，提供節能技術和智能網絡解決方案。他們的能源管理系統結合了AI和物聯網（IoT）技術，幫助企業監控、優化和控制其能源消耗。

2. **Schneider Electric**：施耐德電氣是一家法國能源管理和自動化公司，為客戶提供節能和可持續性解決方案。他們的AI軟件 EcoStruxure 使用預測性分析來優化能源效率，從而降低客戶的能源成本。

3. **Honeywell**：霍尼韋爾是一家美國多元化科技公司，提供空調、加熱、安全和能源管理系統。他們的綜合能源管理系統使用AI和機器學習來監測和控制建築物的能源消耗。

4. **Johnson Controls**：約翰遜控制是一家美國能源管理和自動化解決方案提供商。他們的智能建築管理系統 OpenBlue 使用AI和IoT技術，幫助客戶節省能源和維護費用。

5. **C3.ai**：C3.ai是一家美國人工智能和雲計算公司，專注於為

能源、製造和金融等行業提供AI解決方案。他們的 C3 AI Energy Management 平台使用機器學習和預測性分析來優化能源消耗和降低成本。

6 **Uptake**：Uptake是一家美國軟件公司，為能源、製造和運輸等行業提供AI解決方案。他們的能源管理軟件使用機器學習來監測和優化能源消耗，從而降低成本和碳排放。

這只是一個簡短的列表，還有其他許多公司也在能源行業中使用AI技術。

# AI能源業發展近程

人工智能在能源行業中的應用正在快速發展，並且有很大的潛力。以下是人工智能在能源行業中發展的一些趨勢：

1 **智能電網**：人工智能可以幫助電網運營商預測負載需求和優化能源供應，從而降低成本和提高可靠性。智能電網還可以促進可再生能源的大規模集成，提高能源效率和減少碳排放。

2 **能源管理**：人工智能可以幫助企業監測和優化能源消耗，從而降低成本和減少浪費。這可以通過機器學習和預測性分析實現，從而提高能源效率並實現可持續性。

3 **能源交易**：人工智能可以幫助能源交易平臺更好地預測能源價格和供需情況，從而幫助交易者做出更明智的決策。這可

以幫助企業更好地管理風險和最大化收益。

4 **智能建築**：人工智能可以幫助建築物管理系統監測和優化能源消耗，從而降低成本並提高舒適度。這可以通過使用感應器、智能照明和自動化系統實現。

5 **能源存儲**：人工智能可以幫助優化能源存儲和分配，從而提高可靠性和可持續性。這可以通過預測性分析來實現，從而確定最佳的存儲和分配方案。

總體而言，人工智能在能源行業中的應用將會越來越重要，並且有望幫助實現更可持續的能源系統。

## AI能源業商機規模

隨著人工智能技術的發展，能源行業中的商機規模正在迅速成長。根據市場調研機構的報告，人工智能在能源行業中的市場規模將從2020年的約14.3億美元成長到2027年的約56.7億美元，年複合成長率預計將達到20.3％。以下是一些人工智能在能源行業中的商機規模：

1 **智能電網**：智能電網是人工智能在能源行業中的一個重要應用領域。根據市場研究報告，全球智能電網市場規模預計將從2020年的約1027億美元成長到2025年的約1386億美元，年複合成長率為6.2％。

2 **能源管理**：能源管理是另一個人工智能在能源行業中的應用

領域。根據市場研究報告，全球能源管理系統市場預計將從
2020年的約5.5億美元成長到2025年的約1016億美元，
年複合成長率為80.7％。

3  **能源交易**：人工智能在能源交易領域中的應用也具有巨大商
機。根據市場研究報告，全球能源交易市場預計將從2020
年的約5.6億美元成長到2025年的約9.5億美元，年複合成
長率為11.2％。

4  **智能建築**：智能建築也是人工智能在能源行業中的一個重要
應用領域。根據市場研究報告，全球智能建築市場預計將
從2020年的約1784億美元成長到2025年的約3895億美
元，年複合成長率為16.8％。

5  **能源存儲**：人工智能在能源存儲領域中的應用也具有商機。
根據市場研究報告，全球能源存儲市場預計將從2020年的
約9787億美元成長到2025年的約16406億美元，年複合
成長率為10.9％。

　　總體而言，人工智能在能源行業中的商機規模很大，未來幾年將
持續成長。隨著技術的發展和應用的深入，人工智能將為能源行業帶
來更多的機遇和挑戰，同時也將改變行業的競爭格局和商業模式。

## 2-17　環境保護

AI可以用來監測大氣和水質污染、預測氣候變化和提高能源效率。

## AI環境保護相關公司

以下是一些在AI環境保護領域中活躍的公司：

1. **普林斯頓生態技術（Princeton Environmental Technology）：** 該公司使用人工智能和機器學習技術來開發和銷售環境監測儀器，幫助客戶監測大氣和水質污染。

2. **智慧環境（Smart Environment）：** 該公司開發和銷售智能垃圾桶和智能垃圾回收系統，利用人工智能和物聯網技術來提高垃圾分類和回收的效率。

3. **可持續互聯網（Sustainable Intelligence）：** 該公司開發和銷售人工智能和大數據技術，幫助企業減少碳排放，提高能源效率和降低浪費。

4. **清靜環保（ClearTrace）：** 該公司使用人工智能和區塊鏈技術來開發和銷售環境監測和污染治理解決方案，以提高大氣和水質監測的準確性和可靠性。

5. **清華同方（Tsinghua Tongfang）：** 該公司開發和銷售智能

監測儀器和系統，幫助客戶監測空氣和水質污染，並提供環境污染治理解決方案。

以上是一些在AI環境保護領域中比較知名的公司，它們使用人工智能和其他新興技術來解決環境問題，提高環境監測和治理的效率和精度，為可持續發展做出貢獻。

## AI環境保護發展近程

近年來，人工智能在環境保護領域中的應用得到了越來越多的關注和重視。以下是AI環境保護在近期的發展情況：

1. **大氣和水質監測**：人工智能和機器學習技術可以幫助監測和分析大氣和水質污染，提高監測的精度和效率。近年來，許多國家和地區開始使用人工智能來監測空氣和水質污染，例如美國的AirNow系統和中國的PM2.5監測系統。

2. **氣候變化預測**：人工智能可以使用大數據和機器學習技術來預測氣候變化趨勢和極端天氣事件，幫助政府和企業制定應對策略。例如，美國國家海洋和大氣管理局（NOAA）開發了一個名為Climate Explorer的平台，利用機器學習技術來預測氣候變化趨勢和極端天氣事件。

3. **能源效率提高**：人工智能可以使用智能控制和優化算法來提高能源效率，減少能源浪費和碳排放。例如，谷歌使用人工智能來優化其數據中心的能源消耗，取得了顯著的節能效

果。

　　總體而言，人工智能在環境保護領域中的應用正在不斷擴大和深化，未來幾年將繼續發展。隨著技術的進步和應用的推廣，人工智能將為環境保護帶來更多的機遇和挑戰，同時也將促進可持續發展的實現。

# AI 環境保護商機規模

　　近年來，AI在環境保護領域的應用越來越受到關注。以下是AI環境保護商機的幾個方面和相關規模：

1. **監測大氣和水質污染**：AI可以幫助監測大氣和水質污染，利用機器學習技術進行分析，可以更加準確地識別和定位污染源。根據市場調查公司的報告，全球空氣品質監測市場在2019年達到了45億美元的規模，預計到2025年將達到65億美元，其中AI技術在這個市場中占有相當大的份額。

2. **預測氣候變化**：AI技術可以幫助預測氣候變化，進而提供更加精確的天氣預報和氣候模擬。這對於農業、交通等行業都有著重要的意義。根據報告，全球氣候預測市場在2019年達到了58億美元的規模，預計到2025年將達到97億美元，其中AI技術的應用將成為市場的一個重要驅動力。

3. **提高能源效率**：AI技術可以幫助提高能源效率，例如通過智能控制系統和預測模型來降低能源消耗和減少浪費。根據報

告，全球能源管理系統市場在2020年達到了約12億美元的規模，預計到2025年將達到20億美元以上，其中AI技術的應用將成為市場的一個重要趨勢。

綜上所述，AI在環境保護領域的應用商機非常巨大，涉及到多個行業和市場。隨著人們對環境問題的關注度不斷提高，相關的商機和投資也會越來越多。

## 2-18 製造業

人工智慧有助於優化生產過程、提高產品品質,減少損耗和成本。如AI可在生產過程中監測機器和產品,進行自動化控制和預測維護。

## AI製造業相關公司

以下是一些在AI製造業相關領域中活躍的公司:

1. > ABB(ABB Group):ABB是一家瑞士公司,專門從事電力和自動化技術,旗下的ABB Ability™ Manufacturing Operations Management Suite是一個智能生產管理平台,可以實現生產過程的監控和自動化。

2. > GE(General Electric):GE是一家美國多元化公司,涉足許多產業。GE的工業物聯網平台Predix,可以實現生產線的監測和自動化,還能進行故障預測和預防性維護。

3. > Siemens:西門子是一家德國公司,提供工業自動化、數字化和智能化解決方案。Siemens的工業物聯網平台Mindsphere,可以實現生產線的監測和自動化,還可以進行故障預測和預防性維護。

4. > Rockwell Automation:洛克威爾自動化是一家美國公司,提供工業自動化和信息解決方案。Rockwell Automation的

FactoryTalk Analytics 平台，可以實現生產過程的監控和自動化，還可以進行故障預測和預防性維護。

5 **Fanuc**：發那科是日本公司，專門生產工業機器人和工業自動化設備。Fanuc 的 iPendant 數據管理系統，可以實現生產過程的監控和自動化，還能進行故障預測和預防性維護。

這只是一小部分在 AI 製造業相關領域中活躍的公司。隨著技術的不斷發展，相信會有越來越多的公司加入這個領域。

## AI 製造業發展近程

AI 在製造業中的應用發展迅速，主要原因包括以下幾點：

◎ **數據量的增加**：隨著物聯網技術的發展和生產設備的智能化，製造業產生的數據量不斷增加，AI 可以通過大數據分析來優化生產流程和提高產品品質。

◎ **機器學習技術的發展**：機器學習技術可以通過對生產過程中的數據進行學習，不斷優化生產流程和提高產品品質。

◎ **智能化設備的應用**：智能化設備可以進行自我監測和自我維護，減少人工干預，提高生產效率和產品品質。

◎ **故障預測和預防性維護的應用**：AI 可以對生產過程中的數據進行分析，預測機器的故障和維護時間，實現預防性維護，減少停機時間和維護成本。

隨著 AI 技術不斷發展和應用，製造業的 AI 應用會更廣泛和深

入，包括產品設計、生產計畫、物流管理等方面，進一步提高生產效率、降低成本和提高產品品質，推動製造業轉型升級。

## AI製造業商機規模

AI在製造業中的應用已經開始產生商機，未來的發展前景非常廣闊。以下是一些AI製造業商機的主要方面：

1. **智能化設備和機器人市場**：隨著智能化設備和機器人在製造業中應用越來越廣泛，市場會不斷擴大。根據市場調研機構的數據，2025年全球智能化設備市場將達到2.45萬億美元。

2. **工業物聯網市場**：工業物聯網是實現製造業智能化的關鍵技術之一，隨著其應用的進一步擴大，市場規模也在逐年成長。根據市場調研機構的數據，2025年全球工業物聯網市場將達到1.47萬億美元。

3. **智能工廠市場**：智能工廠是製造業中的一個重要應用領域，隨著製造業的轉型升級，智能工廠的市場需求也在逐年成長。根據市場調研機構的數據，2025年全球智能工廠市場將達到1.5萬億美元。

綜合來看，AI在製造業的應用會帶來巨大的商機，包括智能化設備和機器人市場、工業物聯網市場和智能工廠市場等。隨著技術不斷發展和應用，相關市場的規模還有望進一步擴大。

## 2-19　物流業

　　人工智慧可以幫助優化物流運營、提高運輸效率和節省成本。例如，AI可以分析物流數據，優化運輸路線和運輸計畫，提高配送準確率和速度。

## AI物流業相關公司

以下是一些在AI物流業領域中具有代表性的公司：

1. Flexport：Flexport是一家物流科技公司，其平台應用了機器學習和人工智慧技術，為客戶提供海運、空運、公路運輸等物流服務。Flexport通過數據分析和可視化等技術，實現了物流運營的智能化管理和優化。

2. Shipwell：Shipwell是一家以人工智慧和機器學習為基礎的物流科技公司，提供全球物流解決方案。其平台能夠實現自動化報價、路線優化、運輸跟蹤等功能，提高物流運營效率和客戶體驗。

3. ClearMetal：ClearMetal是一家基於人工智慧技術的物流科技公司，其平台應用了機器學習、自然語言處理等技術，為客戶提供貨物運輸的可視化和預測能力。ClearMetal通過數據分析和智能算法，實現了物流運營的精確控制和優化。

4 **FourKites**：FourKites 是一家物流科技公司，其平台應用了人工智慧和機器學習技術，提供貨物運輸的實時可視化和跟蹤服務。FourKites 通過數據分析和預測模型，實現了物流運營的智能化管理和優化。

5 **Nauto**：Nauto 是一家物流科技公司，其平台應用了人工智慧和機器學習技術，為商業車輛提供安全監控和風險管理服務。Nauto 通過視頻分析和行為建模等技術，實現了車輛安全和駕駛行為監控的智能化管理。

綜合來看，AI 在物流業中的應用已經產生了許多具有代表性的公司，它們通過應用人工智慧和機器學習等技術，實現了物流運營的智能化管理和優化，提高了運輸效率和服務品質，為物流業的發展注入了一種新技術。

## AI 物流業發展近程

近年來，隨著 AI 技術不斷發展和應用，AI 在物流業的應用也不斷擴大。以下是 AI 物流業近程發展的幾個趨勢：

1 **智能運輸**：AI 技術可以幫助物流公司優化運輸路線和運輸計畫，提高運輸效率和節省成本。同時，AI 還可以預測交通狀況，優化路線和時間，以提高運輸速度和配送準確率。

2 **智能倉儲**：AI 技術可以幫助物流公司自動化倉儲操作，例如通過機器人進行貨物分類和存儲，並且還可以實時監測倉儲

運營情況，以提高效率和準確性。

3 **智能配送**：AI技術可以幫助物流公司優化配送路線和計畫，實現自動化配送操作，同時可以實時監測運輸狀況和配送進度，以提高配送效率和準確性。

4 **智能服務**：AI技術可以幫助物流公司提供更加智能化的客戶服務，例如通過智能客服和虛擬助手等技術，實現24小時在線客戶服務，提高客戶體驗和滿意度。

總體而言，AI技術在物流業的應用正在不斷擴大和深化，將為物流企業帶來更高的效率、更低的成本和更好的客戶體驗。

## AI物流業商機規模

AI在物流業的應用具有巨大的商機，預計未來數年將持續成長。以下是一些有關AI物流商機規模的例子：

1 **智慧倉庫**：AI可用於管理和優化倉庫運作，例如，預測存貨需求和最優佈置物品位置。據市場研究公司 Grand View Research 報告顯示，全球智慧倉庫市場預計從2020年的約120億美元成長到2028年的約280億美元。

2 **智慧運輸**：AI可以分析實時交通和運輸數據，優化運輸路線和配送計畫，減少損失和節省成本。據 Markets and Markets 報告顯示，全球智慧運輸市場預計從2020年的約9060億美元成長到2025年的約17200億美元。

3 > **智慧配送**：AI可幫助物流公司提高配送效率和準確性，例如，根據客戶需求和實時交通狀況優化路線。據Research and Markets報告顯示，全球智慧配送市場預計從2020年的約7880億美元成長到2025年的約17460億美元。

AI在物流業中的應用和商機非常廣泛，預計未來幾年將持續成長。隨著AI技術的不斷進步和應用場景的擴展，這些商機還有很大的潛力。

# 2-20 安全保障

人工智慧可以幫助提高公共安全、預防犯罪和恐怖襲擊。例如，AI可以分析監控視頻和人流數據，識別可疑人員和行為，並及時發出警報。

## AI安全保障相關公司

以下是一些AI安全保障相關的公司：

1. Hikvision：Hikvision是一家全球領先的視頻監控解決方案提供商，通過應用人工智慧和大數據分析技術，提供了包括智能監控、智能交通、智能建築在內的一系列安全保障產品和解決方案。

2. Palantir：Palantir是一家美國數據分析軟件公司，主要提供基於數據挖掘和人工智慧技術的安全和情報分析解決方案，其客戶包括多個國家和地區的情報機構、軍隊和企業。

3. SenseTime：SenseTime是中國人工智慧公司，主要專注於圖像識別和人臉識別技術。該公司的產品和解決方案可以應用於安防、智慧城市、自動駕駛等多個領域，並為客戶提供安全保障。

4 > **AnyVision**：AnyVision是以色列的一家人工智慧公司，專注於視頻監控和人臉識別技術。其產品可以應用於公共安全、金融、零售等多個行業，為客戶提供了全面的安全保障。

5 > **AEye**：AEye是美國的一家人工智慧公司，專注於高級感知解決方案，包括自動駕駛、機器人、安防等領域。該公司的感知技術可以幫助客戶提高安全性和預測性，從而保障公共安全。

6 > **Securonix**：這是一家總部位於美國的企業安全分析公司，使用機器學習、人工智慧等技術提供完整的安全解決方案。他們的技術可以檢測和預防內部和外部的威脅。

　　以上公司都是在AI安全保障相關領域有所貢獻的公司，透過AI和機器學習等技術，提高了公共安全、預防犯罪和恐怖襲擊的能力。當然，這些公司只是眾多在AI安全保障相關領域的公司，還有其他公司也在這方面有所貢獻，需要根據實際需求進行選擇。

## AI安全保障發展近程

　　近年來，AI在安全保障方面的應用發展迅速。人工智慧可以幫助提高公共安全、預防犯罪和恐怖襲擊。AI可以分析監控視頻和人流數據，識別可疑人員和行為，並及時發出警報。此外，AI還可以用於預測和防止網絡安全攻擊，加強雲端安全等方面的應用。許多公司和機

構也開始在AI安全保障方面投入資源和人力。IBM在AI安全方面具有豐富的經驗和技術，提供了許多AI安全產品和解決方案，例如IBM Security Guardium，可以幫助企業保護其數據庫免受未經授權的訪問和數據洩漏；IBM Trusteer可以幫助銀行和金融機構保護其用戶免受網絡釣魚和其他網絡詐騙行為的攻擊。除IBM之外，許多其他公司和機構也開始在AI安全保障方面進行研究和開發。

## AI安全保障商機規模

　　人工智慧在安全保障方面的商機規模非常龐大，尤其是在監控和安防領域。根據市場調研公司Markets and Markets的報告顯示，全球智慧監控市場規模在2020年約為200億美元，預計在2025年達到343億美元，年複合成長率約為11.4%。同時，全球智慧安防市場規模也在逐年擴大，預計在2025年達到2200億美元以上。這些數字顯示了人工智慧在安全保障領域的商機非常巨大。

　　從台灣的角度來看，台灣在安防產業上擁有相當的優勢，並在過去幾年也陸續有相關的技術發展和應用。根據財團法人資訊工業策進會（CIPA）的統計，2019年台灣的智慧城市安防市場規模已達到114.4億新台幣，其中監視系統、入侵偵測系統、門禁系統、警報系統等皆為人工智慧安防的應用範疇。因此，可以預見台灣在人工智慧安全保障領域擁有相當的商機，且未來還有不少發展空間。

# AI相關47個
# 實用軟件介紹

Artificial
Intelligence

# 3-1 ChatGPT（AI聊天、問答）

網站：https://chat.openai.com/chat

屬性類別：

顧問、聊天、資訊整理、文章總結、教學、知識產出、

疑難解答等，適合所有的人，尤其是知識工作者，如作家、老師、講

師、顧問、文案等

ChatGPT於2022年11月推出，是一款AI聊天機器人。

　　ChatGPT人工智慧聊天機械人爆紅，2022年11月以測試版上線

後，每月經常用戶數到2023年1月便達到1億。成為史上用戶成長速

度最快的應用程式。等於只花了2個月達到1億的用戶數量，這也難怪每次用的時候，總是收到「需求過高」的通知，或是跟 ChatGPT 講話，它都要回不回的，或是講到一半人就消失，就連短視頻之王 TikTok 要達到1億用戶用也用了9個月，Instagram 則花了2年半的時間才達到1億用戶。

　　ChatGPT是由OpenAI開發的一個大型語言模型，旨在為用戶提供人工智慧驅動的對話體驗。這個模型使用深度學習技術，通過對大量文本數據的訓練，可以自動理解用戶的輸入，並產生合適的回應。ChatGPT是基於開源框架PyTorch開發的，並且是經過大量訓練的。它在訓練過程中使用了超過175億個單詞的數據集，包括維基百科、網絡論壇、新聞文章、電影對話等等。這些數據被用來教導ChatGPT理解人類語言的語法、詞彙和上下文關係，從而更好地回答用戶的問題和提供有價值的信息。ChatGPT的核心是一個由多個神經網絡組成的模型。該模型的設計基於所謂的Transformer架構，這是一種流行的深度學習架構，專門用於處理自然語言數據。ChatGPT的Transformer模型被設計成能夠在輸入文本中自動識別單詞和詞彙之間的關係，進而理解整個文本的上下文意義。ChatGPT的應用十分廣泛，包括智能客服、智能助手、問答系統、語言翻譯、自然語言生成等。ChatGPT可以與其他應用程序和平台進行集成，從而為用戶提供無縫的對話體驗。此外，ChatGPT還可以被用於文本生成、情感分析、文本分類、主題建模等其他自然語言處理任務。為了保證使用者的隱私和安全，OpenAI對ChatGPT進行了一系列安全措施。首先，

OpenAI不會收集、存儲或分享任何個人數據。此外，OpenAI還使用了多層安全機制，包括訪問控制、監視和記錄，以保護ChatGPT的安全性和穩定性。

總體而言，ChatGPT是一個非常強大的語言模型，可以自動理解自然語言，並且能夠生成自然流暢的文本回應。它的訓練數據覆蓋面廣泛，能夠處理各種不同領域的語言問題。而且，由於OpenAI的不斷更新和改進，ChatGPT的性能和準確性會隨著時間的推移不斷提高。

ChatGPT的應用前景非常廣闊，它已經被許多企業和組織用於處理語言相關的任務。例如，許多電子商務公司正在使用ChatGPT作為智能客服系統，以提供快速、準確和個性化的支持服務。ChatGPT還可以用於自然語言生成，例如寫作文章、電子郵件、報告等，大大提高了生產力。此外，ChatGPT也可以應用於教育領域，例如提供智能語音助手、自動翻譯等功能，幫助學生更好地學習外語和提高閱讀理解能力。除此之外，ChatGPT還可以用於對話機器人的開發，使機器人更加智能化和人性化。例如，一些醫療機構正在開發智能醫療助手，能夠回答患者的問題、提供醫療建議、監測健康狀態等。ChatGPT還可以應用於金融領域，例如風險評估、投資分析、自動報價等。總之，ChatGPT的應用前景非常廣泛，可以幫助企業、組織和個人更好地利用自然語言處理技術，提高工作效率和客戶滿意度。

總體來說，ChatGPT是一個非常有價值的語言模型，它的訓練數據和性能都非常出色。隨著科技的不斷進步，ChatGPT將會在越來越

多的應用場景中發揮重要作用，為人們提供更好的語言體驗和更高效的工作方式。

由於AI聊天機器人的構建必須有巨量的數據，以OpenAI在2018年推出的第一代GPT為例，就有1.17億參數，2020年5月發布的GPT-3更高達1750億參數。雖然目前ChatGPT（GPT-3的升級版）尚未公布參數量，但對比Google過去推出的語言模型BERT的3.4億參數量，專家分析ChatGPT的參數量明顯遠高於此，也因此ChatGPT被網友稱為最強AI。

ChatGPT也可以當作搜尋引擎，詢問天氣、專有名詞或是歷史事件。ChatGPT還能協助書寫特定用途文本，像是：

◎ **寫詩、歌詞**：輸入關鍵字，ChatGPT就能寫出符合主題、字數的詩詞或歌詞創作。

◎ **回覆郵件**：輸入一段信件內容，讓ChatGPT針對內容，產出一段回應信件。

◎ **故事創作**：輸入角色、時間背景或劇情等設定，讓ChatGPT完成短篇故事。

◎ **整理資料重點**：能分析長篇幅的文本，進行條列、分類，甚至製作成表格。

◎ **寫程式**：ChatGPT可依使用者需求，寫出特定功能程式碼，或是檢查程式碼是否有錯

◎ **翻譯**：輸入中文或英文內容，可以要求ChatGPT翻譯成其他語言。

◎ **修改文法錯誤**：輸入一段文字後，能請ChatGPT判斷是否有文法錯誤、如何修正等功能。

　　ChatGPT的使用方法也非常的簡單，首先先要註冊ChatGPT的帳號，註冊方式也只要連動Google的帳號即可，註冊完成之後點下「TRY CHATGPT的按鈕」，就會跳到與ChatGPT的對話模式，你可以試著問ChatGPT任何的事情，對話框的左手邊會記錄著之前你問的問題，由於上線的人數太多，三不五時就會掉線，在這裡你還必須要有「關鍵字」搜尋的能力，雖然ChatGPT已經比瀏覽器的搜索來得聰明，但有時候還是會答非所問。

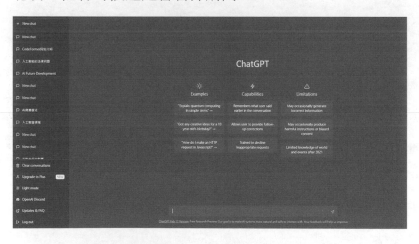

## 使用小技巧

　　當使用ChatGPT時，以下是一些技巧，運用起來會更加愉快和有效：

> 1 **先思考問題**：在向ChatGPT提問之前，先仔細思考你想要問

什麼。這樣可以使你的問題更加清晰，ChatGPT回答的結果也更加準確。

2 **簡潔明瞭**：ChatGPT處理資訊的能力很強，但在輸入問題時，儘量使用簡短、簡潔的語言。這樣可以確保ChatGPT能夠更快地理解你的問題，以及更快地提供有用的答案。

3 **多次提問**：如果你沒有得到滿意的答案，請嘗試多次提問。ChatGPT可能需要更多的上下文或更多的資訊才能提供準確的答案。

4 **考慮問題類型**：ChatGPT擅長回答一些常見問題，例如定義、事實、概念等。因此，在提問時，可以考慮這些問題類型，並盡可能使用這些問題類型來獲得更好的答案。

5 **熟悉領域範圍**：ChatGPT的知識基於它的訓練資料，因此，ChatGPT的知識範圍是有限的。如果您提出的問題超出了ChatGPT的知識範圍，它可能無法提供有用的答案。

6 **語言清晰**：確保你使用的語言清晰，簡單易懂。這可以幫助ChatGPT更好地理解你的問題，以及更好地回答您的問題。

7 **修飾詞減少**：避免在問題中使用過多的修飾詞，如「非常」、「最好的」、「絕對的」等。這些詞可能會使ChatGPT的回答更加模糊或不確定。

8 **關注上下文**：ChatGPT在回答問題時會考慮上下文，因此，在提問時，請確保提供相關的上下文資訊，這可以讓ChatGPT更好地理解你的問題，並提供更好的答案。

9 **排版整齊**：在輸入問題時，請確保排版整齊，清晰易讀。這可以幫助ChatGPT更好地理解您的問題，以及更好地回答您的問題。

以下這些技巧能夠幫助您更好地使用ChatGPT，是ChatGPT會的120種技巧。

1 **自然語言生成（NLG）**：生成人類可以理解的文本。

2 **自然語言理解（NLU）**：理解人類使用的語言並轉化為電腦可以處理的格式。

3 **語言翻譯**：將一種語言轉化為另一種語言。

4 **情感分析**：確定文本中的情感或意見，例如積極或消極。

5 **文本分類**：將文本分為不同的類別，例如新聞、博客或產品評論。

6 **命名實體識別（NER）**：識別文本中的人、地點、組織等實體。

7 **信息抽取（IE）**：從文本中提取結構化的資訊，例如人名、位址、電話號碼等。

8 **文本摘要**：將長文本壓縮為簡潔的摘要，保留最重要的資訊。

9 **問答系統**：根據使用者的提問提供答案，例如智慧助手或聊天機器人。

10 **機器翻譯**：將一種語言自動翻譯成另一種語言。

11 **文本糾錯**：糾正文本中的拼寫和語法錯誤。

12 **文本蘊含（NLI）**：確定兩個文本之間的邏輯關係，例如是否相等、蘊含、矛盾等。

13 **語言模型**：使用歷史文本預測未來的單詞或短語。

14 **語音辨識**：將語音信號轉換為文本。

15 **語音合成**：生成人類可以理解的語音。

16 **文本分類器**：將輸入文本分為預定義的類別之一。

17 **文本聚類**：將相似的文本分為一組。

18 **知識圖譜**：使用圖形表示實體及其關係，以便於知識管理和推理。

19 **語料庫構建**：構建語料庫以支援自然語言處理任務。

20 **詞向量（Word Embedding）**：將單詞嵌入到向量空間中，以便於電腦處理。

21 **詞義消歧（WSD）**：在文本中為多義詞選擇正確的意思。

22 **聲調標注**：標注中文拼音中的聲調。

23 **拼音輸入法**：將漢字轉換為拼音，以便輸入。

24 **中文分詞**：將中文文本分割成單詞。

25 **中文拼音轉換**：將中文文本轉換為拼音。

26 **自動文本分類**：使用演算法將文本分類為不同的類別。

27 **中文資訊抽取**：從中文文本中提取實際的描述，並嘗試回答相關的問題。

28 **依存句法分析**：確定單詞之間的依賴關係以及它們在句子中

的角色。

29 **語義角色標注（SRL）**：確定單詞在句子中的語義角色，例如主語、賓語等。

30 **模式識別**：識別文本中的模式和結構。

31 **文本生成**：生成具有一定格式和內容的文本。

32 **語音情感分析**：確定說話者的情感狀態。

33 **聊天機器人**：與使用者進行對話以提供有用的資訊和服務。

34 **文字識別（OCR）**：將圖像中的文字轉換為文本。

35 **關係抽取**：從文本中提取實體之間的關係。

36 **數據清洗**：從文本中刪除不必要的資訊或修復錯誤。

37 **主題建模**：識別文本中的主題或話題。

38 **邏輯推理**：根據已知的前提推斷出新的結論。

39 **意圖識別**：確定用戶的意圖並將其轉換為機器可以理解的格式。

40 **對話管理**：控制對話的流程和方向。

41 **意見挖掘**：從文本中提取積極或消極的意見或情緒。

42 **基於規則的文本分類**：使用預定義的規則將文本分類為不同的類別。

43 **個性化推薦**：根據使用者的興趣和喜好提供個性化的推薦服務。

44 **文本生成器**：使用自然語言生成技術生成文本。

45 **元文本處理**：處理包含其他文本或中繼資料的文本。

46 **消歧**：解決語言中的歧義。

47 **機器輔助翻譯（CAT）**：輔助人類翻譯過程，例如詞彙、短語和句子的建議翻譯。

48 **智慧文本摘要**：使用機器學習演算法生成更好的文本摘要。

49 **文本資料採擷**：從大量的文本資料中發現有用的資訊。

50 **網路輿情監測**：監測互聯網上的新聞和事件以了解公眾對其的態度和反應。

51 **文本語音轉換**：將文本轉換為語音。

52 **術語抽取**：從文本中提取特定領域的術語。

53 **多語言情感分析**：確定文本的情感狀態，包括多種語言。

54 **文本挖掘**：發現文本中的模式和趨勢。

55 **語言轉換**：將一種語言轉換為另一種語言，包括語音和文本。

56 **文本聊天**：使用聊天

57 **內容分析**：分析文本中的內容以了解其主題、情感和目的。

58 **文本重寫**：將文本轉換為與原始文本相似但不同的形式。

59 **語音辨識**：將語音轉換為文本。

60 **命名實體識別（NER）**：識別文本中的人名、地名、組織機構名等實體。

61 **資料採擷**：從大量資料中發現有用的資訊。

62 **情感分析**：確定文本的情感狀態，例如積極、消極或中性。

63 **語言模型**：對自然語言進行建模以了解其規律性和結構。

64 **文本語言識別**：確定文本所使用的語言。

65 **機器翻譯**：將一種語言自動翻譯為另一種語言。

66 **信息抽取**：從文本中提取特定類型的資訊，例如日期、時間、電子郵寄地址等。

67 **語音合成**：將文本轉換為語音。

68 **單詞嵌入（Word Embedding）**：將單詞映射到高維向量空間中以便於電腦處理。

69 **語音指令識別**：識別語音指令並將其轉換為電腦可以理解的格式。

70 **語音分割**：將語音分割為單詞或短語。

71 **知識圖譜構建**：將文本中的資訊構建為知識圖譜以便於查詢和推理。

72 **基於神經網路的文本分類**：使用神經網路對文本進行分類。

73 **資訊檢索**：從大量文本中檢索相關資訊。

74 **網路爬蟲**：自動從互聯網上爬取和收集文本資料。

75 **文本校對**：檢查和修復文本中的拼寫、語法和格式錯誤。

76 **機器學習**：使用機器學習演算法對文本進行分類、聚類、預測等任務。

77 **自然語言生成**：使用電腦生成自然語言文本。

78 **自動摘要**：從長文本中自動生成簡潔的摘要。

79 **自動糾錯**：自動檢測和修復文本中的拼寫和語法錯誤。

80 **知識問答**：回答使用者的自然語言問題。

81 **機器人對話系統**：使用自然語言處理技術構建聊天機器人。

82 **詞性標注**：確定文本中每個單詞的詞性。

83 **關鍵字提取**：從文本中提取最重要的單詞或短語。

84 **文本聚類**：將文本分組為相似的類別或主題。

85 **自動分類器訓練**：使用機器學習演算法訓練分類器以自動分類文本。

86 **序列標注**：將文本分解成標記序列，例如命名實體識別、詞性標注等。

87 **語音情感識別**：確定語音中的情感狀態，例如憤怒、快樂、悲傷等。

88 **文本轉換**：將文本從一種格式轉換為另一種格式，例如 PDF 轉換為文字檔。

89 **文本比對**：比較兩個文本的相似度並識別它們之間的差異。

90 **機器人智慧調度**：使用自然語言處理技術協調機器人的活動和任務。

91 **基於知識庫的問答（KBQA）**：使用知識庫回答使用者的自然語言問題。

92 **文本生成模型訓練**：使用機器學習演算法訓練模型以自動生成文本。

93 **文本標注**：手動為文本添加標記，例如情感標記、命名實體標記等。

94 **語音轉換**：將語音轉換為不同的語音類型或風格，例如男

聲、女聲、兒童聲等。

95 **對話語言理解（DLU）**：理解對話中使用者的意圖和上下文。

96 **聊天機器人評估**：評估聊天機器人的性能和品質。

97 **文本校對軟體發展**：開發文本校對軟體讓使用者檢查和修復文本中的錯誤。

98 **文本自動摘要模型訓練**：使用機器學習演算法訓練自動摘要模型以自動生成文本摘要。

99 **文本情感分類**：使用機器學習演算法對文本進行情感分類，例如積極、消極或中性。

100 **機器翻譯品質評估**：評估機器翻譯系統的翻譯品質和性能。

101 **文本去噪**：去除文本中的雜訊和干擾。

102 **文本主題建模**：使用機器學習演算法發現文本中的主題和模式。

103 **機器學習模型優化**：優化機器學習模型的性能和效率。

104 **圖像標注**：使用自然語言處理技術為圖像添加標注和描述。

105 **視頻自動剪輯**：自動剪輯視頻以根據內容和情感進行編輯。

106 **視頻字幕生成**：使用自然語言處理技術生成視頻字幕和描述。

107 **文本合成**：使用機器學習演算法將多個文本合併成一個整體。

108 **聊天機器人性格開發**：開發聊天機器人的個性和特點，以增

強用戶交互體驗。

109 **基於語義的搜索**：使用自然語言處理技術改進搜尋引擎的準確性和相關性。

110 **知識圖譜構建**：構建一個知識圖譜以連接相關的實體和概念。

111 **自動文摘**：使用機器學習演算法自動生成文本摘要。

112 **聊天機器人個性化**：使用機器學習演算法為聊天機器人添加個性化和定製化功能。

113 **文本語義相似度計算**：計算兩個文本之間的語義相似度。

114 **機器翻譯後處理**：使用自然語言處理技術改善機器翻譯的品質。

115 **機器學習演算法選擇**：選擇合適的機器學習演算法以解決特定的自然語言處理問題。

116 **文本生成**：使用機器學習演算法自動生成文本，例如新聞、故事、電影劇本等。

117 **詞向量訓練**：使用機器學習演算法訓練詞向量模型，以捕捉單詞之間的語義關係。

118 **機器翻譯即時服務**：即時提供機器翻譯服務以滿足使用者的即時翻譯需求。

119 **自然語言處理 API 開發**：開發自然語言處理 API 以提供易於使用的自然語言處理功能。

120 **資訊提取**：從文本中提取結構化資訊，例如連絡人資訊、位

址等。

　　ChatGPT可以應用在很多自然語言處理任務中，包括文本分類、命名實體識別、情感分析、機器翻譯、文本摘要、問答系統、聊天機器人等等。此外，ChatGPT還可以進行文本生成、語音識別、知識圖譜構建、主題建模、聊天機器人性格開發、基於語義的搜索、自然語言處理API開發等等。ChatGPT的應用非常廣泛，有助於改善人們的生活和工作效率。

# 3-2 GPT-3 （ChatGPT 開發商用）

網站：https://platform.openai.com/playground

屬性類別：

適合軟件開發商或使用 ChatGPT 經常掉線者。

　　ChatGPT 目前非常不穩定，它的網站非常容易「掛掉」，因為現在上去的人太多了，所以我每一次如果遇到網站掛掉的情況，我就會去 GPT-3 那而試試，GPT-3 也就是 ChatGPT 的源頭，然後把我想問的問題再問一遍，ChatGPT 就會回答了。ChatGPT 的源頭 GPT3 因為是給軟體開發商用的，所以軟體開發商他們是付費版的，但如果你在沒有用到一定量的情況下，也是免費，所以你也可以試試 GPT-3。

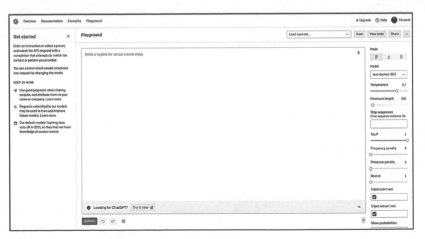

## 3-3 WebChatGPT（更新ChatGPT資料庫）

網站：https://chrome.google.com/webstore/detail/
webchatgpt-chatgpt-with-i/lpfemeioodjbpieminkk
lglpmhlngfcn/related

屬性類別：

適合查詢資料時間在2021年9月之後。

　　ChatGPT 的資料庫截止時間是在2021年9月，所以如果你問 ChatGPT 很多2022年或是2023年發生的事情，ChatGPT 都是不知道該怎麼回答，都說 ChatGPT 是人工智慧了，那就讓 ChatGPT 去 Google 學習不就好了，學完再來回答問題。

 chrome 線上應用程式商店

───────────────────────

首頁 ＞ 擴充功能 ＞ WebChatGPT: ChatGPT with internet access

### WebChatGPT: ChatGPT with internet access

★★★★★ 84 ⓘ ｜ 實用工具 ｜ 200,000+ 位使用者

───────────────────────

　　安裝完成之後會多了這一個狀態列，意思是會查詢相關資料，讓

ChatGPT自己查完資料再來回答你的問題。是不是很讚的插件？

## 🗝️ 實作

　　在還沒有安裝WebChatGPT的插件時，你問ChatGPT「2023年土耳其地震原因」，因為ChatGPT的資料庫截止時間是在2021年的9月，土耳其地震是在2023年2月，所以ChatGPT是查不到了，ChatGPT要馬不知怎麼回答，或是就說他不能預測，原因是它沒有相關資料，ChatGPT的回答是「很遺憾，作為一個人工智慧語言模型，我沒有即時的新聞更新和預測未來事件的能力。不過，根據過去地震的原因，地震通常是由地殼運動引起的，包括板塊運動、地震斷層活動等。而土耳其位於多個板塊交匯的地區，也處於地中海地震帶上，因此地震在土耳其並不罕見。如果發生了地震，建築物和基礎設施的抗震能力和應急回應能力也會影響地震的影響程度。」

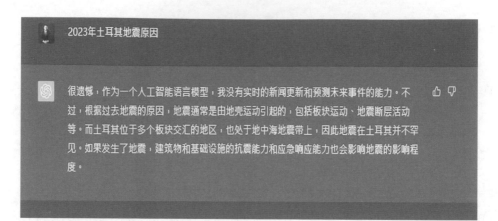

如果你安裝WebChatGPT的插件後，並且打開聊天室窗下的綠色（Search on the web）的開關。

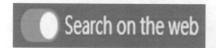

那麼相同的問題ChatGPT就回答的不一樣了，ChatGPT會先上網查詢相關網頁，並且把相關網頁的資料和連結顯示出來，之後ChatGPT會根據這些網站的資料去總結出重點再告訴你。

Web search results:

[1] "当地时间2023年2月7日，土耳其卡赫拉曼马拉什，土耳其东南部发生7.8级地震后，救援人员在倒塌的建筑废墟中寻找遇难者和幸存者。图/视觉中国 更糟糕的是，这次地震的震中地区人口密集。著名地震学家、南加州大学地质学教授和地震科学中心主任约翰·维达勒对《中国新闻周刊》介绍，7.5级左右的浅源地震，严重影响的范围在距震中50公里到100公里之内。2020年墨西哥南部瓦哈卡州的7.4级地震，震源深度10公里，但震中只有6个村镇，距离主要城市超过100公里，所以未造成严重伤亡。但是，此番第一次7.8级地震的震中距离加济安泰普省首府加济安泰普市只有约30公里。该市人口超过200万，其中包括数十万叙利亚难民。同时，震中距离叙利亚西北部边境仅50公里，那里的难民营中居住着超过170万流离失所者。"
URL: https://news.sina.com.cn/w/2023-02-07-doc-imyevxkr6181853.shtml?cre=tianyi&r=0&tj=cxvertical_pc_hp&tr=181

[2] "2023年2月7日，叙利亚阿勒颇，地震发生后，人们聚集在废墟上，继续寻找幸存者。reuters - firas makdesi 据2月7日周二上午公布的官方暂时数据，已有超过5000人在周一凌晨来袭的土耳其和叙利亚的7.8级地震中死亡，救援人员继续试图从废墟中救出幸存者。"
URL: https://www.wenxuecity.com/news/2023/02/07/12129927.html

[3] "但造成破壞的不僅僅是地震的威力。.這起事件發生在凌晨，當時人們都在室內睡覺.土耳其敘利亞現場: 寒冷、憤怒的災民以及難以抵達的交戰 ..."
URL: https://www.bbc.com/zhongwen/trad/world-64609096

Current date: 2023/2/16

Instructions: Using the provided web search results, write a comprehensive reply to the given query. Make sure to cite results using [[number](URL)] notation after the reference. If the provided search re □ Stop generating e subjects with the same name, write separate answers for each sub,....

ChatGPT看了外部的網站資料後，ChatGPT就會立刻總結資料，是不是很棒！

ChatGPT看完外部網站後總結如下：「根據[1]的報導，2023年2月7日凌晨，土耳其卡赫拉曼馬拉什地區發生了7.8級地震，造成了嚴重的人員傷亡和房屋倒塌。地震的具體原因可能與土耳其位於板塊交匯區、地震斷層活動頻繁等地質原因有關。此次地震震中地區人口密集，導致傷亡慘重。

根據[3]的報導，此次地震發生在凌晨時分，當時大多數人都在室內睡覺，導致更多人受傷或遇難。此外，震後寒冷天氣、難以抵達的交戰區域等因素也給救援工作帶來了極大的困難。目前，救援人員仍

在全力搜救倖存者。

綜上所述，此次土耳其地震的具體原因可能與地質因素有關。而地震造成的嚴重傷亡和建築倒塌主要與地震震中地區人口密集、救援困難等因素有關。」

 根據[1]的報道，2023年2月7日凌晨，土耳其卡赫拉曼馬拉什地區發生了7.8級地震，造成了嚴重的人員傷亡和房屋倒塌。地震的具體原因可能與土耳其位於板塊交匯區、地震斷層活動頻繁等地質原因有關。此次地震震中地區人口密集，導致傷亡慘重。

根據[3]的報道，此次地震發生在凌晨時分，當時大多數人都在室內睡覺，導致更多人受傷或遇難。此外，震後寒冷天氣、難以抵達的交戰區域等因素也給救援工作帶來了極大的困難。目前，救援人員仍在全力搜救幸存者。

綜上所述，此次土耳其地震的具體原因可能與地質因素有關。而地震造成的嚴重傷亡和建築倒塌主要與地震震中地區人口密集、救援困難等因素有關。

# YouTube Summary with ChatGPT（AI 快速總結 YT 內容）

**3-4**

網站：https://chrome.google.com/webstore/detail/
youtube-summary-with-chat/nmmicjeknamkfloon
khhcjmomieiodli

屬性類別：

適合經常觀看 YouTube 自我學習或是利用 YouTube 尋找資料的人。

用 Youtube 看影片，要整個影片看完，才能吸收全部的資訊，那就需要花許多的時間把影片完整看完，有時影片中還會安插廣告，加上有些 30 分鐘的影片，重點只有那短短 3 分鐘，你卻要看完 30 分鐘的影片，是不是覺得挺浪費時間的。

還有些朋友們的總結能力欠佳，有時看完影片要找出重點卻毫無頭緒，只好再看一遍影片，再次看完還是不知從哪下筆做總結。這時候救星出現了，那就是「Tube Summary with ChatGPT」這個插件，只要你安裝 YouTube Summary with ChatGPT，先讓 ChatGPT 幫你看過整個影片，把每個對話文字都一一寫下來，你可以先預覽看看文字哪一段對話，你比較有興趣，直接看對自己有幫助的片段，或是請 ChatGPT 自己看完，告訴你影片的資訊是什麼？這功能真的大幅度減少時間的浪費，當然不是每支影片都可以，我試過幾乎有字幕檔的

YouTube影片幾乎都可以，因為YouTube Summary with ChatGPT需要先將影片所有的文字先列出來，之後再轉到ChatGPT去做總結，所以也是蠻多影片無法使用YouTube Summary with ChatGPT。

當你安裝好YouTube Summary with ChatGPT這個插件時，你打開YouTube，再點選你要看的影片，在頁面的右上方會有一欄「Transcript & Summary」的欄位，就表示已經安裝成功。

接下來我們來看一部影片並且希望總結出影片的重點，當然是靠AI來協助完成囉！

影片是「996創業家造雨俠」的其中一部影片，影片名稱為：「只是努力，永遠不夠！馬斯克總結了9項成功條件，特斯拉員工必須符合5項，你有7項必定成功！馬斯克絕對不靠運氣！│ 📖 說書書評《硅谷鋼鐵俠》馬斯克特斯拉spacex太陽城創業成功」，片長為10分43秒。

　　只要影片的頁面出現就可以了，並不需要讓影片播放或是播放完成一次，這時直接點「Transcript & Summary」欄位旁的下拉符號，這時候你會發現YouTube Summary with ChatGPT已經將影片的所有文字檔擷取出來了，這表示第一步已經成功，並可以前往ChatGPT讓ChatGPT幫你分析影片作總結。

　　如果出現以下畫面，就表示這影片沒辦法提取文字檔案，如果你非得要讓ChatGPT幫你做總結的話，你可以利用一些工具來將影片的文字檔擷取出來，最笨的方法也可以用雙手把影片中的文字一字一句key出來，然後再把文字交給ChatGPT，讓ChatGPT幫你做總結，這

也是其中一個方法，所謂山不轉路轉是也。

這時候可以看到YouTube Summary with ChatGPT有幾個功能可以方便我們使用。

第一個功能是翻譯的功能，可以將截取出來的文字翻譯成中文繁體、中文簡體、日文、德文、韓文等等。

這個功能就是把所有的文字複製下來。

下方圖中圓圈圈的功能只要一按下去文字馬上會跳到影片相對應的時間點上。

以下這個看起來像花一樣的符號只要點下去，他就會連結打開 ChatGPT 的網頁，並且將所有的文字貼到 ChatGPT 上去做總結。

之後ChatGPT就會針對這篇文章給出總結，但是一開始給的指令「Summarize the following.」是英文的指令，所以ChatGPT會用英文來回答，這時候你可以等待ChatGPT用英文回答完成後，打一句「用繁體中文再說一次」，ChatGPT就會把英文翻譯成繁體中文，非常方便。

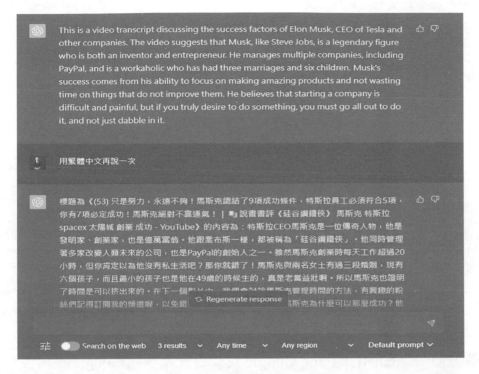

　　YouTube Summary with ChatGPT 這個插件筆者個人覺得非常的好用，可以大大節省我看視頻的時間，而且會產生文字檔讓你方便編輯。不過目前大約有超過一半的影片是沒有辦法使用的，不過相信在不久的將來會越來越多影片可以使用這個功能，這個對於喜歡看YouTube 自學的你，是不可多得的好幫手。

## 3-5 ChatGPT for Google（AI協助Google搜尋）

網站：https://chrome.google.com/webstore/detail/chatgpt-for-google/jgjaeacdkonaoafenlfkkkmbaopkbilf

屬性類別：

適合經常使用Google搜索引擎搜尋各式資料的人，以及有選擇性障礙者。

　　最方便的是ChatGPT for Google我們每天都要用Google查詢各種資訊，來協助我們完成工作、課業上的需求。有什麼疑難雜症都是靠 Google 就能解決，在結合 ChatGPT 人工智慧，更是能根據我們的查詢，ChatGPT 就在旁邊幫你協助你找到解決方法，簡化我們的閱讀時間，不需要一個一個網站打開看資料，有了這功能是不是太貼心了！

　　ChatGPT for Google就好像有個小助理，在查詢資料的時候，先幫你在Google找好資料，分析完畢。當然資料會很齊全，最後還是要透過我們人工去查核或是潤稿，但是已經大大減少我們一個一個網頁打開來查看的時間，可以節省至少50%以上的時間。

chrome 線上應用程式商店

首頁 > 擴充功能 > ChatGPT for Google

## ChatGPT for Google

⊘ chatgpt4google.com

★★★★★ 867 ⓘ │ 費用工具 │ 1,000,000+ 位使用者

安裝完成可以按圖釘，把它釘選起來，方便日後使用。

擴充功能                                    ✕

**具有完整存取權**
這些擴充功能可以查看並變更這個網站上的資訊。

　　📵　iCloud 密碼　　　　　　📌　⋮

　　💬　LINE　　　　　　　　　📌　⋮

　　🦊　MetaMask　　　　　　　📌　⋮

　　　　Smallpdf - 編輯、壓縮和轉...　📌　⋮

　　👓　Tampermonkey　　　　　📌　⋮

　　▶　YouTube Summary with C...　📌　⋮

　　　　捕捉網頁擷圖 - FireShot　📌　⋮

　　🐵　暴力猴　　　　　　　　📌　⋮

**已要求存取權**
如要授予擴充功能這個網站的存取權，請按一下該
擴充功能。

　⚙　管理擴充功能

使用方式很簡單，直接在Google查詢，Enter按下去，ChatGPT就開始幫你找資料，比如我搜尋「目前比特幣可以投資嗎」。

ChatGPT for Google想了很久，最後給了我答案如下：「我們不能提供投資建議或財務建議，因為這些是根據個人情況和風險承受能力而定的。關於比特幣的投資，應該請教財務專家或投資顧問，了解比特幣及其風險和機會的詳細信息，以便做出知情且明智的決策。值得注意的是，投資比特幣等加密貨幣具有高風險，可能導致損失。在考慮任何投資之前，您應該仔細研究、評估和了解相關的風險和收益。」是不是非常方便。

PS：（有時候ChatGPT for Google回答的速度會非常緩慢，不要以為當機了，要有點耐心等候，速度快和慢也取決於你的問題還有連線人數）

我們再來問一個問題，盡量避開投資相關的敏感話題，來問ChatGPT for Google一個旅遊問題，我問ChatGPT for Google「台灣最值得去的三個地方」，這時候ChatGPT for Google就給出了非常明

確的答案，ChatGPT for Google回答「台灣有許多美麗的地方，以下是我認為最值得去的三個地方：

台北市：台北是台灣的首都，有許多著名的景點和活動，包括台北101、國立故宮博物院、台北市立動物園、夜市等。此外，台北也是台灣的文化中心，有許多博物館、藝術中心和音樂場館。

高雄市：高雄是台灣南部的大城市，有許多熱門景點和美食，包括駁二藝術特區、旗津島、蓮池潭、高雄港等。此外，高雄也是台灣最重要的港口之一，有許多漁港和海鮮餐廳可以品嚐到新鮮的海產。

花蓮縣：花蓮是台灣東部最大的縣市，有許多自然景觀和戶外活動，包括太魯閣國家公園、清水斷崖、光復糖廠、東海岸等。此外，花蓮也是台灣的重要旅遊勝地，有許多溫泉和民宿可以住宿，讓您盡情享受美麗的自然風光。」

跟Google搜索引擎相比至少少了很多廣告頁面，還有海量的搜索網站，ChatGPT for Google非常適合有選擇性障礙的人使用。

你甚至可以利用ChatGPT for Google來學習相關的知識，例如筆者在Google搜索引擎輸入「Excel要插入平均函數怎麼做」，這個時候搜索引擎找到了非常多的相關網頁資料，這時候如果要一個一個點開相關網頁其實是非常浪費時間的，在這個時候更能顯示出ChatGPT for Google的強大，ChatGPT for Google不但回答我的問題，還教我如何做，甚至透過舉例子來教我，這樣會比單純搜索相關資料來得有效。

又例如你小朋友感冒了該怎麼照顧他，於是我在搜索引擎上面輸入「小朋友發燒怎麼辦」讓我們來看Google的搜索引擎和 ChatGPT for Google分別是怎麼回答的。

這時候可以看出Google搜索引擎和ChatGPT for Google的差別的，搜索引擎是給你一堆資料，ChatGPT for Google是明白地說明步驟流程還有注意事項，所以特別適用於現在海量資料的總結。

現在我們每次聚餐都會上網搜尋高CP值的餐廳，現在這個工作是否可以由ChatGPT for Google來取代，我們就來試看看ChatGPT for Google能不能為我們找到最適合我們心中理想的餐廳。

我們一樣在搜索引擎輸入我們要搜索的目標餐廳條件，例如是：「價格在500元上下，火鍋店，台北市，牛肉，停車方便」這五個條件，我們來看看搜索引擎和ChatGPT for Google分別是怎麼回答。

沒比較沒傷害，Google搜索引擎一如既往地給出一堆網站的連結，我給的是五個條件，Google搜索引擎並沒有辦法全部都符合，它只能部分符合我的搜索條件，所以我還是得靠自己點開相關連結一個網站一個網站慢慢的去搜尋，這樣的搜尋想必大家都非常的熟悉，但是現在有了AI人工智慧的幫忙，這種方式的搜尋就顯得非常落後。

我們來看看ChatGPT for Google怎麼回答的，我搜尋的五個條件是「價格在500元上下，火鍋店，台北市，牛肉，停車方便」這五個

條件，可以看出ChatGPT for Google回答得非常的精準，五個條件全部都符合而且還為我們推薦三家火鍋店，並且還有相關簡單的介紹，這種回答完全是命中要害，完全不需要我再多思考，長期用下來我的大腦應該會退步吧！

　　這個案例在在說明ChatGPT for Google的功能是非常強大的，它可以在海量的資料理幫你做總結，並且給出最接近你條件的答案，而且還有互動的感覺，當然你也可以不單單把它當作搜索引擎的小幫手來使用，你可以把它當作一名老師、一位助理、一個好朋友等等，當你使用習慣後我相信你可以變化出更多的玩法，或許你可以發掘其中的商機，可以開創AI新時代致富的工具，所以不要怕新時代新科技的到來，我們只要保持熱愛學習的心，並且去落實使用，我相信這所有新時代的科技一定會成為你脫穎而出的利器。

# 3-6 Dall-E （文字描述創造圖像）

網站：https://labs.openai.com/

屬性類別：

使用文字描述創造圖像的 AI 網站，適合需要生成圖片者。

　　DALL-E 是一種由 OpenAI 開發的生成對抗網絡（GAN），它可以生成符合給定文本描述的圖像。由於 DALL-E 需要進行高度複雜的機器學習和圖像生成任務，因此它主要適用於需要進行圖像生成和處理任務的專業人士和組織，例如設計師、藝術家、廣告代理商、電影製片人等。

　　舉例來說，一位設計師可能會使用 DALL-E 來生成符合特定文本描述的圖像，以用於產品設計、品牌標誌或廣告素材等。同樣地，一

個電影製片人可以使用DALL-E來生成需要特定場景或特效的圖像，以用於電影製作。因此，DALL-E是一種高度專業化的工具，需要特定的技能和知識來使用。

此外，由於DALL-E是一種開放源碼工具，因此它也可能適用於教育機構或研究人員，他們可以使用DALL-E來探索和研究生成模型，以及深入了解它們在圖像生成和處理方面的應用。

需要注意的是，由於DALL-E是一種高級的AI工具，對硬件和計算能力要求非常高。因此，除了專業人士和機構之外，普通用戶可能無法在家庭電腦上使用DALL-E。另外，由於DALL-E是基於自然語言描述的圖像生成模型，因此對語言能力和表達能力要求也相對較高。使用DALL-E的人需要對圖像的視覺特徵、構圖、色彩等方面有較深入的理解，才能更好地描述所需的圖像。此外，使用DALL-E還需要對AI技術的運作原理有一定的了解，能更好地理解和掌握它的功能和應用。

總之，DALL-E是一種高度專業化的AI工具，適用於需要進行圖像生成和處理的專業人士和組織，例如設計師、藝術家、廣告代理商、電影製片人等。對於普通用戶來說，DALL-E可能較為難以使用，需要一定的語言能力、視覺理解和技術知識。

## 實作

這網站最棒的是支援中文，於是我用一下的描述請AI幫我畫出這幅畫，我的描述是：「一個孤獨的男生，走在陰暗的街上，他準備去

找他朋友，他穿者風衣，當下的風很大，下點小雨，氣氛很詭異」，不到幾秒鐘的時間 AI 就根據我的描述產生了四幅畫，你可以自己選擇你要的，增加一些描述重新產生畫作，看到這裡你有沒有非常的驚訝！ 甚至 DALL-E 可以將圖片沒有的東西依據你的描述把它畫出來，例如你可以在台北 101 的照片裡面再加上另外一個建築物，這個建築物就要靠你用描述的方式去產生，是不是非常的有趣呢！

Edit the detailed description

一個孤獨的男生，坐在陰暗的街上，他準備去找他朋友，他穿著風衣，當下的風很大，下點小雨，氣氛很詭異

Surprise me　Upload　→|

Generate

　　我的描述：「在一個下著大雨的街上，街上的人們來來去去，有一個漂亮的女生，正坐在一間咖啡店，手上拿著一本，桌上放著一杯咖啡，這個女生坐在靠窗的位置」

在一個下著大雨的街上，街上的人們來來去去，有一個滿臉愁容的女生，正坐在窗邊啜泣，手上拿著一本，桌上放著一杯咖啡，這個女生坐在靠窗的位置　　　　　　　Generate

　　這次我來試著描述正在寫書的我，我的描述是：「一個中年男子，在凌晨的時間，正坐在電腦前，用鍵盤打字寫文章，桌上有一杯咖啡，男生的表情非常的嚴肅」

一個中年男子，在凌晨的時間，正坐在電腦前，用鍵盤打字寫文章，桌上有一杯咖啡，男生的表情非常的嚴肅　　　　　　　Generate

　　這個網站在使用上非常簡單，多多練習就可以抓到其中的精髓，現在的你就開始練習吧！

# 3-7 Codeformer
## （修復老照片）

網站：

https://shangchenzhou.com/projects/CodeFormer/

屬性類別：

一個修復老照片以及模糊照片甚至照片有部分損壞進行修復的 AI 網站，適合影像修復工作者。

　　現今網路上有很多標榜可以無損放大的免費工具，但試過的人都知道，效果沒有很好，特別是太小張的圖片，有一些甚至只是直接放大，畫質變得超級差。最近就發現到這款「CodeFormer」，可以說是超級黑科技，即便是超級小張看不清楚的照片、圖片，也能輕鬆放大，像下方首圖一樣，而且這放大不是那種看起來很不真實，臉部的皺紋、細節、甚至唇紋等都有。另外這工具主要是用在人臉，如果是其他類型照片，可能效果就沒那麼好。

　　進到 CodeFormer 網站之後，你可以先看看上方四個範例圖片，左右滑動可以比較原圖和變清晰後的人臉照片。嚴格來說這款工具主要是用在把模糊的臉變清晰，意味著如果你手邊有晃到的照片，就能用它來改善，放大效果也超棒。

Real Input    DFDNet    PULSE    PSFRGAN    GLEAN    GFP-GAN    GPEN    CodeFormer

　　甚至可以把這一張人類史上「最多大咖」合照變得如此清晰，照片拍攝於 1927 年 10 月的第五屆索爾維會議，地點位於比利時首都布魯塞爾。

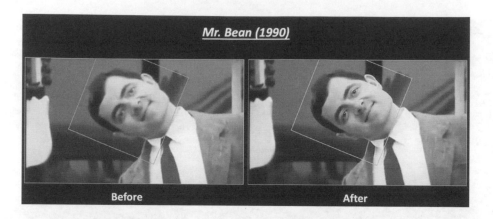

▲ CodeFormer 甚至於可以針對模糊的影片進行修正。

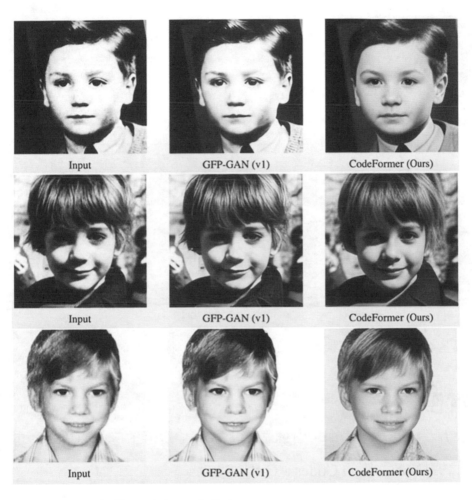

▲ 也可以將老舊的黑白照片著色。

▲ 更厲害的是能將照片裡缺失的部分透過運算將缺少的部分補上。

## 實作

　　下方有一些技術說明，有興趣的人可以了解一下，而要找到工具頁面，請點擊最右側的 Codes（GitHub）：

## Materials

Paper (arXiv)

Wider-Test Dataset
(Google Drive | OneDrive)

Codes (Github)

## Abstract

Blind face restoration is a highly ill-posed problem that often requires auxiliary guidance to 1) improve the mapping from degraded inputs to desired outputs, or 2) complement high-quality details lost in the inputs. In this paper, we demonstrate that the learned discrete codebook prior in a small proxy space largely reduces the uncertainty and ambiguity of restoration mapping by casting face restoration as a code prediction task, it meanwhile provides rich visual atoms for generating high-quality faces. Under this paradigm, we propose a Transformer-based prediction network, named **CodeFormer**, to model global composition and context of the low-quality faces for code prediction, enabling the discovery of natural faces that closely approximate the target faces even when the inputs are severely degraded. To enhance the adaptiveness for different degradation, we also propose a controllable feature transformation module that allows a flexible trade-off between fidelity and quality. Thanks to the expressive codebook prior and global modeling, **CodeFormer** outperforms the state-of-the-arts in both quality and fidelity, showing superior robustness to degradation. Extensive experimental results on synthetic and real-world datasets verify the effectiveness of our method.

## Method

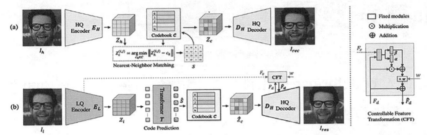

Overview of CodeFormer

往下滑，找到 Demo | Replicate 這個選項，請點擊它：

**Towards Robust Blind Face Restoration with Codebook Lookup Transformer (NeurIPS 2022)**

Paper | Project Page | Video

Shangchen Zhou, Kelvin C.K. Chan, Chongyi Li, Chen Change Loy

S-Lab, Nanyang Technological University

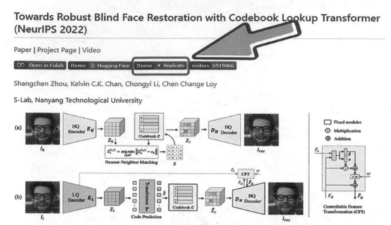

★ If CodeFormer is helpful to your images or projects, please help star this repo. Thanks!

就會進入 codeformer 的工具頁面，這邊也有輸出前後（input 與 output）的照片範例：

往下滑，找到 image 選項，把你要放大的照片、圖片、或是模糊人臉的照片拖曳至 Drop a file or click to select，當然也能點一下手動選擇，也支援視訊 webcam 拍照：

```
image
```

⬆ Drop a file or click to select
https://replicate.delivery/mgxm/fa3fe3d1-76b0-4ca8-ac0d-0a925cb0ff54/06.png 🗑

Input image

```
codeformer_fidelity
```

```
0.7
```

Balance the quality (lower number) and fidelity (higher number). (maximum: 1)

☑ `background_enhance`

Enhance background image with Real-ESRGAN

☑ `face_upsample`

Upsample restored faces for high-resolution AI-created images

```
upscale
```

```
2
```

The final upsampling scale of the image

**Sign in to run this model:**

　　我把一張30年前的照片試者修復，這張相片還是用翻拍的方式，從以前的老照片透過掃描器變成電子檔，我們來看它的效果吧！

　　記得要先登入不然你會沒辦法使用，用拖拉的方式會得到以下的
畫面

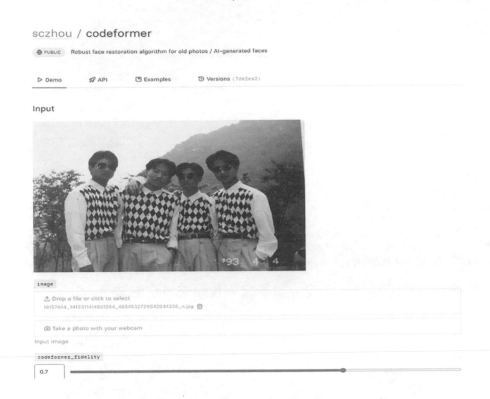

　　修復好的照片果然各個細節都被還原了。

　　再來一張試試，以下這張是室內比較暗的光線拍出來的數位照片，並不是像上一張相片用掃描翻拍的方式，看看效果有沒有比較好！

　　修復後的效果真的是非常的驚人啊！看來那些進行照片修復的專業人士，真的會被這種類似的人工智慧所取代。

**人工智能修復照片**

修復前　　　　　　　　　　　　　　修復後

　　所以說，以後如果有任何臉部晃到的照片、太小張的圖片或照片，都能丟進 CodeFormer 來改善，實在太強大了。不過也不是沒破綻，衣服、頭髮、以及環境效果就沒有這麼好，像上面模糊那張，就只有臉部改善，其他地方依舊有些模糊。隨著這類黑科技越來越多，以後就算是對修圖不懂的人，也能輕鬆改善有缺陷的照片、圖片，這真的太厲害了。

網站：https://playgroundai.com/

屬性類別：

運用關鍵字產生圖片，適合藝術工作者。

　　最近 AI 繪圖正夯，前陣子還有人用 AI 繪圖的成果在數位藝術大會上得獎，引發眾多討論的事件，一口氣把 ai 繪圖的討論度拉到最高點。目前主流 AI 繪圖有最早開放一般網友使用的 MidJourney，但是一般使用者認為有兩點缺點，第一要錢，第二是要透過 Discord 對機器人下指令（Prompt），對台灣網友來說比較不普遍，MidJourney 一開始採用邀請碼也限縮了使用者觸及率，雖然後來都公開了，但網路上搜尋到的大部分結果還維持在邀請碼的舊資料導致很多人看到就放棄。使用方式是透過 Discord 對機器人下指令，機器人再把結果用訊息方式回傳，如果沒有買月費的使用者，就只能在公開頻道上進行，你的圖會被所有人看光光，注重隱私的你就得買月費才能有 private 特權。

　　後來出現了 Stable Diffusion 的公開封測，要用 Google 的執行檔在個人雲端上進行，操作起來也不怎麼方便，後來很快地也對所有人開放了。接著終於有整合 AI 繪圖的軟體 Playground AI，也就

是單一窗口來下指令，單一窗口得到結果。目前可以看到的有Stable
Diffusion和DALL-E 2，由於DALL-E 2要錢，Playground AI這個
網站最大的優點是「免費」，你可以大量地去生成你的AI圖片。而且
登入也非常的簡單，只要用Google帳號登入就可以了，介面非常簡
單，首頁還有每張樣品圖所用到的完整關鍵字，新手到老手都可以在
這邊學到很多東西，還不需要透過你不習慣的介面，非常方便。

　　你只要將滑鼠移到你要看的那張圖上，除了可以看到該圖的關鍵
字，還可以再衍生出一堆同類圖的變化形，讓你可以根據文字與結果
的差異來找出你想要的關鍵字，直接複製起來丟到playground重新生
成，玩起來更加有趣，而且讓你對結果的控制度更好，這是每個有在
玩AI繪圖的玩家最想學到的技巧。

**Analog style**

analog style, the enchanting fantastical colorful Celestial World Tree in ancient celestial ruins and plant overgrowth, delicate face with bloom by Sandro...

Storymask 72

**Olpntng style**

olpntng style, Portrait of a handsome steampunk cyberpunk web developer typing on his computer, exoplanet, William Morris,Fra Filippo...

Scoreur de Mars 7

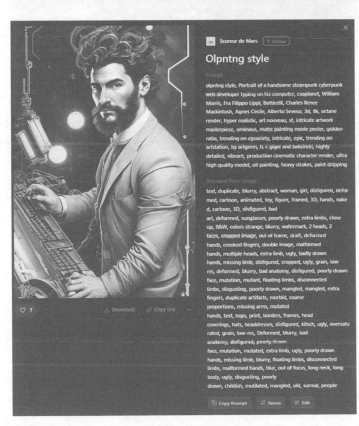

Scoreur de Mars + Follow

# Olpntng style

Prompt

olpntng style, Portrait of a handsome steampunk cyberpunk web developer typing on his computer, exoplanet, William Morris, Fra Filippo Lippi, Botticelli, Charles Renee Mackintosh, Agnes Cecile, Alberto Seveso, 3d, 8k, octane render, hyper realistic, art nouveau, sf, intricate artwork masterpiece, ominous, matte painting movie poster, golden ratio, trending on cgsociety, intricate, epic, trending on artstation, by artgerm, h. r. giger and beksinski, highly detailed, vibrant, production cinematic character render, ultra high quality model, oil painting, heavy strokes, paint dripping

Removed From Image

text, duplicate, blurry, abstract, woman, girl, disfigured, deformed, cartoon, animated, toy, figure, framed, 3D, hands, naked, cartoon, 3D, disfigured, bad
art, deformed, sunglasses, poorly drawn, extra limbs, close up, B&W, colors strange, blurry, watermark, 2 heads, 2 faces, cropped image, out of frame, draft, deformed hands, crooked fingers, double image, malformed hands, multiple heads, extra limb, ugly, badly drawn hands, missing limb, disfigured, cropped, ugly, grain, low res, deformed, blurry, bad anatomy, disfigured, poorly drawn face, mutation, mutant, floating limbs, disconnected limbs, disgusting, poorly drawn, mangled, mangled, extra fingers, duplicate artifacts, morbid, coarse proportions, missing arms, mutated
hands, text, logo, print, borders, frames, head coverings, hats, headdresses, disfigured, kitsch, ugly, oversaturated, grain, low-res, Deformed, blurry, bad anatomy, disfigured, poorly drawn
face, mutation, mutated, extra limb, ugly, poorly drawn hands, missing limb, blurry, floating limbs, disconnected limbs, malformed hands, blur, out of focus, long neck, long body, ugly, disgusting, poorly
drawn, childish, mutilated, mangled, old, surreal, people

Copy Prompt ⟳ Remix ✎ Edit

♡ 7 ⤓ Download 🔗 Copy link

　　當然你也可以使用自己的關鍵字來生成自己的AI圖，你只要點選首頁右上方的Ｃｒｅａｔｅ，就會進到生成AI圖的畫面。

# 3-9 Clip Drop
## （將圖像快速運用在各種平台上）

網站：https://clipdrop.co/relight

屬性類別：

可以將圖像快速運用在各種平台上，適合從事廣告、行銷者。

　　Clip Drop 是一款跨平台工具，允許用戶從電腦屏幕上截取圖像，然後將其快速且準確地放置在其他設備上，例如智慧手機、平板電腦等等。Clip Drop 可用於多種用途，包括設計、製作、渲染、建模、遊戲、建築、工程等等，特別是對於需要快速從電腦轉移到其他設備上的用戶而言，非常實用。Clip Drop 有兩個核心功能：圖像截取和放置。在電腦上，Clip Drop 可以捕捉整個屏幕、單個應用程序、單個視窗或單個圖像，然後將其拖放到其他設備上。在移動設備上，Clip Drop 可以接收來自電腦的圖像，然後將其放置在應用程序中，例如照片編輯器、設計工具等等。此外，Clip Drop 還配備了一個實用的工具，可以在截取圖像時進行修飾和編輯，例如對比度調整、顏色平衡、裁剪、標記、貼紙等等，便其更適合在其他設備上使用。

　　Clip Drop 的 Relight 功能還可以幫助用戶改善圖像的照明效果。使用這個功能，用戶可以通過簡單的操作，快速地將圖像的照明效果

進行優化和調整，使其看起來更加逼真、生動。這對於設計師、攝影師等需要快速修飾圖像的專業人士來說非常實用。

Clip Drop支持多種平台，包括Windows、MacOS、Android和iOS。用戶可以從官方網站上下載安裝檔案，並且擁有14天免費試用期。在此期間，用戶可以體驗Clip Drop的所有功能，並決定是否購買該軟件。

Clip Drop的價格是按照訂閱模式進行的，訂閱費用根據用戶的需求而有所不同，並提供不同的方案選擇。用戶可以根據自己的需求選擇合適的方案，並享受Clip Drop帶來的快捷、高效的截圖和圖像處理體驗。

除了在設計、攝影等專業領域中使用，Clip Drop還可以用於教育、商業和個人用途。例如，老師可以使用Clip Drop將筆記、圖表等直接傳輸到學生的筆記本電腦或手機上，並加以註釋、標記、編輯，提高教學效果；商務人士可以使用Clip Drop將網站、廣告等圖像內

容快速截圖並編輯，提高工作效率和準確性；個人用戶可以使用Clip Drop輕鬆截取和編輯自己喜歡的圖片、壁紙等，提高娛樂體驗。

除了以上功能外，Clip Drop還可以通過不斷更新升級來完善自身，為用戶帶來更加全面的圖像處理體驗。總體來說，Clip Drop是一個革命性的工具，簡化了用戶的圖像處理流程，節省了時間和精力，提高了工作效率。

總之，Clip Drop是一個非常實用的跨平台工具，可以幫助用戶快速地在不同的設備之間傳輸圖像。它還具有許多方便的工具，可以協助用戶進行圖像編輯和處理。無論是設計師、攝影師還是其他專業人士，Clip Drop都是一個值得一試的工具。

▲ 透過簡單且迅速的方式去除背景

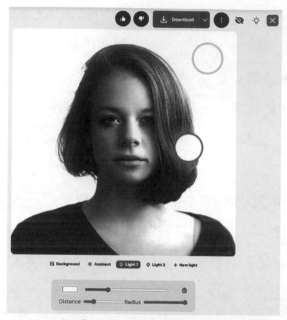

| 工具 |
|---|
| 🎯 所有工具 |
| ✂️ 移除背景 |
| 🔍 圖像升頻器 |
| ◆ 清理 |
| 🎆 重燃 |
| 🖼️ 文字轉圖片 |
| 🖼️ 更換背景 |
| ✒️ 文本去除器 |
| 🖼️ 畫廊 |

▲ 可以拖曳白色的球在各種不同的角度打光

▲ 當然還有很多其他的功能，各位可以去玩玩看！

# 3-10 Astria
## （人工智慧圖片生成服務）

網站：https://www.strmr.com/examples

屬性類別：

圖片換背景加工產生另外一個層次，適合廣告、形象、行銷等相關行業者。

Astria 是一個指向性非常明確的人工智慧圖片生成服務，當你提交一張自己的照片之後，可以要求它將你的形象和特定的概念、風格結合起來，從而生成幾乎完全獨一無二的形象和藝術作品。用來製作頭像其實是個不錯的選擇。

　　Astria是一種開源的資料科學平台，可協助用戶進行數據處理、分析和建模。它提供了一個交互式的圖形用戶界面和一組Python API，使用戶可以以不同的方式進行數據操作。

　　除了數據處理和建模功能，Astria還提供方便的功能，例如自動化數據可視化和報告生成。此外，它還支持與常用的大數據工具和平台（例如Hadoop、Spark和Hive）的集成，進一步擴展了其功能。

　　在Astria的官方網站上，你可以找到一些使用示例，這些示例可以幫助你更好地了解Astria的功能和應用場景。這些示例包括：

◎ **資料準備**：介紹如何使用Astria進行數據清理、轉換和準備。

◎ **數據分析**：這個示例演示了如何使用Astria進行數據分析和可視化，以發現數據中的模式和趨勢。

◎ **機器學習**：這個示例展示了如何使用Astria進行機器學習建模，以預測未來的數據趨勢。

◎ **自然語言處理**：這個示例介紹了如何使用Astria進行自然語言處理，以從文本數據中提取有用的信息。

◎ **時序數據**：這個示例演示了如何使用Astria進行時序數據分析和建模，以預測未來的趨勢。

## 3-11 Midjourney （運用指令生成圖片）

https://midjourney.com

Midjourney 這個 AI 網站非常簡單粗暴，也非常智能，Midjourney 能夠幫我們做 Logo、做網站，也能夠幫我們生產任何的圖片，能夠幫我們創造任何我們想要的創意，在 Midjourney 裡你只需要將你的想法和創意，透過簡單的文字描述給 Midjourney，Midjourney 就會生成你關鍵字相關的圖片，速度非常的快。

Midjourney 這款 AI 工具是要在 Discord 裡面使用的，如果沒有 Discord 或是不會使用 Discord 你就要花時間去學習 Discord，Midjourney 這個 AI 工具目前是免費開放給所有的人使用，另外你還得花時間學習 Midjourney 的指令，因為生成圖片是需要靠文字描述的指令讓 Midjourney 去生成圖片，但是不用擔心指令會很難，指令還算簡單，但是還是得花一點時間去做學習和練習。

## 3-12 Tome（AI做PPT）

https://beta.tome.app/

Tome是一個線上的筆記和知識管理平台，它提供了豐富的功能和工具，讓使用者可以更輕鬆地組織、管理和分享自己的筆記和知識。

以下是 Tome 的一些主要特點和功能：

◎ **多種儲存方式**：Tome支援多種儲存方式，包括網頁擴展、桌面應用程式和行動應用程式，使用者可以根據自己的需求選擇最方便的儲存方式。

◎ **強大的搜索功能**：Tome內置了強大的搜索引擎，可以快速搜索使用者的所有筆記和知識，並且支援關鍵字、標籤、日期等多種搜索方式。

◎ **智能標籤和分類**：Tome支援智能標籤和分類功能，可以自動將使用者的筆記和知識分類，也可以手動添加標籤和分類。

◎ **多種筆記格式**：Tome支援多種筆記格式，包括文字、圖片、

影片、聲音等，使用者可以根據自己的需要添加不同格式的筆記。

◎ **協作和分享**：Tome 支援協作和分享功能，使用者可以與他人分享自己的筆記和知識，並且可以設置不同的權限和存取級別。

總體而言，Tome 是一個功能強大、易於使用且高度自定義的筆記和知識管理平台，可以幫助使用者更有效地組織、管理和分享自己的筆記和知識，提高工作效率和學習效果。

## 3-13 Notion AI（讓團隊更有效地組織、協調、管理工作）

https://www.notion.so/product/ai

　　Notion是一個多功能的數位工作平台，可以幫助個人或團隊更有效地組織、協調、管理工作。Notion的AI功能可以進一步提高工作效率，使得人們可以更加輕鬆地完成日常工作和任務。

　　Notion的AI功能包括智能自動補全、自動表格填充、文章翻譯等。其中，智能自動補全可以幫助用戶快速輸入文字，並且提供了多種內容匹配選項，可以讓用戶更加方便地尋找所需的內容。自動表格填充可以自動識別表格中的內容，並且自動填寫相關信息，大大節省了時間。文章翻譯可以幫助用戶將文章翻譯成自己需要的語言，提高

閱讀效率。

　　除了AI功能之外，Notion還提供了多種功能，包括文檔、表格、日曆、待辦事項、知識庫等等，這些功能可以讓個人或團隊更加方便地組織和管理工作。Notion的界面簡潔、易於使用，可以快速上手，並且提供了多種定製化選項，可以讓用戶根據自己的需求進行設置。

　　總之，Notion是一個功能強大的工作區，可以幫助個人或團隊更有效地組織、協調、管理工作。AI功能進一步提高了工作效率，使得用戶可以更加輕鬆地完成日常工作和任務。Notion的界面簡潔、易於使用，是一個非常實用的工具。

# 3-14 Descript
## （編輯音頻、文字和視頻）

https://www.descript.com/

  Descript 是一個基於音頻和文本的多功能編輯工具，它可以幫助用戶輕鬆地編輯音頻、文字和視頻。Descript 為用戶提供了一個直觀的用戶界面，並且內置了多種功能，使其成為一個非常實用的工具。

  使用 Descript，用戶可以輕鬆地錄製、編輯和製作音頻，並且可以使用文字編輯器進行自動轉錄。此外，Descript 還可以將音頻轉換為文本，使其更容易編輯和共享。Descript 還具有 AI 功能，可以自動修復「講話」中的錯誤，使錄音過程更加高效。

  Descript 還可以編輯視頻，用戶可以在時間軸上剪輯視頻、添加字幕、調整音量、添加音效等，還能將音頻和視頻組合起來進行製作。

Descript 還提供了一個非常有用的共享功能，讓用戶可以輕鬆地分享他們的音頻、視頻和文本編輯作品。用戶可以將文件分享到任何位置，例如 YouTube、Twitch、Instagram 等平台。

　　總之，Descript 是一個非常實用的編輯工具，它可以幫助用戶編輯音頻、文字和視頻。Descript 具有許多強大的功能，包括自動轉錄、AI 功能、視頻編輯和共享功能等。Descript 的用戶界面簡單直觀，易於使用，是非常值得推薦的工具。

# 3-15 Fliki
## （AI語音合成平台）

https://fliki.ai/

Fliki.ai 是一個人工智慧語音合成平台，它提供了各種語音合成技術，可以生成自然、逼真的語音。使用者可以選擇不同的語言和語音風格，生成具有不同情感的語音，如快樂、悲傷、緊張等。

Fliki.ai 的界面簡單易用，用戶只需輸入文字或者上傳文字文檔，Fliki.ai 就能根據文本生成自然的語音。使用者可以調整語音的速度、音調和音量等參數，以適應不同的應用場景。例如，用戶可以使用 Fliki.ai 來生成電子書的語音版本，以便於在不同場景下閱讀；也可以用它來製作電子商務平台的語音導航，提高用戶體驗等。

Fliki.ai 不僅可以生成單一的語音，還可以實現多人的合成對話。此外，Fliki.ai 還可以將語音導出為不同的格式，如 MP3、WAV、

Ogg 等，以便於在不同的應用場景下使用。

　　總之，Fliki.ai 是一個非常實用的人工智慧語音合成平台，它可以生成自然、逼真的語音，用戶可以調整語音的速度、音調和音量等參數。Fliki.ai 的用戶界面簡單易用，適用於不同的應用場景，例如電子書的語音版本、電子商務平台的語音導航等。Fliki.ai 的多人合成對話功能也非常實用，使用者可以輕鬆地生成多人對話。總體來說，Fliki.ai 是一個非常值得推薦的語音合成平台。

# 3-16 Resemble AI
## （可以克隆自己的聲音）

https://www.resemble.ai/

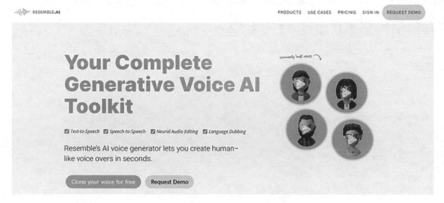

Resemble AI 是一個基於人工智慧技術的語音合成平台，它可以生成非常逼真的人聲。Resemble AI 的核心技術是「語音克隆」，它可以通過將一個人的語音訓練成 AI 模型，然後使用該模型來生成逼真的語音。

Resemble AI 提供了一個用於創建自定義語音的平台，用戶可以使用自己的語音進行訓練，以生成高度逼真的語音合成。使用者只需要錄製一段自己的語音，Resemble AI 就可以通過機器學習來訓練 AI 模型，以生成具有與用戶相似的聲音。

此外，Resemble AI 還提供了一個 API，讓開發者可以輕鬆地將其語音合成技術集成到自己的應用程序中。使用者可以通過 API 調用

Resemble AI 的語音合成服務，以生成自然、逼真的語音。這種技術可以應用於各種應用場景，例如製作虛擬助手、翻譯應用程序、語音介面等。

總之，Resemble AI 是一個非常有用的語音合成平台，它使用人工智慧技術，通過語音克隆技術生成逼真的語音。Resemble AI 提供了一個用於創建自定義語音的平台和 API，使用者可以通過錄製自己的語音進行訓練，以生成具有與用戶相似的聲音，並且可以輕鬆地將其語音合成技術集成到自己的應用程序中。Resemble AI 的技術可以應用於各種應用場景，為用戶提供更好的體驗。

# 3-17 Runway
## （AI生成圖像、音頻、文本）

https://runwayml.com/

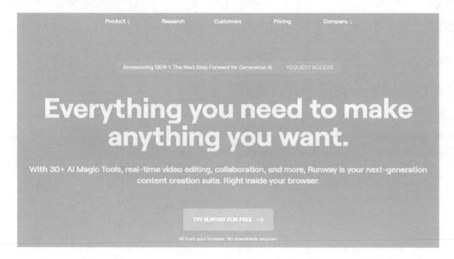

　　RunwayML 是一個基於人工智慧的創作平台，讓用戶可以使用最先進的機器學習模型進行創作和實驗。RunwayML 的目標是使複雜的機器學習技術更加容易訪問和使用，使其能夠為創意人才帶來新的創作工具。

　　RunwayML 提供了一個用於訓練、運行和部署機器學習模型的框架。用戶可以使用 RunwayML 中的各種機器學習模型來生成圖像、音頻、文本等各種形式的創意內容。使用者不需要擁有機器學習的專業知識，只需要輸入所需的數據和參數即可運行和部署自己的模型。

RunwayML 還提供了一個可視化編程界面，讓使用者可以通過拖放和連接模塊來設計自己的機器學習模型。這種編程方式對於不熟悉機器學習技術的人來說非常友好，讓使用者能夠快速設計出自己的應用。

此外，RunwayML 還提供了一個社區平台，用戶可以在這裡分享自己的應用、模型和創意，並與其他創作者進行交流和合作。這使得整個社區都能夠分享創意和技術，並為機器學習的應用和發展帶來新的思路和靈感。

總之，RunwayML 是一個非常強大的機器學習創作平台，提供了多種機器學習模型和編程工具，使得用戶能夠快速訓練和運行自己的應用程序。RunwayML 還擁有一個活躍的社區平台，讓使用者能夠分享自己的應用、模型和創意，並與其他創作者進行交流和合作。這使得整個社區都能夠分享創意和技術，並為機器學習的應用和發展帶來新的思路和靈感。

## 3-18 beHuman（網站設計）

https://behuman.design/

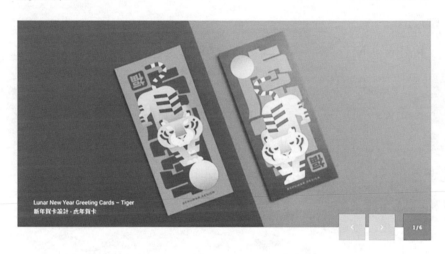

　　beHuman Design 是一家以人為本的網站設計公司，專注於提供具有個性、品牌、用戶體驗和性能優化的網站設計服務。該公司的使命是幫助客戶打造獨特的品牌形象，並提高其在網絡上的能見度和網站流量，從而實現業務成長和品牌推廣。

　　beHuman Design 提供了許多網站設計和開發服務，包括網站設計和開發、用戶體驗設計、品牌設計、電子商務網站設計、SEO 優化、數據分析和網站維護等。其專業團隊能夠根據客戶的需求設計出

具有創意和訴求力的網站，從而幫助客戶建立起強大的品牌形象，提高其在網絡上的曝光度和知名度。

beHuman Design 的團隊擁有多年的網站設計和開發經驗，並熟練掌握最新的網站設計技術和趨勢。該公司的服務範圍廣泛，可為各種不同類型的客戶提供服務，包括初創企業、中小型企業和大型企業等。其服務過的客戶包括知名品牌和機構，如 Google、Airbnb、Dell、The New York Times 等。

總之，beHuman Design 是一家以人為本的網站設計公司，專注於提供高品質的網站設計和開發服務。其專業團隊擁有多年的網站設計和開發經驗，能夠根據客戶的需求和目標設計出具有創意和訴求力的網站。如果你正在尋找一家能夠幫助你打造獨特品牌形象、提高業務成長和品牌推廣的網站設計公司，那麼 beHuman Design 將是不二之選。

## 3-19 LALAL
（AI音樂創作工具）

https://www.lalal.ai/zh-hans/

　　Lalal.ai是一個先進的人工智慧音樂創作工具，旨在幫助用戶自動創作和改編音樂。該網站可以分離出歌曲中的歌聲和背景音樂，並根據用戶的需求重新混合，從而讓用戶可以在不需要知識和技能的情況下輕鬆地創作自己的音樂作品。

　　Lalal.ai的使用非常簡單。只需將歌曲上傳到網站上，該網站就會自動分離出歌曲中的歌聲和背景音樂。用戶可以隨時調整歌聲和背景音樂的音量、節奏和速度等參數，並進行混合，從而創作出自己獨特的音樂作品。此外，Lalal.ai還提供了多種樂器的選擇，用戶可以根據自己的需求添加和移除不同的樂器，從而打造出符合自己風格的音樂

作品。

　　Lalal.ai 的應用非常廣泛。它可以幫助音樂製作人、網紅、博主、唱作人、音樂愛好者等人士快速製作出自己的音樂作品，並且可以在社交媒體、影視作品、廣告等多個領域中得到應用。

　　總之，Lalal.ai 是一個先進的人工智慧音樂創作工具，網站易於使用，用戶可以在不需要任何知識和技能的情況下輕鬆地創作自己的音樂作品。如果你是音樂愛好者、音樂製作人或創作人，且想快速製作出高品質的音樂作品，那麼 Lalal.ai 推薦給你。

# 3-20 Gaituya
## （提供高品質攝影服務）

https://www.gaituya.com/

　　改圖鴨（gaituya.com）是一家提供高品質攝影服務和照片後期處理服務的線上平臺。使用者可以通過該網站訂購各種類型的攝影服務，如個人寫真、情侶照、家庭合照、婚禮攝影、商業攝影等等。改圖鴨有專業的攝影師和技術團隊，可以根據客戶的需求和要求提供高品質的服務。

　　此外，改圖鴨還提供照片後期處理服務，使用者可以將拍攝的照片上傳至平臺，並選擇所需的後期處理效果。改圖鴨的技術團隊將使用專業的後期處理工具對照片進行修圖，包括調整色調、修飾膚色、

去除瑕疵、增加藝術效果等等。用戶可以在短時間內獲得高品質的照片，並可以隨時下載和分享。

改圖鴨的優勢在於其專業的服務和高效的處理速度。該平臺有一支由專業攝影師和技術團隊組成的團隊，能夠保證客戶獲得高品質的服務。此外，改圖鴨的後期處理服務使用最先進的技術和工具，可以提供多種風格的效果，滿足客戶的不同需求。平臺還提供安全的線上支付和專業的客戶服務，使客戶可以在安心、便捷的環境下享受到高品質的服務。

總之，改圖鴨是一個專業的攝影服務和照片後期處理服務平臺。無論您需要拍攝個人寫真、商業攝影還是婚禮攝影等，改圖鴨都能為您提供高品質的服務。

# 3-21 Remove
## （快速、自動去除照片背景）

https://www.remove.bg/

　　Remove.bg 是一個可以快速、自動去除照片背景的線上工具。用戶只需要將要去除背景的照片上傳到 Remove.bg，該平臺就會使用最先進的 AI 技術來自動分離人物或物體，然後摳出背景，最終輸出帶透明背景的 PNG 圖像。

　　相比傳統的背景去除工具，Remove.bg 的速度和準確性都很出色。它使用的是深度學習技術，能夠識別和分離圖像中的人物或物體，去除背景後輸出高品質的圖像，這對於需要頻繁製作圖片的人來說非常方便。

Remove.bg的使用非常簡單，只需拖動或上傳要去除背景的照片，Remove.bg即會自動為您處理。同時，它也提供了高級選項，如調整背景的透明度、更改輸出圖像的解析度和格式等等，使得用戶能夠得到更多的自訂選項。

　　此外，Remove.bg還提供API和外掛程式，可以輕鬆地集成到其他應用程式和網站中。它還可以與Photoshop、Lightroom、Canva等流行的設計工具無縫配合使用，以便更進一步地編輯和處理圖像。

　　總之，Remove.bg是一個功能強大、易於使用的線上圖像背景去除工具。它提供了高效、準確的AI技術來快速去除背景，並為用戶提供了豐富的自訂選項。如果你需要頻繁製作圖片或需要將照片背景與其他圖像合併，那麼Remove.bg是一個非常實用的工具。

## 3-22 WenxinAI（寫文章、小說、論文等）

https://wenxin.baidu.com/ernie3

文心 ERNIE

# 一言为定

🔗 官宣：文心一言

　　Wenxin Ernie3 是百度提供的一款中文自然語言處理開發工具，能夠進行文本分類、實體識別、關係抽取、文本生成等任務。它基於百度自然語言處理技術，採用了最先進的自然語言處理模型Ernie3，能夠高效地處理中文文本，實現多種自然語言處理任務。Wenxin Ernie3 提供了 API 介面和 SDK 開發包，便於開發者集成到自己的應用中。在文本分類方面，Wenxin Ernie3 可以讓企業透過對文本內容的分析和分類，實現對用戶的精準行銷。在實體識別和關係抽取方面，Wenxin Ernie3 可以幫助企業快速、準確地識別出關鍵字和實體，並發現它們之間的關係，以便更好地理解文本內容和使用者需求。在文

本生成方面，Wenxin Ernie3 還可以生成自然流暢的中文文本，滿足使用者對於大規模自然語言生成的需求。此外，Wenxin Ernie3 還提供了即時語音轉寫和語音合成等功能，使得用戶能夠實現更多元化的語音交互體驗。百度還提供了詳細的技術文檔和技術支援，幫助用戶更好地使用和集成 Wenxin Ernie3。

總之，Wenxin Ernie3 是一款高效、可靠的中文自然語言處理開發工具，能夠幫助使用者快速實現多種自然語言處理任務。它基於百度自然語言處理技術，使用了最先進的自然語言處理模型 Ernie3，具備高度的精准性和準確性。如果您需要進行中文自然語言處理相關的開發工作，那麼 Wenxin Ernie3 是一個非常實用的工具。

# 3-23 小論文神器

https://essay.1ts.fun/

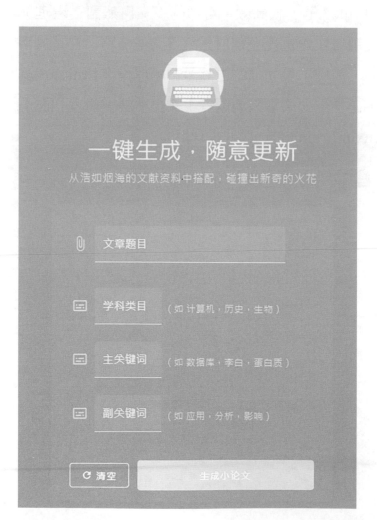

Essay.1ts.fun是一個提供線上論文代寫服務的網站，該網站具有一個簡潔的介面和易於使用的功能。如果你需要代寫論文、期刊論文、畢業論文、商業計畫書、課程論文等學術寫作任務，該網站可以提供你相應的幫助。使用該網站，可以瀏覽各種不同主題的論文樣本，並與寫手進行溝通。網站上的寫手都是經過篩選和培訓的，可以為你提供高品質的論文代寫服務，確保你的論文符合學術要求，同時具有一定的原創性。在訂單完成後，你可以隨時與寫手進行溝通，並在訂單完成之前查看進度和論文草稿。此外，網站上的價格也相對實惠，並且可以根據你的要求進行定製，確保你的論文代寫服務具有良好的性價比。總之，Essay.1ts.fun是一個可以幫助你解決學術寫作問題的實用網站。

## 3-24 Api （狗屁不通文章生成器）

https://api.edwiv.com/bzsy/

主题：穿山甲到底说了什么

● 按字数计　○ 按句数计　8000 ▲▼

☐ 启用手写字体

❶ 首次启用手写需加载12.7MB的手写字体，渲染速度可能会慢一点。

生成

　　Api狗屁不通文章生成器是一個基於人工智能技術的文本生成工具，它能夠生成看似有意義但實際上毫無意義的文章。使用者只需要輸入一些關鍵詞和主題，該工具就會自動生成一些看似合理但實際上不通順且沒有實質內容的文章。這個工具通常用於娛樂和幽默目的，並不適合用於任何正式的文書撰寫或商業用途。值得注意的是，由於文章生成技術尚未成熟，生成的文章可能包含不當或冒犯性內容，使用者應謹慎使用。

https://www.subzin.com/

　　Subzin.com是一個線上搜尋引擎，可以幫助用戶在電影或電視節目中查找特定的臺詞。該網站提供了一個簡單的搜索框，用戶可以輸入一個電影或電視節目中的臺詞，Subzin會返回一個包含該臺詞的所有電影或電視節目的列表。此外，Subzin還提供了一個功能，可以搜索存檔的字幕，以確定臺詞所在的電影或電視節目。

　　使用Subzin的方法非常簡單，只需要在搜索框中輸入電影或電視節目中的臺詞即可。Subzin會返回一個包含該臺詞的所有電影或電視節目的清單，並顯示每個結果的臺詞和電影或電視節目的名稱。使用者還可以使用Subzin的高級搜索功能，根據年份、演員、導演、類型

和評級等搜索結果。

　　需要注意的是，Subzin網站主要使用英語，因此使用者需要輸入英語臺詞才能得到準確的搜索結果。此外，該網站似乎沒有提供其他語言的支援。

　　總的來說，Subzin.com是一個非常有用的工具，可以幫助用戶在電影或電視節目中查找特定的臺詞。無論是為了找到一個引人入勝的電影還是想回憶一部舊電影的經典臺詞，Subzin都可以讓使用者快速找到他們需要的東西。

https://33.agilestudio.cn/invite?userCode=Raq2ms6J

33臺詞是一個通過中英文臺詞查找影片名、雲截圖、雲剪輯的工具，類似於聞歌識曲，只需要輸入電影或電視劇的臺詞，就可以找到相應的影片素材。該工具可以 明視頻製作者快速找到需要的素材，提高製作效率。

另外，33搜幀是一款可以讓使用者通過文本描述來搜索視頻幀畫面的軟體，可以讓使用者快速找到文案關聯的素材。

# 3-27 | 33搜幀 （文本描述來搜索視頻畫面）

https://fse.agilestudio.cn/invite?userCode=Dg14YtKf

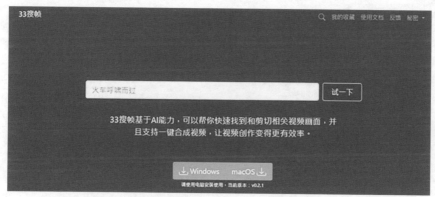

　　33搜幀官方網站，提供一款可以通過文本描述來搜索視頻畫面的軟件，該軟件可以幫助用戶快速找到相關畫面，並自動合成一個包含語音、畫面和字幕的完整視頻。此外，該軟件還可以幫助用戶定位到相關場景，並快速剪輯一小段。因此，對於需要使用文本描述來搜索視頻畫面的用戶來說，這個網站可能是一個很有用的工具。

# 3-28 ProWritingAid （寫作和文本編輯）

　　ProWritingAid是一種在線寫作和文本編輯工具，能協助寫作者進行文本編輯、文法檢查、拼寫檢查、風格檢查、單詞選擇、結構檢查、標點符號、排版等多方面的修訂，以改善文章品質並提高閱讀易讀性。

　　ProWritingAid包括一個線上文本編輯器和一個桌面應用程式，能夠自動檢查拼寫錯誤、文法錯誤和標點符號的使用，同時還可以提供有關文本結構、風格和讀者可讀性的建議。此外，它還能分析文章中的重複詞語和句子，找到並修復寫作中的問題。

　　ProWritingAid的用戶包括從學生、自由撰稿人到商業寫作者和編輯等，並且能夠支持多種語言，包括英語、西班牙語、德語、法語、義大利語等。

# 3-29 Hugging Face
## （圖片生成音樂）

https://huggingface.co/spaces/fffiloni/img-to-music

　　這個網站是 Hugging Face 的一個 space，提供了一個名為「img-to-music」的模型，可以將圖片轉換成對應的音樂。此外，這個 space 還提供了相關的程式碼和資源，供使用者參考和使用。在 Twitter 上也有用戶分享了這個 space 的連結和 Gradio demo 的連結，可以讓使用者直接體驗這個模型的效果。值得注意的是，這個 space 裡還有一個名為「spectrogram-to-music」的模型，可以將頻譜圖轉換成音樂。

## 3-30 JpgHD（老照片修復）

https://jpghd.com/

JpgHD.com 是一個使用 2022 年最先進人工智慧 AI 超分模型和深度學習技術來修復老照片的網站。它可以修復破損的舊照片，並將低清晰度照片轉換為高清晰度照片。此外，它還支援老照片上色，以及使用 Magic Photo 功能創建獨特的照片效果。該網站提供多種選項，包括使用快速和高品質模式處理圖像，並支援輸出多種檔案格式。除了網站外，它還提供一個應用程式，可以在 Google Play Store 上下載。

# 3-31 NaturalReader
## （文字轉語音工具）

https://www.naturalreaders.com/

NaturalReader 是一個基於網頁的文字轉語音工具，可以將書面文字轉換為口語。該網站提供多種語言和高品質的逼真聲音，對於需要聽取大量文字內容的人來說非常實用。

NaturalReader 不僅可以讓使用者聆聽單個單詞或整個文檔，還可以調整語速、聲調和音量等參數，以使聽起來更加自然。此外，網站還提供了文本編輯器，讓用戶能夠在網頁上直接輸入或黏貼文本進行轉換。對於視力受損、學習外語或需要多任務操作的人來說，NaturalReader 都是一個非常實用的工具。

## 3-32 ChatGPT Writer
（幫你回覆大量的郵件）

ChatGPT Writer - Write mail, messages with AI

chatgptwriter.ai

★★★★★ 94 ⓘ │ 實用工具 │ 100,000+ 位使用者

　　ChatGPT Writer 是一個由 OpenAI 開發的瀏覽器擴展程式，可以幫助使用者生成自然語言回覆，提供快速寫作的功能。ChatGPT Writer 基於 GPT-3.5 模型，可以根據使用者輸入的關鍵詞，生成相關的文本內容，使寫作更加容易。

　　使用 ChatGPT Writer 非常簡單，只需在 Gmail 的回覆框中點擊 ChatGPT Writer 擴展按鈕，然後簡要輸入你希望回覆的內容，按下「生成回覆」即可獲得相關的內容。如果你想寫一封新郵件，只需在 Gmail 的撰寫框中點擊 ChatGPT Writer 擴展按鈕，然後簡要輸入你想要撰寫的內容，按下「生成郵件」即可。

　　ChatGPT Writer 可以幫助人們在工作和日常生活中更快地寫作和回覆郵件，從而節省時間和精力。ChatGPT Writer 是一個非常有用的工具，尤其是對於那些需要經常寫作的人，如業務人員、學生、教師、專業寫手等等。

　　ChatGPT Writer 能夠理解和生成多種語言，包括英語、中文、日

語、韓語、法語、德語、西班牙語和俄語等。ChatGPT Writer的表現通常會受到訓練數據的影響，而ChatGPT Writer最擅長的領域是自然語言生成和問答系統。

可以應用於多種任務，例如：

◎ **語言生成**：我可以寫文章、寫詩、寫小說、生成標題和標語等。只要提供我一些基本資訊和指示，我就能生成與之相關的自然語言文本。

◎ **問答系統**：我可以回答各種問題，包括事實型問題和主觀型問題。只要提供我足夠的上下文信息和問題描述，我就能給出合理的回答。

◎ **文本分類**：我可以分析文本並判斷它們屬於哪一個類別。這對於搜索引擎、廣告投放和自動翻譯等應用非常有用。

◎ **翻譯**：我可以將一種語言翻譯成另一種語言，包括文字和口語翻譯。

總體而言，ChatGPT Writer是一個非常強大和靈活的工具，可以用於多種自然語言處理任務。無論需要什麼樣的語言生成和處理工具，ChatGPT Writer都可以提供有幫助的解決方案。

# 3-33 Summarize
## （簡約長文章）

https://chrome.google.com/webstore/detail/summarize/
lmhkmibdclhibdooglianggbnhcbcjeh

## Summarize

★★★★★ 21 ⓘ ｜ 費用工具 ｜ 10,000+ 位使用者

　　Summarize 是一款能夠將文章進行自動摘要的 Google Chrome 擴充程式。使用者可以將需要摘要的文章連結複製到 Summarize 中，並選擇需要的摘要比例，Summarize 會自動生成一份符合比例的文章摘要。Summarize 擁有簡潔的介面和易於使用的功能，能夠讓使用者快速地摘要文章，節省閱讀時間。此外，Summarize 還提供了一些其他功能，例如使用者可以將摘要分享到社交媒體上，或者將摘要轉換為 PDF 格式進行下載。Summarize 目前可在 Google Chrome 瀏覽器上免費下載使用。

## 3-34 Copyleaks （AI的內容檢測工具）

https://copyleaks.com/features/ai-content-detector

　　Copyleaks 是一個基於人工智慧技術的內容檢測工具，旨在幫助使用者檢查和保護他們的內容免受剽竊和抄襲的侵害。Copyleaks 提供了多種檢測方案，其中之一就是 AI Content Detector，它是一種利用人工智慧技術來檢測文本內容是否存在抄襲行為的工具。

　　AI Content Detector 的主要功能和特點：

◎ **智能掃描**：AI Content Detector 通過掃描互聯網上的數百萬個網頁和文件，以確定文章內容是否與其他地方的內容重複。

◎ **多語言支援**：AI Content Detector 可以檢測多種語言的文本內容，包括英語、西班牙語、德語、法語、義大利語、俄語、日語、中文等等。

◎ **即時報告**：AI Content Detector 可以快速生成詳細的報告，

並在檢測過程中即時提供反饋，以便您可以立即採取必要的行動。

◎ **高準確性**：AI Content Detector 使用先進的機器學習和自然語言處理技術，以保證其檢測結果的高準確性。

◎ **多種檢測模式**：AI Content Detector 提供多種不同的檢測模式，包括網路、本地文檔、雲端儲存、手機應用程式和網站插件等等，以滿足不同使用者的需求。

總體而言，**AI Content Detector** 是一個功能強大、易於使用且高度準確的內容檢測工具，可以幫助你保護文章內容免受抄襲和剽竊的侵害。

# 3-35 Canva
## （各種設計平台）

https://www.canva.com/

在Canva左側功能欄裡的發掘應用程式，裡面有一個「 Text to Image」

Coocoollab 是一個創意和設計社區，其中包括 Canva 的專業教學課程、設計工具和模板。Canva 是一個在線平台，可以幫助用戶創建各種設計，包括海報、名片、社交媒體圖像和簡報等。通過 Coocoollab，用戶可以訪問 Canva 的高級設計功能和工具，並學習如何使用它們來創建獨特的設計。

　　Canva 的註冊過程很簡單，只需提供電子郵件地址和密碼即可。用戶還可以通過 Google 或 Facebook 帳戶進行註冊。完成註冊後，用戶可以開始使用 Canva 的設計工具和模板，或者參加 Coocoollab 的教學課程。Coocoollab 提供多種教學課程，從 Canva 基礎知識到高級技巧都有。

　　Coocoollab 還提供一個設計社區，用戶可以與其他設計師互動，分享自己的設計和獲得反饋。用戶可以參加 Coocoollab 的挑戰，展示自己的設計技能，並有機會贏得獎品。Coocoollab 還提供許多免費的 Canva 模板，用戶可以使用這些模板來創建專業的設計。

　　此外，Coocoollab 還為用戶提供了一些高級功能，包括品牌設計和動畫等。用戶可以使用這些功能來創建專屬於自己的品牌，或者為自己的設計添加動態效果，提高設計的吸引力。

　　Coocoollab 還提供了付費方案，包括個人和團隊方案。付費方案提供了更多的設計工具和模板，並可以讓用戶更好地管理他們的設計項目。付費用戶還可以獲得更多的支持和培訓資源，以幫助他們更好地使用 Canva 和 Coocoollab。

　　總體而言，Coocoollab 為用戶提供了一個全面的設計平台，使他

們能夠創建專業、獨特且有吸引力的設計。無論是初學者還是經驗豐富的設計師，都可以從 Coocoollab 的教學課程和社區中獲得有用的資訊和支持。如果你對設計感興趣，可以通過訪問 Coocoollab 的網站並註冊 Canva 帳戶，開始你的設計之旅。

# 3-36 Copy Ai
（生成人類風格的文字）

https://www.copy.ai/

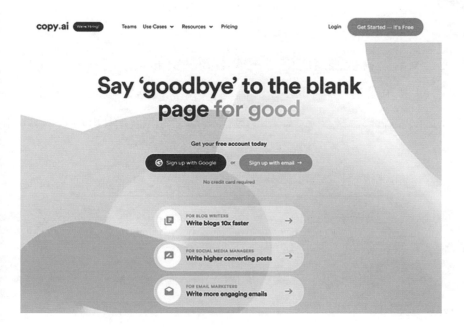

Copy.ai是一個人工智慧文本生成工具，可以幫助用戶快速生成高品質的文本內容。這個平台使用了自然語言處理技術和機器學習算法，可以讓用戶在幾分鐘內創建出高品質的文章、廣告、商品描述、電子郵件、社交媒體帖子、博客文章等等，這些內容可以用於網站、營銷、品牌推廣等方面。

使用Copy.ai很簡單，用戶只需在平台上輸入一個主題或一個簡短

265

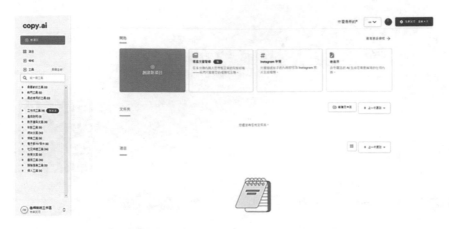

的段落，Copy.ai就會根據這些信息生成出高品質的文章內容。平台還提供了一些範本和模板，用戶可以根據自己的需求進行修改和定製。用戶還可以通過調整文章的風格、語調和用詞等來創建出更符合自己需要的內容。

Copy.ai 的文本生成功能非常強大，可以生成各種類型的內容。例如，用戶可以使用這個平台來生成營銷文案、產品名稱、品牌故事、SEO 關鍵詞、博客標題、甚至是小說和詩歌等。平台支持多種語言，包括中文、英語、西班牙語、德語、法語、義大利語、葡萄牙語等。

Copy.ai 還提供了一個團隊協作功能，讓用戶可以方便地分享內容和與團隊成員協作。此外，平台還提供了一些其他的輔助工具，如推薦關鍵字、文本分析、文本轉換和字數統計等，這些工具可以幫助用戶更好地管理和優化他們的內容。

總體而言，Copy.ai 是一個非常有用的工具，可以幫助用戶快速生成高品質的文章，並節省時間和精力。如果你需要大量的文本內容，可以考慮使用 Copy.ai，體驗它帶來的便利和效率。

# 3-37 Wordtune（重寫文章）

用ChatGPT生成文章之後可以用Wordtune來進行重新寫作。

https://www.wordtune.com/

　　Wordtune 是一個文本編輯工具，利用人工智慧技術幫助用戶改善他們的寫作。該平台旨在提高寫作效率，並使用戶的文本更加清晰、流暢和有說服力。Wordtune 可以根據用戶的內容，提供建議的文字修改和替換方案，以改善文章的內容和風格。

　　使用 Wordtune 非常簡單，只需要將文本複製到平台上，它會在不干擾原文的情況下，提供不同的替換建議，這些建議可以通過點擊操作進行應用。平台會根據文本的內容和上下文，提供更好的用語、更好的結構、更好的文風等建議，用戶可以根據自己的需要進行選擇和修改。

Wordtune 可以幫助用戶快速編輯和改進文章，這對於那些需要大量撰寫文字內容的工作者非常有用，如商業撰稿人、記者、作家和學生等。此外，Wordtune 還可以提高文章的可讀性，使其更易於理解和消化，這對於需要與大量讀者溝通的網站和公司也是很有幫助的。

Wordtune 還提供了一個方便的瀏覽器擴展程序，用戶可以在任何網站上直接使用它進行文本編輯。此外，它還支持多種語言，包括英語、西班牙語、法語、德語等等。

總體來說，Wordtune 是一個非常實用的文本編輯工具，它可以幫助用戶快速改進他們的寫作內容，並提高文章的可讀性和影響力。如果你是一個需要大量撰寫文字內容或者需要提高寫作技能的人，可以考慮使用 Wordtune。

# 3-38 QuillBot（寫作輔助工具）

https://quillbot.com/

　　QuillBot 是一個基於人工智慧的寫作輔助工具，旨在幫助用戶快速改進他們的文章品質和表達能力。該平台利用自然語言處理技術，可以在不改變文章主要含義的情況下，自動重寫文章、修改詞彙、語法結構和風格等等，讓文章更加通順、清晰、精確和有說服力。

　　使用 QuillBot 非常簡單，只需輸入文章或段落，平台就會立即分析該文章，然後提供多種修改和重寫方案供用戶選擇。這些方案基於 QuillBot 的獨特算法和人工智慧技術，可以提供多種文本語法、詞彙和句子結構的變化，讓文章更加流暢自然，寫作更加高效。QuillBot 還提供了一個完整的詞彙庫，用戶可以選擇自己想要的同義詞或短語，進一步豐富自己的文章。

QuillBot 除了幫助用戶寫作之外，還可以在翻譯和摘要方面提供幫助。它可以將文章翻譯成不同的語言，並可以自動創建文章的縮寫版本。此外，它還支持多種文本格式，包括 Microsoft Word、PDF 和 HTML，讓用戶更輕鬆地導入和導出文本。

總體來說，QuillBot 是一個強大而易於使用的寫作輔助工具，可以幫助用戶快速提高他們的寫作能力，節省時間和精力。它特別適合需要大量寫作的人，如學生、記者、作者和商業撰稿人等。如果你希望提升自己的寫作能力，並使你的文章更加流暢、清晰和精確，那麼 QuillBot 是一個值得一試的工具。

## 3-39　AssemblyAI（語音檔案截取逐字稿再作總結）

https://www.assemblyai.com/

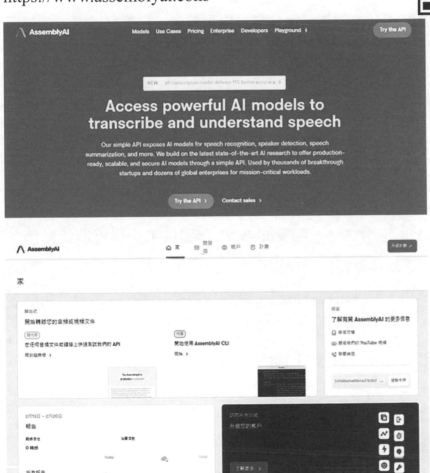

AssemblyAI 是一家提供自然語言處理技術的人工智慧公司，專

注於語音識別和文本轉換技術的研發和應用。他們提供一個 API 平台，可以通過 API 接口，將音頻或文本轉換為可用於機器學習、自然語言處理和其他人工智慧應用的格式。

AssemblyAI 的音頻識別技術支持多種語言和方言，可以識別並轉換不同的音頻文件，包括電話錄音、會議記錄、廣播、播客等等。該平台還具有高度準確性，並且可以自動校準，以更好地處理各種語言和口音。

另外，AssemblyAI 的文本轉換技術支持多種文本格式，包括 PDF、Word、HTML 等，可以在不改變原文格式的情況下轉換成機器可讀的文本。同時，他們還提供了自然語言處理技術，如命名實體識別、情感分析和語義理解等等，可以幫助用戶進一步分析和處理轉換後的文本。

除了 API 平台之外，AssemblyAI 還提供了一個自助式轉換工具，讓用戶可以快速轉換音頻和文本。此外，他們還提供了一個即時語音識別 API，可以在實時情況下識別和轉換音頻，非常適合用於客服、語音助手等應用中。

總體來說，AssemblyAI 提供了一個強大而易於使用的自然語言處理平台，可以幫助用戶快速識別和轉換音頻和文本。他們的技術非常準確、高效，並且可以應用於各種應用場景中，如語音識別、客服、文本分析和自然語言生成等等。如果你需要處理大量的音頻和文本，那麼 AssemblyAI 是一個值得考慮的選擇。

# 3-40 Clipdrop（圖片處理）

https://clipdrop.co/

　　ClipDrop 是一個使用人工智慧技術的工具，可以幫助用戶從不同的媒體中提取圖像，並在不同的應用程序中使用。該平台支持多種操作系統和設備，包括 Windows、Mac、iOS 和 Android 等。

　　ClipDrop 的核心功能是通過手機攝像頭掃描圖像，然後將其轉換為可以在電腦上使用的向量圖像或PNG格式的圖像。使用者可以將圖像從手機上直接傳輸到桌面應用程序，例如 Adobe Photoshop、Illustrator 和 Sketch 等。除此之外，ClipDrop 還支持網頁瀏覽器和 Microsoft Office 等常用軟體。

　　ClipDrop 的最大特點是其準確性和快速性。它使用了先進的人工智慧技術，包括物體檢測、圖像識別和深度神經網絡等，可以準確識

別並提取圖像中的對象，並在極短的時間內完成轉換和傳輸。此外，ClipDrop 的操作非常簡單和易於使用，使用者只需安裝 ClipDrop 軟體，然後打開手機上的應用程序即可開始使用。

總之，ClipDrop 是一個強大的人工智慧圖像提取工具，可以幫助用戶輕鬆從不同的媒體中提取圖像，並在不同的應用程序中使用。該平台支持多種操作系統和設備，操作簡單、準確性高，非常適合需要頻繁使用圖像的設計師、攝影師和網頁開發人員等人使用。

# 3-41 Runwaym
（影片處理）

https://runwayml.com/

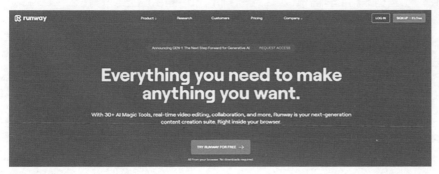

Runway ML 是一個人工智慧模型訓練和應用平台，旨在讓任何人都可以訓練、使用和分享自己的機器學習模型。該平台提供了一個簡單易用的界面，讓用戶可以在不需要進行繁瑣的程式設計或數據科學技能的情況下，進行模型的創建、測試和部署。

使用 Runway ML，用戶可以訓練自己的機器學習模型，並將其部署到多種平台上，例如桌面應用程序、網頁應用程序、移動應用程序和物聯網設備等。該平台支持各種機器學習算法和框架，包括 TensorFlow、PyTorch、Keras 和 OpenCV 等，還提供了豐富的數據集和預先訓練好的模型，方便用戶快速開始工作。

除了模型訓練和部署外，Runway ML 還提供了多種應用程序和工具，可以幫助用戶進行圖像處理、音頻處理、文本生成、3D 建模和

增強現實等工作。使用者可以通過自己的訓練模型或者 Runway ML 平台上提供的預訓練模型，快速地進行各種應用和實驗。

　　總之，Runway ML 是一個功能強大的人工智慧模型訓練和應用平台，提供了訓練、部署和應用模型的一站式解決方案。該平台易於使用、支持多種機器學習框架、算法和應用程序，適合初學者和專業人士使用，是進行機器學習和人工智慧研究的有力工具。

## 3-42 Murf.ai（整合多人的聲音幫你發音）

https://murf.ai/

　　Murf AI 是一個數據可視化平台，可以幫助用戶以更直觀的方式
探索和理解他們的數據。它提供了一個簡單易用的界面，用戶可以輕
鬆地將數據導入平台，並使用各種可視化工具將其轉換為交互式圖表

和圖形。

Murf AI 支持多種數據源，包括 CSV、Excel、JSON、Google Sheets 等，用戶可以快速載入數據，並將其轉換為各種圖表，如折線圖、柱狀圖、散點圖、餅圖等。此外，Murf AI 還提供了多種交互式工具和篩選器，讓用戶可以進一步深入探索數據，發現數據背後的潛在關係和趨勢。

該平台還提供了多種自定義選項和主題，讓用戶可以根據自己的需要進行個性化設置，以及將生成的圖表和報告嵌入到自己的網站或應用程序中。此外，Murf AI 還提供了一個圖表庫，用戶可以從中選擇各種現成的圖表，並將其添加到自己的報告和演示文稿中。

總之，Murf AI 是一個功能強大、易於使用的數據可視化平台，可以幫助用戶以更直觀、易懂的方式探索和理解數據。它支持多種數據源和圖表類型，提供了豐富的自定義選項和主題，適合初學者和專業人士使用，是進行數據分析和報告生成的有力工具。

## 3-43 Synthesia（生成真人影像幫你唸文章）

https://www.synthesia.io/

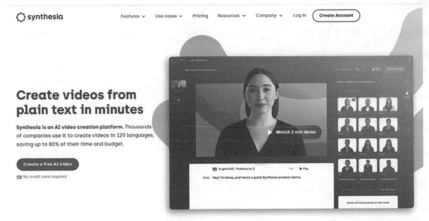

Synthesia 是一個人工智慧（AI）視頻製作平台，可以幫助用戶自動製作視頻，而無需具備專業的視頻製作技能。使用 Synthesia，用戶可以創建各種類型的視頻，包括廣告、教育、社交媒體和網絡直播等。

Synthesia 的工作原理是將文本轉換為語音，然後通過計算機生成的圖像和動畫，將語音轉換為視頻。用戶可以在平台上輸入文本，選擇語音和視頻風格，然後 Synthesia 會自動製作視頻。用戶還可以自定義視頻的字幕、配音、背景音樂等，以滿足自己的需求。

　　Synthesia 提供了多種語音選擇，包括英語、法語、德語、西班牙語、意大利語、日語和中文等，而且語音的發音也非常自然和流暢。用戶還可以選擇不同的視頻風格，例如動畫、實拍、平面等，使視頻更加生動和有趣。

　　該平台還提供了豐富的視頻素材庫，包括動畫、圖像、音樂等，用戶可以直接使用這些素材，也可以自己上傳和編輯素材。用戶還可以在 Synthesia 上實時預覽和編輯製作的視頻，確保製作出來的視頻符合自己的要求。

　　總之，Synthesia 是一個功能強大、易於使用的人工智慧視頻製作平台，可以幫助用戶快速製作出高品質的視頻，而無需具備專業的視頻製作技能。它提供了多種語音和視頻風格，豐富的視頻素材庫和實時預覽和編輯功能，適合個人和企業用戶使用，是製作視頻的有力工具。

| 3-44 | # D-ID（生成真的人影像幫你唸文章，有中文介面） |

https://www.d-id.com/

D-ID 是一個人工智慧（AI）公司，專注於保護個人數據和隱私。該公司的主要產品是一個自動化的數據身份模糊工具，可以防止人工智慧和機器學習算法對敏感數據進行辨識和追蹤。

D-ID 的身份模糊技術可以應用於各種場景，例如照片、視頻、視訊通話等。該技術可以有效地保護用戶的隱私，防止他們的臉部、眼睛、嘴巴等特徵被識別和追蹤。同時，該技術還可以確保敏感數據的安全性，例如護照號碼、銀行卡號碼、社會安全號碼等。

D-ID 的身份模糊技術基於深度學習算法，可以將圖像和視頻轉換為具有隱私保護功能的新圖像和視頻。該技術還可以根據用戶的需求進行自定義調整，例如調整模糊程度、模糊區域等。

此外，D-ID 還提供了一個開放的 API，使開發人員可以輕鬆地集成身份模糊技術到自己的應用程序中。該 API 還提供了一些附加功能，例如圖像增強、圖像旋轉等。

總之，D-ID 是一個專注於保護個人隱私和數據安全的人工智慧公司，其身份模糊技術可以防止敏感數據被識別和追蹤，並確保個人數據的隱私和安全。其開放的 API 還可以幫助開發人員輕鬆地集成身份模糊技術到自己的應用程序中，是一個非常有用的工具。

D-ID 也是一款文字轉視頻工具，能讓用戶簡單地創建和互動說話的虛擬形象，進而提高參與度並降低成本。

D-ID 是一個AI生成視頻創作平台，可以輕鬆快捷地從純文字創建高質量、高效且引人入勝的視頻。其 Creative Reality™ Studio 由 Stable Diffusion 和GPT-3驅動，無需任何技術知識即可輸出超過100種語言的視頻。

D-ID 的 Live Portrait 功能可以從單張照片創建視頻，Speaking Portrait 則提供文字或音訊的語音。其API經過數萬個視頻的訓練，能產生逼真的結果。

D-ID 已被領先的市場營銷代理商、製作公司和社交媒體平台用於創建精美的視頻，其成本只是傳統方法的一小部分，並已獲得 Digiday、SXSW 和 TechCrunch 的獎項。

## 3-45 bHuman（客製化 AI 影片）

https://app.bhuman.ai/

bHuman.ai 是一個基於人工智慧技術的視頻智能分析平台，旨在提高安防監控、工業自動化等行業中的效率和準確性。它的平台具有實時處理視頻、圖像分析、對象識別等功能，可應用於多種場景中，例如監控系統、智能交通、智能製造等。

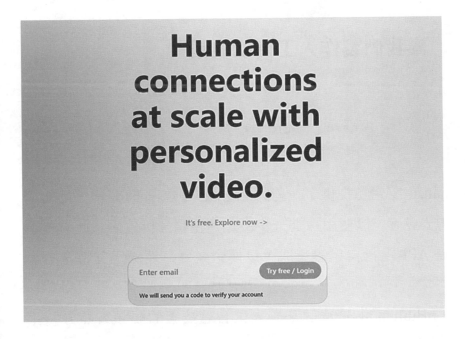

bHuman.ai 平台主要由三部分組成：視頻蒐集、視頻分析和報

告生成。在視頻蒐集方面,該平台支持多種攝像頭、監控設備等視頻輸入源,可以從各種角度收集視頻數據。在視頻分析方面,平台利用機器學習和深度學習等技術,對視頻進行智能分析,包括對象識別、事件檢測、行為分析等。在報告生成方面,平台可以自動生成各種報告,包括安全報告、生產報告、流量報告等。

bHuman.ai 平台還提供了一些附加功能,例如即時警報、行為建模、分析儀表板等,以便用戶進一步優化其視頻分析效果。此外,平台可以通過 API 進行自定義集成,以便企業更好地滿足其特定的需求。

總之,bHuman.ai 是一個基於人工智慧技術的視頻智能分析平台,可應用於多種場景中,包括安防監控、工業自動化等。該平台支

持多種攝像頭、監控設備等視頻輸入源，可以從各種角度收集視頻數據，並利用機器學習和深度學習等技術進行智能分析。其報告生成、即時警報、行為建模、分析儀表板等功能，可以幫助企業更好地滿足其特定需求。

# 3-46 剪映專業版（製作影片用）

https://www.capcut.cn/

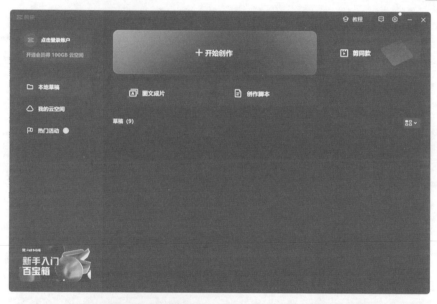

剪映是一款免費的視頻剪輯軟體，可在 Mac 和 Windows 電腦端或 iOS 和 Android 手機端上使用。剪映是由一家來自中國深圳的公司——字節跳動（Bytedance）所開發的，同時他們也是抖音（TikTok）的創辦者。剪映從裁剪到自動上字幕、自帶內建字卡和特效再到變速和濾鏡等功能都應有盡有，可以說是為自媒體創作。自 2021 年 2 月起，剪映支持在手機移動端、Pad 端、Mac 電腦、Windows 電腦全終端使用。除此之外，剪映還有多樣的濾鏡和美顏的效果，有豐富的曲庫資源。若是想更加了解剪映的基本功能，也可以觀看使用者拍攝的影片細節部分。

A 圖文成片

剪映的「圖文成片」功能太強大了，針對那些剛開始視頻創作的泛知識創作者。使用者只需將寫好的文字輸入，剪映就會自動根據文字內容生成相應的圖片和動畫，並且支持多種文字樣式和排版方式，讓創作者可以輕鬆製作專業的圖文視頻。這個功能不僅對於不會剪輯的圖文作者來說是福音，也讓擅長影片製作的人能夠更快速地製作高品質的圖文視頻。

## 3-47 Futurepedia（更多 AI 案例和工具）

https://www.futurepedia.io/

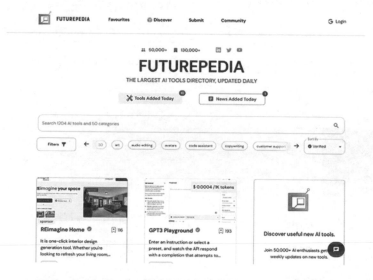

Futurepedia.io 集結了各種人工智能相關知識和應用案例，旨在提供關於人工智能的全面、易懂、實用的資訊，並分享人工智能的發展趨勢、影響和未來應用等的資訊。在網站上，能看到與人工智能相關的文章、新聞、論壇、研究報告和案例等資訊，包括自然語言處理、圖像識別、機器學習、深度學習、智能硬體、自動化等。網站還提供有關人工智能的工具和資源，例如開發框架、數據庫、API 等，方便對人工智能有興趣的人進行實踐和應用。

# AI人工智慧與
# 區塊鏈們

Artificial
Intelligence

## 4-1 人工智慧與加密貨幣

### 加密貨幣簡介

　　加密貨幣是一種數位資產，它使用加密技術來實現安全的交易和管理貨幣供應。加密貨幣通常是基於區塊鏈技術構建的，這種技術可以實現去中心化、不可篡改和匿名性等特性。

　　加密貨幣的工作原理是使用密碼學技術對交易進行加密和驗證，以確保交易的安全性和隱私性。每個加密貨幣的交易記錄都被保存在分散式帳本上，每個節點都可以驗證交易的真實性，從而保證交易的合法性和有效性。

　　目前，最著名的加密貨幣是比特幣（Bitcoin），它是由中本聰在2009年開發的第一個區塊鏈技術實現的加密貨幣。比特幣的交易和管理是通過區塊鏈技術來實現的，而比特幣的供應量是通過挖礦和演算法的方式來控制的。

　　除了比特幣之外，還有許多其他的加密貨幣，例如乙太坊（Ethereum）、萊特幣（Litecoin）等等。這些加密貨幣在技術和應用方面都有不同的特點和優勢，但它們都共同具有去中心化、安全性和匿名性等特點，使得加密貨幣成為了越來越多人關注的數位資產。

　　AI可以應用於加密貨幣的方向非常的多，如預測市場、加密貨幣的監管、防止詐騙、交易的自動化、調整交易策略、控制風險、節省加密貨幣的挖礦成本等等的應用。以下列出10點來討論人工智慧與加密貨幣之間的應用關係。

## 加密貨幣市場分析

　　人工智慧（AI）在加密貨幣市場分析方面已經成為一個不可或缺的工具。AI 可以快速處理大量資料，並識別模式和趨勢，從而使交易者做出更明智的投資決策。以下是如何使用 AI 進行加密貨幣市場分析的6個方法：

1 > **資料收集**：首先，需要收集大量的加密貨幣市場資料。這包括歷史價格、市場交易量、交易所的交易活動、社交媒體上的關注度等等。可以使用現成的API或爬蟲進行資料收集。

2 > **數據預處理：**由於從不同資料來源收集的資料可能存在不同的格式和品質，因此需要對資料進行預處理和清理。這將確保資料是一致的、準確的和可靠的。

3 > **資料分析：**利用AI技術進行資料分析。這包括使用機器學習演算法、資料採擷技術等等，對資料進行分類、聚類、預測等操作，以找出潛在的市場趨勢和投資機會。例如，可以使用聚類分析來識別與加密貨幣價格波動相關的因素。

4 > **自然語言處理：**許多關於加密貨幣市場的資訊是以自然語言形式發佈的，如新聞、社交媒體、博客文章等等。使用自然語言處理技術，可以將這些資訊轉換成結構化資料，並利用它們進行資料分析和預測。

5 > **情感分析：**在加密貨幣市場分析中，情感分析可以幫助了解市場參與者對某種加密貨幣的看法和情感。這將有助於預測市場的情緒和趨勢，幫助投資者做出更明智的決策。

6 > **預測和決策：**利用AI技術，對市場資料進行分析和預測，從而提供對未來市場趨勢的預測和建議。這可以讓交易者做出更好的投資決策，並在市場中獲得更大的收益。

使用人工智慧進行加密貨幣市場分析可以幫助投資者更好地理解市場趨勢、識別潛在的投資機會，並制定更明智的投資決策。

# 加密貨幣價格預測

　　加密貨幣的價格預測一直是加密貨幣市場中的一個關鍵問題。使用人工智慧技術可以更準確地預測加密貨幣價格的變化，以下是如何用人工智慧做加密貨幣價格預測的6個方法：

1. **資料收集**：首先，需要收集加密貨幣市場的歷史價格資料。這些資料可以從加密貨幣交易所或協力廠商資料提供商中獲取。還可以收集一些相關的資料，如加密貨幣的市場交易量、新聞報導、社交媒體評論等等。

2. **數據預處理**：由於收集的資料可能包含錯誤、雜訊和缺失值，因此需要對資料進行預處理和清理。這包括填充缺失值、去除異常值、平滑資料等等。

3. **特徵工程**：特徵工程是指將原始資料轉換為能夠輸入到機器學習演算法中的特徵向量。在加密貨幣價格預測中，可以使用一些技術來構建特徵，如技術指標、基本面分析、自然語言處理等等。

4. **模型選擇**：在選擇模型時，可以考慮使用一些經典的機器學習演算法，如線性回歸、支援向量機、決策樹等等。還可以使用一些深度學習模型，如迴圈神經網路（RNN）、長短期記憶網路（LSTM）等等。

5. **訓練模型**：將資料集分為訓練集和測試集，使用訓練集對模型進行訓練。在訓練過程中，需要對模型進行調整和優化，以提高預測精度。

6 **模型評估和預測**：使用測試集對模型進行評估，並對未來的加密貨幣價格進行預測。可以使用一些指標來評估模型的性能，如均方根誤差（RMSE）、平均絕對誤差（MAE）等等。

使用人工智慧技術進行加密貨幣價格預測可以幫助投資者更好地了解市場趨勢，制定更好的投資策略。但需要注意的是，任何預測都不是100%準確的，因此投資者需要謹慎評估風險並採取適當的風險管理策略。

## 加密貨幣投資組合的優化

基於人工智慧的投資組合優化技術可以幫助投資者優化他們的投資組合，從而最大限度地降低風險並提高收益。以下是一些用人工智慧來優化加密貨幣投資組合的6個方法：

1 **資料收集**：首先，需要收集有關加密貨幣市場的資料，包括每個加密貨幣的歷史價格、市值、波動性、流通量等資訊。此外，還可以收集一些相關的資料，如加密貨幣的新聞報導、社交媒體評論等等。

2 **數據預處理**：由於收集的資料可能包含錯誤、雜訊和缺失值，因此需要對資料進行預處理和清理。這包括填充缺失值、去除異常值、平滑資料等等。

3 **特徵工程**：特徵工程是指將原始資料轉換為能夠輸入到機器

學習演算法中的特徵向量。在加密貨幣投資組合中，可以使用一些技術來構建特徵，如技術指標、基本面分析、自然語言處理等等。

4 **模型選擇**：在選擇模型時，可以考慮使用一些經典的機器學習演算法，如聚類、分類、回歸等等。還可以使用一些深度學習模型，如神經網路、卷積神經網路等等。

5 **訓練模型**：將資料集分為訓練集和測試集，使用訓練集對模型進行訓練。在訓練過程中，需要對模型進行調整和優化，以提高預測精度。

6 **模型評估和優化**：使用測試集對模型進行評估，並對投資組合進行優化。可以使用一些指標來評估模型的性能，如收益率、風險、夏普比率等等。投資者可以通過調整投資組合的權重來最大化收益、最小化風險或平衡兩者。

使用人工智慧技術來優化加密貨幣投資組合可以讓投資者更好地管理風險和獲取更高的回報。但需要注意的是，任何投資都存在風險，投資者需要謹慎評估風險並採取適當的風險管理策略。

## 智能合約的自動化

智能合約是一種自動化的協議，可以在區塊鏈上實現各種交易和業務邏輯。使用人工智慧技術可以幫助實現智能合約的自動化，以下是一些實現智能合約自動化的5個方法：

1. **自然語言處理（NLP）**：使用自然語言處理技術，將合約文本轉換成結構化資料，使智能合約能夠理解和執行其中的條款和條件。

2. **智能合約範本**：設計和實現智能合約範本，可以將重複性的業務邏輯抽象出來，減少重複的編碼和測試工作。

3. **機器學習**：使用機器學習演算法，對智能合約進行自動化檢測和審核。例如，使用監督學習演算法訓練模型，檢測合約中的異常條款和條件，或者使用無監督學習演算法自動分類和審核智慧合約。

4. **自動化測試**：使用自動化測試工具，對智能合約進行全面的自動化測試，確保合約符合預期，並能夠在不同的環境下正常運行。

5. **智能合約優化**：使用資料分析和機器學習技術，對智能合約的性能進行優化。例如，通過合約的歷史資料分析，預測合約中的瓶頸和優化方案。

　　使用人工智慧技術可以幫助實現智能合約的自動化，提高智能合約的可靠性、安全性和效率。但需要注意的是，智能合約仍然需要根據特定業務需求進行設計和實現，投入充足的時間和精力，以確保智能合約的正確性和可靠性。

## 區塊鏈數據管理

區塊鏈是一種分佈式帳本技術，可以保護數據的安全性和完整性。但是，隨著區塊鏈數據的不斷成長和複雜性的提高，需要更有效的方法來管理這些數據。下面是使用人工智慧來進行區塊鏈數據管理的5個方法：

1. **數據分析：** 利用機器學習和數據挖掘技術對區塊鏈上的數據進行分析，挖掘出其中的關鍵資訊和隱藏的模式，以更好地理解數據和提供更好的決策支持。

2. **數據清理和處理：** 利用機器學習技術對區塊鏈數據進行清理和處理，從而更好地準確地提取出有用的數據資訊。

3. **預測分析：** 利用機器學習演算法對區塊鏈數據進行預測分析，預測未來可能出現的事件和趨勢。

4. **自動化監控：** 利用機器學習演算法對區塊鏈上的交易進行自動化監控，發現任何異常情況和可疑活動，從而及時地進行處理和應對。

5. **安全管理：** 利用機器學習和人工智慧技術進行區塊鏈的安全管理，包括入侵檢測、風險評估、安全性漏洞發現和修復等。

使用人工智慧技術可以提高區塊鏈數據的管理效率和準確性，從而更好地實現區塊鏈技術的應用和發展。但需要注意的是，區塊鏈數據的管理還需要根據具體的業務需求進行設計和實現，並且需要注意

保護數據的安全性和隱私性。

## 智能合約的應用

　　智能合約是基於區塊鏈技術實現的自動化合約，可以實現自動執行和自動化管理，並具有不可篡改、去中心化和可編程等特點。以下是一些使用人工智慧技術實現智能合約應用的3個方法：

**1** **自然語言處理：**使用自然語言處理技術將人類語言轉換為可執行的智能合約代碼。例如，可以使用自然語言處理技術將法律合同轉換為智能合約代碼，從而實現自動化執行和管理。

**2** **機器學習：**使用機器學習演算法對智能合約的執行情況進行監控和分析。例如，可以使用監督學習演算法監控智能合約的執行情況，發現和修正智能合約中的錯誤，從而提高智能合約的可靠性和效率。

**3** **智能合約的整合：**使用智能合約與其他人工智慧技術的整合，實現更加智慧化的應用。例如，可以將智能合約與機器學習演算法整合，實現自動化的風險評估和監控，從而實現更加安全和可靠的智能合約應用。

　　人工智慧技術可以在實現智能合約應用方面發揮重要作用。但需要注意的是，智能合約的應用需要考慮多種因素，包括法律、風險、安全等方面，人工智慧技術需要結合這些因素進行分析和應用，才能

實現更加智慧化和高效的智能合約應用。

## 加密貨幣的監管

加密貨幣的監管是一個相對新興的領域，由於其去中心化、匿名性等特點，傳統的監管方法可能不太適用。但是，隨著人工智慧技術的不斷發展，可以探索利用人工智慧技術來實現對加密貨幣的監管。以下是一些使用人工智慧進行加密貨幣監管的4個方法：

1. **監測交易**：利用機器學習和自然語言處理技術，對加密貨幣的交易進行監測，從而檢測可疑交易和洗錢行為，從而更好地保護投資者和社會公共安全。

2. **語音識別**：利用語音識別技術，對加密貨幣市場中的言論進行分析，從而檢測潛在的市場操縱行為或者虛假宣傳，幫助監管機構更好地理解市場動態和風險。

3. **預測市場**：利用機器學習演算法對加密貨幣市場進行預測，預測未來市場走勢和可能出現的事件，幫助監管機構制定更加有效的監管政策。

4. **識別加密貨幣資產**：利用人工智慧技術對加密貨幣資產進行識別，從而更好地追蹤其流通和使用情況，幫助監管機構有效管控風險。

使用人工智慧技術可以幫助監管機構更好地理解加密貨幣市場和風險，從而制定更加有效的監管政策。但需要注意的是，人工智慧演

算法和模型需要不斷地進行優化和更新，以應對市場的不斷變化和創新。同時，監管機構也需要繼續探索更好的監管方法和模式，以更好地應對加密貨幣等新興領域的挑戰。

# 加密貨幣的去中心化

加密貨幣的去中心化是其最重要的特點之一，它的實現需要許多技術手段，其中人工智慧技術也可以為此做出貢獻。以下是一些使用人工智慧技術實現加密貨幣去中心化的方法：

1. **分散式存儲**：使用分散式存儲技術，將加密貨幣的數據和交易資訊存儲在多個節點上，從而實現去中心化的數據管理。使用人工智慧技術對這些節點的存儲情況和運行狀態進行監測，可以更好地保護數據的安全性和可靠性。

2. **智能合約**：使用智能合約技術，將加密貨幣的交易行為和相應的條件嵌入到區塊鏈中，從而實現去中心化的自動化管理。利用人工智慧技術對智能合約的設計和運行進行分析和優化，可以更好地保護用戶的權益和實現公正和透明的交易。

3. **演算法共識**：使用演算法共識技術，通過分散式節點之間的共識機制，確定區塊鏈中的交易記錄和資訊的真實性和可靠性。利用人工智慧技術對演算法共識的設計和運行進行分析和優化，可以更好地提高共識的效率和可靠性，從而實現去中心化的區塊鏈管理。

人工智慧技術可以在分散式存儲、智能合約和演算法共識等方面為加密貨幣的去中心化做出貢獻。但需要注意的是，加密貨幣去中心化是一個相對複雜和長期的過程，需要多方面的技術手段和社會共識的支持，才能實現其真正的意義和價值。

## 加密貨幣的市場風險控制

　　加密貨幣的市場風險控制是一個很重要的問題，人工智慧技術可以用於評估和預測市場風險，並提供相應的風險控制策略。以下是一些使用人工智慧技術實現加密貨幣市場風險控制的3個方法：

1. **風險評估**：使用人工智慧技術對加密貨幣市場的趨勢、波動性和流動性進行分析，從而評估市場風險的程度。基於這種風險評估，可以制定相應的風險控制策略，包括分散投資、動態風險管理和對衝交易等。

2. **監測市場動態**：使用人工智慧技術對加密貨幣市場的動態進行監測，從而發現市場風險的變化和趨勢。通過分析和預測市場趨勢，可以及時調整投資策略和風險控制策略，以避免損失和減少風險。

3. **演算法交易**：使用人工智慧技術開發演算法交易系統，通過機器學習和深度學習等技術分析市場趨勢和交易信號，從而自動執行交易操作，減少人為因素對風險的影響。利用這種演算法交易系統，可以更有效地控制市場風險，提高交易效率和收益率。

人工智慧技術可以在風險評估、市場動態監測和演算法交易等方面為加密貨幣的市場風險控制做出貢獻。但需要注意的是，加密貨幣市場風險控制是一個相對複雜和長期的過程，需要多方面的技術手段和市場經驗的支持，才能實現風險控制的最佳效果。

## 加密貨幣的未來發展趨勢

人工智慧技術可以用於分析加密貨幣的市場趨勢和預測未來發展趨勢，以下是一些使用人工智慧技術分析加密貨幣未來發展趨勢的3個方法：

1. **機器學習**：使用機器學習演算法，通過對歷史加密貨幣價格和市場趨勢的分析，預測未來的市場趨勢。例如，可以使用支援向量機（SVM）、隨機森林（Random Forest）和深度神經網絡（Deep Neural Network）等機器學習演算法進行預測。

2. **自然語言處理**：使用自然語言處理技術，分析加密貨幣相關的新聞、網絡論壇和社交媒體上的資訊，從中提取關鍵詞、情感和意見，預測未來市場趨勢。例如，可以使用情感分析和主題建模等自然語言處理技術進行預測。

3. **智能合約**：使用智能合約技術，實現加密貨幣的自動化管理和交易，從而進一步預測未來市場趨勢。例如，可以利用智能合約實現對加密貨幣市場的監管和管理，從而獲得更多的市場數據和資訊，進一步優化預測模型和演算法。

人工智慧與加密貨幣總結：人工智慧技術可以在預測加密貨幣未來發展趨勢方面發揮重要作用。但需要注意的是，加密貨幣市場趨勢受到多種因素的影響，包括政治、經濟、社會和技術等方面，人工智慧技術需要結合這些因素進行分析和預測，才能取得更加準確的結果。

## 4-2　人工智慧與區塊鏈

### 區塊鏈簡介

　　區塊鏈（Blockchain）是一種去中心化的分散式帳本技術，其特點是具有安全、不可篡改、透明、公開等特點。區塊鏈的核心思想是將資料存儲在一個或多個塊中，並通過使用密碼學技術來確保資料的安全性和可信度。

　　區塊鏈的基本結構由許多塊（Block）組成，每個塊中存儲著一定數量的交易記錄。每個塊都有一個唯一的識別字（hash），同時也包含了前一個塊的識別字，這種連結方式就構成了一個鏈式結構，因此稱為「區塊鏈」。

　　區塊鏈的運作原理是通過不同的共識機制來保證交易記錄的可信度和整體網路的安全性，例如工作量證明（PoW）、權益證明（PoS）、委託權益證明（DPoS）等。每個參與者都可以在網路中進行交易，同時也可以充當節點，對交易記錄進行驗證和確認，這種去中心化的分散式網路可以有效地避免單點故障和被篡改的風險。

　　區塊鏈技術的應用範圍非常廣泛，包括數位貨幣、智能合約、資料隱私保護、供應鏈管理、電子投票、數位身份認證等領域。隨著區塊鏈技術的不斷發展和應用，它已經成為了一種具有革命性意義的新型基礎設施和商業模式。

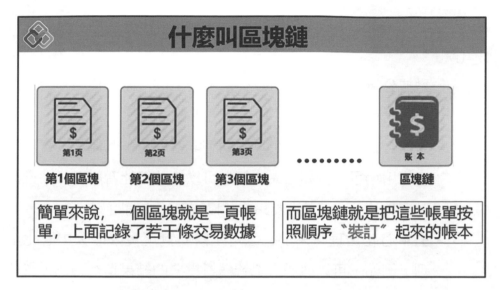

人工智慧和區塊鏈都是當今最熱門的技術領域之一，它們可以相互結合，產生更強大的效應，可以應用在許多領域。以下是人工智慧與區塊鏈之間的幾個關係：

## 智能合約

人工智慧（AI）和區塊鏈（Blockchain）是當前最受關注的技術之一，它們之間的關係也越來越密切。人工智慧和區塊鏈都是新興技術，它們的結合可以產生強大的效應。區塊鏈是一個分散式的數據庫，它可以實現安全、透明、不可篡改的數據交換。智能合約是區塊鏈技術的一個重要應用，它是一個自動執行的合約，可以實現去中心化的信任，降低交易成本。人工智慧是一種可以學習、推理、規劃和自我修正的技術。它可以從大量的數據中學習，進行預測、分析和決策。人工智慧在區塊鏈技術中的應用可以加速區塊鏈的發展，提高區

塊鏈的效率和可靠性。人工智慧和區塊鏈的結合可以在以下幾個方面發揮作用：

1. **數據分析：**人工智慧可以從區塊鏈上的大量數據中學習，進行預測和分析，幫助用戶做出更明智的投資決策。

2. **智能合約：**人工智慧可以幫助智能合約更加智能化，實現更多應用場景。例如，人工智慧可以協助智能合約在條件符合時自動執行，避免人為錯誤和慢速執行的問題。

3. **去中心化治理：**人工智慧可以幫助實現更好的去中心化治理。例如，可以通過人工智慧對投票的結果進行預測，幫助用戶做出更好的決策。

人工智慧和區塊鏈的結合可以為我們帶來更多的應用場景，提高區塊鏈的效率和可靠性，實現更好的去中心化治理，有望成為未來數字經濟的重要基礎技術。

## 數據分析

人工智慧和區塊鏈都是當今技術領域的熱門話題，它們各自有著獨特的特點和優勢。而在區塊鏈應用的過程中，數據的管理和分析也是一個重要的問題。人工智慧和區塊鏈都有著自己的數據管理方式，其中區塊鏈尤其注重數據的安全性和可信度，保障交易的透明性和不可篡改性。而人工智慧則注重從海量的數據中提取有價值的信息，為決策提供依據。在區塊鏈應用中，人工智慧可以幫助實現更加高效和

智能的數據管理和分析。例如，利用人工智慧的技術對區塊鏈上的數據進行預測和分析，可以更好地了解市場趨勢和風險，以此進行投資決策。同時，也可以進行智能合約的自動化，從而提高交易的效率和可靠性。

總之，人工智慧和區塊鏈在數據管理和分析方面有著很大的應用潛力，它們的結合可以幫助實現更加高效、智能和安全的數據管理。

## 安全和隱私保護

首先，在區塊鏈中，由於數據的不可篡改性和去中心化特點，使得區塊鏈成為一種安全的數據存儲和傳輸方式。而同時，由於數據的公開性，區塊鏈也具備一定的透明度和可追溯性。這些特點使得區塊鏈在金融、物流等領域得到廣泛應用。然而，在使用區塊鏈的過程中，也會面臨著隱私保護的問題。例如，一些區塊鏈上的數據可能包含個人隱私信息，如何在保護數據的同時保護隱私就成為了一個重要的問題。而在人工智慧方面，隨著深度學習等技術的發展，人工智慧也開始廣泛應用於各個領域。然而，由於人工智慧需要收集大量的數據進行訓練和優化，這就需要保障數據的安全和隱私。為了解決這些問題，人工智慧和區塊鏈也開始結合起來，從而實現更加安全和隱私保護的數據管理。例如，利用區塊鏈的去中心化特點保護數據的安全性，同時利用人工智慧的技術對數據進行加密和隱私保護，從而保障數據的安全和隱私。

總之，人工智慧和區塊鏈的結合在安全和隱私保護方面有著重要

的應用價值，充分利用它們的優勢可以實現更加安全和隱私保護的數據管理和應用。

## 自動化管理

人工智慧和區塊鏈技術都可以實現自動化管理，並且相互結合，從而實現更高效的自動化管理。其中，區塊鏈技術可以實現去中心化、不可修改的交易記錄，進行可信的交易驗證，並且智能合約可以實現自動執行的條件約束。人工智慧可以實現對大量數據的快速分析和處理，實現自動化的決策和管理，同時可以對智能合約的執行情況進行監控和預警。這樣的結合可以實現更高效、更安全、更可靠的自動化管理，應用在金融、物流、供應鏈等領域，有望實現更大的效益。在實際應用中，人工智慧和區塊鏈技術的結合可以實現以下幾個方面的自動化管理：

1. **數據管理自動化：**人工智慧可以對大量的區塊鏈交易數據進行分析和處理，自動提取關鍵信息，進行數據挖掘和預測，提高數據處理效率和準確性，從而實現區塊鏈的數據管理自動化。

2. **智能合約自動化：**區塊鏈上的智能合約可以自動執行，但是在執行過程中需要對合約的條件和執行情況進行監控和管理，以確保合約的正確執行。人工智慧可以實現對智能合約的監控和預警，自動化管理智能合約的執行。

3. **安全風險管理自動化：**區塊鏈技術可以實現去中心化、不可

修改的交易記錄，但是也存在一些安全風險。人工智慧可以實現對區塊鏈交易的風險預警和管理，自動化管理區塊鏈的安全風險。

人工智慧和區塊鏈技術的結合可以實現更高效、更安全、更可靠的自動化管理。在未來，這種結合還有很大的應用前景，可以應用在金融、物流、供應鏈等領域，實現更大的效益。

人工智慧和區塊鏈之間有著密不可分的關係，它們可以相互結合，產生更強大的效應，應用在許多領域，如金融、供應鏈管理、智慧城市等。這將帶來更多的機會和挑戰，需要不斷地進行研究和探索。

# 4-3 人工智慧與NFT（非同質化通證）

## NFT（非同質化通證）簡介

NFT（Non-Fungible Token，非同質化通證）是一種數位化的加密資產，它可以用於代表實物或數位資產的唯一性、獨特性和不可替代性。與傳統的加密貨幣不同，NFT不是代表一種貨幣或資產，而是代表一個獨特的數位化物品。NFT的創建和交易是基於區塊鏈技術的，通常是建立在乙太坊（Ethereum）這種智能合約平臺上的。每個NFT都有一個唯一的數位識別碼，該識別字記錄了NFT的所有權和交易歷史記錄。因此，NFT可以用於代表數位藝術品、音樂、視頻、遊戲道具、虛擬房地產等數位資產的所有權，它們的價值是由市場決定的。NFT的重要特點是它們的不可替代性和獨特性。相比於代表貨幣或其他資產的同質化代幣（如比特幣或乙太幣），NFT不能互換或交換，因為每個NFT都是獨一無二的，有著不同的歷史和價值。近年來，NFT在數位藝術市場上受到了廣泛的關注和應用。許多藝術家和收藏家將自己的數位藝術品轉化為NFT，並通過區塊鏈技術來證明其所有權和真實性。此外，NFT還被用於遊戲、音樂、電影等數位娛樂領域，為數位資產的所有權和交易提供了全新的可能性。

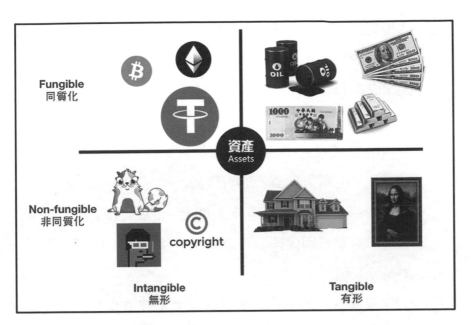

人工智慧和NFT非同質化代幣之間的關係在當前的區塊鏈和加密貨幣領域中引起了廣泛的關注。NFT是一種基於區塊鏈技術的數字資產，每一個NFT都是唯一的，可以用於代表藝術作品、音樂、遊戲道具等。而人工智慧技術可以幫助我們更好地管理、分析和鑒定NFT資產，提高其價值和流通性。具體來說，人工智慧技術可以應用在以下3個方面：

## NFT資產管理

人工智慧（AI）和非同質化代幣（NFT）資產管理是當今兩個熱門話題。人工智慧技術可以提高NFT資產管理的效率和精確度，而NFT資產可以用於儲存和交換人工智慧模型和數據集。以下是人工智慧和NFT資產管理的4個重點：

1. 人工智慧可以提高NFT資產管理的效率和精確度。AI技術可以用於自動標記、分類、檢查和驗證NFT資產，從而減少人工成本和時間。

2. NFT資產可以用於儲存和交換人工智慧模型和數據集。NFT可以用於代表AI模型或數據集，並且可以透過NFT市場進行交易，從而提高資產的可流動性。

3. NFT資產管理需要注意安全問題。由於NFT資產是基於區塊鏈技術的，因此需要注意安全風險，例如NFT被盜或資料遺失等問題。

4. NFT資產管理的法律和規範問題需要被重視。目前關於NFT的法律和規範尚不完善，因此需要制定更加完整和清晰的規範和法律框架。

　　總體而言，人工智慧和NFT資產管理都是當前非常熱門的話題。人工智慧可以提高NFT資產管理的效率和精確度，而NFT資產可以用於儲存和交換人工智慧模型和數據集。但是，在實踐中，需要注意安全和法律規範等問題。

## NFT資產價值評估

　　人工智慧和NFT資產都是新興領域，價值評估的方法和標準仍在發展中。以下是人工智慧和NFT資產價值評估的3個重點：

1. 人工智慧的價值評估可以考慮技術、商業和社會等因素。技

術因素包括算法、數據資源和計算能力等。商業因素包括市場規模、競爭格局和商業模式等。社會因素包括人工智慧的應用對社會和經濟的影響等。

2. NFT資產的價值評估可以考慮稀缺性、獨特性和需求等因素。稀缺性和獨特性是NFT資產價值的主要來源，需求是NFT資產價值的關鍵因素。

3. 在人工智慧和NFT資產的價值評估中，市場需求和投資者情感因素也需要被考慮。由於這兩個領域仍處於發展階段，市場需求和投資者情感因素可能會對價值評估產生重要影響。

總體而言，人工智慧和NFT資產價值評估的方法和標準仍在發展中。在評估價值時需要考慮技術、商業、社會、稀缺性、獨特性、需求、市場需求和投資者情感因素等多方面的因素。

## NFT資產鑒定

人工智慧（AI）和非同質化代幣（NFT）是兩個不同的領域，但它們之間存在著一些關聯。下面是人工智慧和NFT資產鑒定方面的3個重點：

1. 人工智慧可用於NFT鑒定和估值。由於NFT市場的不透明性和流動性問題，NFT的估值和鑒定變得很困難。AI技術可以採集、分析和解釋數據，為NFT的價值提供客觀的基礎。

2 AI可以用於NFT市場的自動化交易和智能合約的設計。NFT交易市場需要高度的流動性和自動化交易來保持市場運作的效率。AI可以幫助創建自動化的交易機制和智能合約，從而提高市場運作效率和安全性。

3 NFT可以用於存儲和管理AI模型和算法。NFT可以作為智能合約的載體，用於管理AI模型和算法，確保它們的安全和可追溯性。此外，NFT還可以用於追蹤和管理AI模型和算法的知識產權。

AI和NFT都是新興的技術，它們在很多方面可以相互補充。未來，隨著這兩個領域的發展，人們將會看到更多有趣的交集。

總的來說，人工智慧和NFT非同質化代幣之間的關係是緊密相連的。通過應用人工智慧技術，可以實現對NFT資產的更好管理、價值評估和鑒定。在未來，隨著區塊鏈和加密貨幣領域的發展，這種結合還將有更多的應用場景。

## 4-4 人工智慧與元宇宙

### 元宇宙簡介

　　元宇宙概念最開始由一本科技小說所提出，內容大致上講的是各個不同的虛擬平台能夠互相連結並互動。透過各種工具如物聯網、人工智慧 AI 等，將虛擬世界和現實世界整合。

　　簡單來說，元宇宙將各種我們所知的「虛擬世界和現實世界」的邊界給模糊了。舉例來說，你在使用的「臉書、Instagram、推特 Twitter、Line……等」各式各樣的平台。這些平台都是各自獨立運作的，你不能在臉書的好友分類中看到你的 Line 的好友、你也不能直接從 Line 傳訊息給推特的好友，都要在一樣的平台才能還好友聯繫。元宇宙的其中一個概念，就是將這些平台的界線給模糊，讓這些原本各自獨立的平台能夠互通連結。

　　元宇宙的四個特徵：顯示技術、區塊鏈、網路通訊、電子遊戲。

　　人工智慧和元宇宙是當前最受關注的兩個領域之一，它們在許多方面都有著密切的聯繫。下面是關於人工智慧和元宇宙的一些探討：

## 人工智慧可以為元宇宙提供更加真實的體驗

　　人工智慧（AI）可以為元宇宙提供更加真實的體驗，主要是通過以下4個方面實現的：

> 1　**智能交互**：人工智慧可以幫助設計更加智能化和真實的交互系統，這些系統可以讓用戶更好地體驗虛擬世界。例如，通過語音識別技術和自然語言處理技術，用戶可以使用自然的方式和虛擬場景進行交互，從而提高用戶體驗。

> 2　**虛擬代理人**：人工智慧可以創建虛擬代理人，這些代理人可以代表用戶在虛擬世界中進行互動。這些代理人可以通過深度學習和自主學習技術，模擬人類的行為和動作，從而讓用

戶更好地感受虛擬世界。

3 **智能補全**：人工智慧可以通過智能補全技術，填充虛擬世界中的空缺和缺陷，讓虛擬世界更加真實和完整。例如，通過機器學習和計算機圖形學技術，可以自動生成更加真實的地形和建築，從而提高虛擬世界的真實感。

4 **自動化設計**：人工智慧可以幫助自動化虛擬世界的設計和創建，這可以大大提高效率和節省成本。例如，通過生成對抗網絡（GAN）技術，可以自動生成大量的虛擬場景和角色，從而提高虛擬世界的多樣性和豐富性。

人工智慧可以幫助元宇宙創建更加真實的體驗，從而提高用戶對虛擬世界的投入和參與。這些技術的應用可以讓元宇宙更加豐富和多樣化，吸引更多的用戶參與其中。

## 元宇宙能為人工智慧提供更豐富的數據和環境

元宇宙可以為人工智慧提供更豐富的數據和環境，主要體現在以下4個方面：

1 **多元化的場景**：元宇宙是一個虛擬的多元化世界，這裡有各式各樣的場景和環境。這些場景可以讓人工智慧學習到不同的情況和條件，從而提高其對現實世界的理解和應用能力。

2 **大量的虛擬對象**：元宇宙中有大量的虛擬對象，如建築、交通工具、動物、植物等。這些對象可以提供大量的數據，用

於訓練和優化人工智慧模型。同時，通過這些虛擬對象的交
互，人工智慧可以學習到更加多樣化的行為和動作。

3　**大量的用戶數據：**元宇宙中的用戶可以在虛擬世界中進行互
　　動和交流，這產生了大量的用戶數據。這些數據可以用於訓
　　練和優化人工智慧模型，從而提高其對用戶行為和偏好的理
　　解和預測能力。

4　**豐富的虛擬社交網絡：**元宇宙中的虛擬社交網絡可以提供大
　　量的社交數據，用於訓練和優化人工智慧模型。通過分析這
　　些數據，人工智慧可以更好地理解人類的行為和心理，從而
　　提高其對現實世界的應用能力。

　　元宇宙可以為人工智慧提供更豐富的數據和環境，從而提高其學
習和應用能力。這種互動和交流可以讓人工智慧更好地了解人類的需
求和行為，從而更好地為人類服務。

## 人工智慧可以為元宇宙提供更好的管理和治理

　　人工智慧可以為元宇宙提供更好的管理和治理，主要體現在以下
4個方面：

1　**自動化管理：**元宇宙是一個龐大的虛擬網絡，需要管理者進
　　行各種維護和管理。人工智慧可以通過自動化管理來幫助管
　　理者更有效地控制和管理元宇宙，例如通過自動監控，自動
　　警報和自動調整等方式，使得管理更加高效和即時。

2 ▶ **安全管理：** 元宇宙中有大量的用戶和交易，需要保障其安全。人工智慧可以通過智能安全檢測、漏洞掃描和攻擊預警等手段，加強對元宇宙的安全監控和保護，減少安全風險。

3 ▶ **資源優化：** 元宇宙的運營需要大量的資源，人工智慧可以通過智能化的資源優化，將資源使用率提高到最優，從而使得元宇宙的運營成本和效率更高。

4 ▶ **統計分析：** 人工智慧可以對元宇宙中的大量數據進行分析和統計，從而提高元宇宙的管理和治理水平。例如，通過分析用戶的使用行為和熱門內容，可以制定更好的運營策略，提高用戶體驗和滿意度。

人工智慧可以通過自動化管理、安全管理、資源優化和統計分析等方式，提高元宇宙的管理和治理水平，為元宇宙的運營和發展提供強有力的支持。

## 人工智慧在元宇宙的 AIGC（人工智慧生成內容）

元宇宙是一種虛擬實境的概念，它將人工智慧、區塊鏈、虛擬實境、物聯網等技術結合在一起，創建出一個更加開放、協作、共用的數字世界。在元宇宙中，人們可以使用虛擬實境技術來進行各種活動，例如社交、工作、學習、娛樂等。人工智慧生成內容（AI-generated content）可以用於元宇宙中的許多應用，例如：

### 🧭 1. 自動化創造虛擬世界

　　AIGC是人工智慧在遊戲中的應用，它可以使遊戲更加智慧化、自我調整和互動化。在元宇宙中，AIGC可以被用來自動化創造虛擬世界，具體而言，可以使用以下方法：

◎ **生成地形**：可以使用人工智慧生成演算法，自動生成虛擬世界的地形。這些演算法可以根據特定的參數和規則，自動生成山脈、河流、湖泊等地形特徵，從而形成一個獨特的虛擬環境。

◎ **自動建築**：可以使用機器學習演算法和電腦圖形學技術，自動創建虛擬世界中的建築和構造物。這些演算法可以根據特定的風格、主題和規則，自動生成各種建築、城市、庭院等場景。

◎ **自動化任務生成**：可以使用機器學習演算法和遊戲引擎，自動生成虛擬世界中的任務和挑戰。這些演算法可以根據遊戲玩家的即時行為，自動化生成各種任務和挑戰，提供更多的遊戲玩法和體驗。

◎ **自動適應性調整**：可以使用機器學習演算法和遊戲引擎，自動適應虛擬世界中的環境和場景。這些演算法可以根據遊戲玩家的即時行為，自動調整虛擬世界中的難度、音效、光影等環境因素，提供更加逼真的遊戲體驗。

　　AIGC可以通過機器學習演算法、電腦圖形學技術、遊戲引擎等多種技術手段，自動化創造虛擬世界。這樣的自動化生成方式可以減輕遊戲開發者的工作量，提高遊戲的豐富度和可玩性，同時也可以讓

遊戲玩家更快地進入遊戲，享受更加沉浸的遊戲體驗。

## 2. 個性化體驗

AIGC 可以通過機器學習演算法、自然語言處理技術、人機交互技術等多種技術手段，實現個性化體驗。以下是一些可能的方法：

◎ **個性化任務生成**：通過分析遊戲玩家的遊戲行為和遊戲偏好，AIGC 可以生成針對不同玩家的個性化任務和挑戰，讓遊戲玩家體驗到獨特的遊戲樂趣。

◎ **智能引導**：AIGC 可以通過分析遊戲玩家的遊戲行為和遊戲資料，為遊戲玩家提供智慧引導和提示，幫助他們更快地進入遊戲，更好地掌握遊戲規則和技巧。

◎ **個性化音效和光影**：AIGC 可以根據遊戲玩家的遊戲偏好和遊戲行為，自動調整虛擬世界中的音效和光影效果，提供更加逼真的遊戲體驗。

◎ **智能互動**：AIGC 可以通過自然語言處理技術和人機交互技術，實現與遊戲玩家的智慧互動，為遊戲玩家提供個性化的遊戲體驗和更好的遊戲參與感。

◎ **個性化推薦**：AIGC 可以通過分析遊戲玩家的遊戲偏好和遊戲歷史記錄，為遊戲玩家推薦個性化的遊戲內容和遊戲道具，提高遊戲玩家的滿意度和遊戲體驗。

AIGC 可以通過機器學習演算法、自然語言處理技術、人機交互

技術等多種技術手段，實現個性化體驗。這樣的個性化體驗可以提高遊戲玩家的滿意度和遊戲體驗，從而增強遊戲的吸引力和可玩性。

### 3. 增強虛擬角色的表現力

AIGC可以通過以下幾個方面來增強虛擬角色的表現力：

◎ **情感表現**：AIGC可以通過情感識別技術，讓虛擬角色能夠在遊戲中表現出各種情感狀態，如快樂、憤怒、悲傷等，從而讓玩家更加身臨其境地體驗遊戲情節。

◎ **語音表現**：AIGC可以通過自然語言處理技術和語音合成技術，讓虛擬角色具備更加自然流暢的語音表現能力。這樣，玩家與虛擬角色的對話交流會更加生動、有趣。

◎ **動作表現**：AIGC可以通過動作捕捉技術，讓虛擬角色的動作表現更加自然流暢，並且可以即時地根據玩家的動作做出反應，增強角色互動的真實感。

◎ **人格特質**：AIGC可以為虛擬角色設定不同的人格特質，讓角色在遊戲中表現出不同的性格特徵和行為方式，增加角色的個性魅力和遊戲的可玩性。

◎ **聯動表現**：AIGC可以通過與其他系統的聯動，讓虛擬角色在遊戲中表現出更加豐富的行為表現，如利用社交網路資料增加角色的社交行為、利用雲計算資料提高角色的智慧表現等。

AIGC可以通過情感識別技術、自然語言處理技術、動作捕捉技

術、人格特質設定和系統聯動等多種技術手段，增強虛擬角色的表現力，提升遊戲的娛樂性和可玩性，從而吸引更多玩家。

總之人工智慧生成內容可以在元宇宙中的許多應用中發揮重要作用，從而提高虛擬體驗的品質、豐富度和個性化。同時，這也為遊戲開發者和用戶提供了更多的自由和創造力。

## 元宇宙可以推動人工智慧的發展

元宇宙可以推動人工智慧的發展，主要體現在以下4個方面：

1. **資料收集**：元宇宙是一個龐大的虛擬空間，充滿了各種數據和信息。這些數據和信息可以作為訓練人工智慧模型的數據來源。例如，通過分析用戶在元宇宙中的行為和互動，可以得到更加全面和精確的用戶行為數據，用於訓練智能化的推薦算法。

2. **創新應用**：元宇宙的虛擬空間可以提供一個實驗場地，讓人工智慧開發人員可以在這個虛擬空間中測試和驗證新的應用。例如，可以在元宇宙中設置虛擬醫院，用於訓練人工智慧醫療診斷模型，從而推進醫療人工智慧的發展。

3. **多元化應用**：元宇宙可以支持多種類型的應用，如虛擬現實、增強現實等。這些應用的實現都需要人工智慧技術的支持。例如，在虛擬現實中，可以使用人工智慧技術實現更加智能化的交互和控制，提高虛擬現實的使用體驗。

4. **智能化服務**：元宇宙中有大量的用戶和內容，需要智能化的

服務來提供更好的用戶體驗。人工智慧可以通過智能化的推薦、智能對話等方式，提供更加個性化、智能化的服務。例如，可以在元宇宙中實現智能客服機器人，提供更加快速和高效的服務。

元宇宙可以通過提供數據和資源、創新應用、多元化應用和智能化服務等方式，推動人工智慧的發展，為智能化時代的到來奠定基礎。

人工智慧與元宇宙總結：人工智慧和元宇宙之間有著密切的聯繫，它們可以相互補充，推動彼此的發展。未來，這兩個領域將會有更多的交集和合作。

## 4-5　人工智慧與 Web 3.0

## Web 3.0簡介

Web 3.0（也稱為 Web3） 是高度依賴機器學習、人工智慧（AI） 和區塊鏈技術的新一代網際網路技術。該術語由 Polkadot 的創辦人和以太坊的聯合創辦人 Gavin Wood 創建。雖然 Web 2.0 專注於託管在中心化網站上的用戶建立的內容，但 Web 3.0 將讓用戶能夠更好地控制其線上資料。

該運動旨在建立開放、互聯、智慧型網站和 Web 應用程式，並改善以機器為基礎的資料理解。去中心化和數位經濟在 Web 3.0 中也發揮著重要作用，因為它們讓我們能夠為網路上建立的內容賦予價值。此外，務必要了解 Web 3.0 是一個不斷變化的概念。沒有單一的定義，其確切含義可能因人而異。

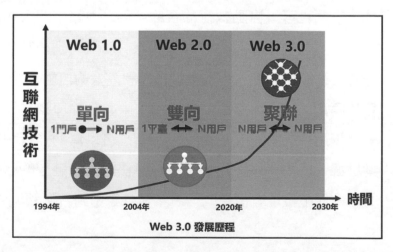

Web 3.0 發展歷程

Web 3.0是一個新一代的互聯網，它將基於區塊鏈技術，並且實現了更加去中心化、更加安全、更加開放和互聯互通的互聯網。人工智慧和Web 3.0之間的關係可以從以下4個方面來探討：

## 去中心化

Web 3.0將建立在區塊鏈技術之上，可以實現去中心化的網絡架構，而人工智慧可以幫助實現去中心化的決策和管理。例如，可以使用人工智慧算法來訓練智能合約，使其可以自動化地完成交易、管理數據等操作。我們可以從以下4個方面來描述：

1. **去中心化**：Web 3.0是一個基於區塊鏈技術的去中心化互聯網，它提供分散式數據存儲和管理，去除中心化的權力機構，讓用戶可以更加自由地使用和管理自己的數據。人工智慧可以幫助實現去中心化的決策和管理，例如可以使用人工智慧算法訓練智能合約，實現自動化的交易和管理。

2. **智能合約**：Web 3.0的區塊鏈技術可以實現智能合約等功能，它們是可以自動執行的合約，可以消除中間人和風險，使交易更加快速和可靠。人工智慧可以幫助訓練智能合約，提高其智能化程度，實現更加精確和高效的自動化管理。

3. **數據應用**：Web 3.0提供數據的去中心化管理和交換，還能夠保護用戶的隱私和安全。人工智慧可以幫助分析和應用這些數據，例如可以使用人工智慧算法對區塊鏈上的數據進行分析，從中發現有價值的信息，並且應用到各個領域中。

4　**創新應用**：Web 3.0和人工智慧的結合，也將帶來更多的創新應用，例如可以使用人工智慧算法對區塊鏈上的數據進行分析，預測未來的趨勢和發展方向，並且為企業和個人提供更加精準的決策支持。

人工智慧和去中心化的Web 3.0之間有很多交集和互相促進的作用，可以讓互聯網更加安全、高效、智能化，並且帶來更多的創新應用。

## 安全性

Web 3.0的區塊鏈技術可以提供更高的安全性，並且可以實現智能合約等功能，而人工智慧可以幫助監測和檢測安全問題。例如，可以使用人工智慧算法對區塊鏈上的交易和數據進行監控，及時發現和應對安全風險。人工智慧和Web 3.0的區塊鏈技術可以提供更高的安全性，是因為它們都有3個優點：

1　**去中心化**：區塊鏈技術的本質是去中心化，沒有一個中心化的管理機構來控制資料和交易。這樣可以降低黑客入侵的風險，因為黑客需要攻擊整個區塊鏈網路才能改變交易或資料。同樣地，人工智慧也可以運行在去中心化的系統上，讓模型能夠在多個節點上運行，提高安全性。

2　**加密技術**：區塊鏈技術使用了多種加密技術，如公開密鑰加密和散列函數等，這樣可以確保交易和資料的安全性。同樣

地，人工智慧也可以使用加密技術，如同態加密，保護敏感數據的隱私性。

3 **智能合約**：區塊鏈技術中的智能合約可以幫助建立可信賴的交易，這些交易是自動執行的，可以減少人為失誤的風險。同樣地，人工智慧也可以使用智能合約，讓系統自動執行操作，減少人為干預的風險。

總的來說，人工智慧和 Web 3.0 的區塊鏈技術可以提供更高的安全性，因為它們都使用了多種技術來保護數據和交易的安全性，同時也可以減少人為失誤的風險。

## 數據應用

Web 3.0 的區塊鏈技術可以實現數據的去中心化管理和交換，而人工智慧可以幫助分析和應用這些數據。例如，可以使用人工智慧算法對區塊鏈上的數據進行分析，從中發現有價值的信息，並且應用到各個領域中。而人工智慧和 Web 3.0 的數據應用可以讓數據變得更加有用和可靠，具體來說，有以下 4 個優點：

1 **增加數據價值**：人工智慧可以通過分析大量數據，提取出有用的信息和模式，使得數據變得更有價值。Web 3.0 的區塊鏈技術也可以幫助數據成為可信賴的資產，使得更多的人可以使用和分享這些數據。

2 **提高數據可靠性**：區塊鏈技術可以確保數據的不可篡改性和

可追溯性，這使得數據更加可靠。同時，人工智慧也可以通過機器學習和深度學習等技術，消除數據中的噪聲和錯誤，提高數據的可靠性。

3　**增強數據隱私**：Web 3.0的區塊鏈技術可以使用加密技術保護數據的隱私性，而人工智慧可以使用同態加密等技術，讓多方在不共享原始數據的情況下進行計算和分析，保護數據隱私。

4　**提升數據安全**：Web 3.0的區塊鏈技術可以提高數據的安全性，通過去中心化的系統，使得黑客難以攻擊整個系統。同時，人工智慧可以使用機器學習和自然語言處理等技術，自動檢測和預防數據安全風險。

　　人工智慧和Web 3.0的數據應用可以讓數據變得更加有用和可靠，同時也可以保護數據隱私和安全。這些優點可以為數據的應用帶來更多的價值和可能性。

## 智能化應用

　　Web 3.0的區塊鏈技術可以實現智能合約等功能，而人工智慧可以幫助實現智能化的應用。例如，可以使用人工智慧算法訓練智能合約，使其可以自動化地完成交易、管理數據等操作。人工智慧和Web 3.0的智能化應用可以讓我們更好地利用分散式網絡和數據來實現更高效、更智能的應用，具體來說，有以下4點：

1 > **自動化決策**：人工智慧可以通過機器學習和深度學習等技術，分析數據和模式，以自動化的方式做出決策。在 Web 3.0 的分散式網絡中，智能合約可以自動執行，從而實現自動化決策。

2 > **智能合約**：智能合約是一種基於區塊鏈技術的智能化合約，可以自動執行、監測和執行條款，而無需第三方介入。智能合約可以在 Web 3.0 的分散式網絡中實現自動化和可信的交易和運營。

3 > **分布式人工智慧**：Web 3.0 的分散式網絡可以實現分布式人工智慧，即讓多個設備和節點共同參與數據處理和分析，從而實現更高效的人工智慧應用。分布式人工智慧可以通過區塊鏈技術確保數據的安全性和可靠性。

4 > **數據市場**：Web 3.0 的分散式網絡可以實現去中心化的數據市場，讓數據供應商和數據需求方直接進行交易，從而實現更高效的數據流通和價值轉化。人工智慧可以通過分析和處理大量數據，幫助數據供應商和需求方做出更好的決策。

　　人工智慧和 Web 3.0 的智能化應用可以實現更高效、更智能、更安全的應用，從而為用戶帶來更多的價值和便利。這些技術的發展也將推動數字經濟的快速發展。

　　人工智慧與 Web 3.0 總結：人工智慧和 Web 3.0 之間有很多關聯，可以通過人工智慧技術實現 Web 3.0 的一些功能，同時也可以通過 Web 3.0 提供的數據和安全環境，推動人工智慧的應用和發展。

## 4-6　人工智慧與DAO（去中心化自治組織）

### DAO簡介

簡單來說，DAO是一個由電腦代碼及程式所管理的組織。因此，它能自主運作，而無需中央機構介入。透過使用智能合約，DAO可以處理外部資料並根據這些資料執行命令，而這一切都無需任何人為干預。DAO通常由某個利害關係人社群營運，而這些利害關係人以某種代幣機制作為獎勵。

DAO的規則和交易記錄公開儲存在區塊鏈上。規則一般由利害關係人投票決定。通常DAO中進行決策的方式是提案，如果提案獲多數利害關係人投票通過（或滿足網路共識規則中的一些其他規則），接著便會實施提案。從某方面來看，DAO的運作方式類似於公司或民族國家，但以更去中心化的方式運作。雖然傳統組織採用階級結構及多層官僚體系的形式，但DAO並沒有階級制度。相反，DAO採用的經濟機制將組織利益與其成員利益相結合，常見的方式是透過使用博弈論。DAO的成員不受任何正式合約的約束。他們因為共同的目標以及與共識規則關聯的網路獎勵而捆綁在一起。這些規則完全公開，並編寫進管理組織的開源軟體中。由於DAO的運作無國界，因此它們可能會受不同的法律所管轄。DAO為開放協作提供了一個操作系統。這個操作系統允許個人和機構進行協作，而無需互相了解或信任。

　　人工智慧和DAO是目前在區塊鏈和加密貨幣領域中越來越受到關注的兩大技術和概念。人工智慧可以幫助DAO實現更高效的管理和自治，而DAO又可以通過人工智慧實現更加智能化的運營和管理。目前的DAO主要通過投票和代表制度來進行決策和管理，但這種方式有可能出現代表人數不足、代表利益不對等等問題。而人工智慧可以通過機器學習和深度學習等技術，從DAO內部和外部收集和分析大量數據，從而幫助DAO做出更好的決策和管理。值得注意的是，人工智慧和DAO的結合也帶來了一些風險和挑戰。例如，人工智慧的運作需要大量的數據，而這些數據的安全性和可信性需要得到保障。同時，DAO的分散化結構也帶來了協調和治理方面的挑戰。因此，如何在保障數據安全和可信的前提下，讓DAO和人工智慧實現更好的結合和互動，是未來需要繼續探討和解決的問題之一。以下是人工智慧與DAO去中心化自治組織）的5點探討：

## 智能化決策

人工智慧和DAO的結合可以實現更加智能化的決策。在DAO中，智能化決策可以通過機器學習、深度學習、自然語言處理等技術實現。具體地說，智能化決策的實現需要3個步驟：

◎ **步驟1、數據收集和清洗**：DAO需要收集和清洗各種內部和外部數據，包括交易數據、用戶數據、市場數據、社交媒體數據等，並且將這些數據轉化為可以被機器學習模型理解和處理的格式。

◎ **步驟2、模型訓練和優化**：DAO可以通過機器學習和深度學習等技術，訓練出能夠自動學習和優化的模型。這些模型可以根據數據的特徵和模式，預測未來的趨勢和變化，並且自動調整參數，優化模型效果。

◎ **步驟3、智能化決策**：DAO可以根據模型的預測和優化結果，自動化地做出決策。具體地說，DAO可以通過智能合約等技術，設置決策條件和規則，並且根據模型的預測和優化結果，自動化地做出決策。

智能化決策的優點在於能夠提高決策的效率和準確性。同時，智能化決策也能夠減少人為的主觀判斷和誤判，從而提高決策的客觀性和公正性。需要注意的是，智能化決策仍然存在著些挑戰和風險，例如數據品質和可信性的問題，以及模型訓練和優化的問題等。因此，在實現智能化決策的過程中，需要注意這些問題，並且不斷優化

和改進技術和治理機制。

## 自動化執行

　　人工智慧與DAO的結合可以實現自動化執行。在DAO中，自動化執行可以通過智能合約和自動化程序等技術實現。具體地說，自動化執行的實現需要以下3步驟：

◎ **步驟1、設計智能合約：**智能合約是一種自動化執行的計算代碼，可以實現多種自動化操作。在DAO中，智能合約可以根據DAO成員的投票結果，自動執行相應的操作，例如轉賬、發行代幣、更新DAO規則等。

◎ **步驟2、創建自動化程序：**自動化程序可以實現DAO操作的自動化執行。在DAO中，自動化程序可以使用人工智慧和機器學習等技術，自動監控市場變化和DAO成員的投票情況，並且自動調整策略和決策，以實現更好的投資和管理效果。

◎ **步驟3、設置觸發條件：**自動化執行需要設置觸發條件，以便智能合約和自動化程序可以自動化地執行操作。觸發條件可以是特定的時間、特定的價格變化、特定的投票結果等。

　　自動化執行的優點在於能夠提高DAO操作的效率和速度，同時減少人為的干預和錯誤。自動化執行還能夠提高DAO的透明度和公正性，因為所有的操作都是在智能合約的規則下自動執行，不會受到人為的影響。需要注意的是，自動化執行仍然存在著一些風險和挑戰，

例如智能合約的漏洞和風險，自動化程序的效果和可靠性等。因此，在實現自動化執行的過程中，需要注意這些問題，並且不斷優化和改進技術和治理機制。

## 數據處理和分析

人工智慧和DAO的結合可以實現更加高效和精確的數據處理和分析。具體地說，人工智慧和DAO可以通過以下3種方式實現數據處理和分析：

◎ **方式1、數據收集**：人工智慧和DAO可以通過智能合約、區塊鏈等技術實現數據的收集。通過數據收集，可以獲取更加準確和全面的市場和行業信息，進一步優化和改進DAO的決策和投資策略。

◎ **方式2、數據分析**：通過機器學習、人工智慧等技術，可以對收集到的數據進行分析和處理，為DAO成員提供更加準確和全面的數據支持。例如，可以通過人工智慧技術預測市場趨勢和價格波動，幫助DAO成員制定更加科學和有效的投資策略。

◎ **方式3、數據共享**：在DAO中，數據共享是非常重要的。通過數據共享，可以使得DAO成員獲取更多的信息和數據支持，進一步優化DAO的決策和投資策略。同時，數據共享也可以促進DAO成員之間的合作和交流，共同推動DAO的發展和創新。

需要注意的是，在數據處理和分析的過程中，需要注意保護個人
隱私和數據安全，避免數據洩漏和濫用。因此，在實現數據處理和
分析的過程中，需要建立健全的數據治理機制和隱私保護機制，保護
DAO成員的權益和利益。

## 智能化投票

人工智慧和DAO的結合可以實現更加高效和智能的投票機制。具
體地說，人工智慧和DAO可以通過以下3種方式實現智能化投票：

◎ **方式1、選舉機制：** 人工智慧可以幫助DAO設計更加科學和
公正的選舉機制。通過數據分析和預測，人工智慧可以幫助
DAO成員確定最佳的選舉機制，從而選出最有能力和最符合
理想的候選人。

◎ **方式2、投票機制：** 在DAO中，投票機制是非常重要的。人
工智慧可以通過智能合約等技術實現智能化投票機制，從而使
投票過程更加公正和高效。例如，可以通過智能合約實現自動
化投票和投票結果確認等功能，提高投票的效率和精確度。

◎ **方式3、智能分析：** 通過機器學習、自然語言處理等技術，人
工智慧可以對投票數據進行智能分析，從而提供更加準確和全
面的投票結果和分析報告。例如，可以通過人工智慧技術分析
投票過程中的不正常操作和欺詐行為，提高投票的公正性和可
信度。

需要注意的是，在實現智能化投票的過程中，需要注意保護投票者的隱私和投票結果的安全性。因此，在實現智能化投票的過程中，需要建立健全的數據治理機制和隱私保護機制，確保投票過程的公正性和可信度。

# 去中心化治理

　　人工智慧和DAO的結合可以實現更加去中心化的治理機制，從而保證DAO的公正性和透明度。具體地說，人工智慧和DAO可以通過以下4種方式實現去中心化治理：

◎ **方式1、智能合約**：智慧合約是乙太坊等區塊鏈技術的核心，也是實現去中心化治理的重要手段之一。通過智慧合約，可以實現多方參與、自動化執行和不可篡改等特性，從而實現更加公正和透明的去中心化治理。

◎ **方式2、資料分析**：人工智慧可以通過大資料分析、機器學習等技術對DAO的資料進行智慧分析，從而幫助DAO成員更好地理解和決策。例如，可以通過人工智慧技術對DAO成員的投票、意見等資料進行分析，從而更好地把握DAO成員的思想動態，為DAO的決策提供支援。

◎ **方式3、去中心化決策**：在DAO中，成員的決策是基於共識演算法和投票機制等實現的。人工智慧可以通過提供更加公正、客觀和科學的決策支持，幫助DAO成員做出更加明智的決策。例如，可以通過人工智慧技術分析相關的資料和市場情

況，為DAO成員提供決策支援和參考意見。

◎ **方式4、社區參與：**去中心化治理的一個重要特點是社區參與。人工智慧可以通過社交網路、線上調查等方式，促進DAO成員之間的交流和互動，從而提高社區的參與度和治理效能。

　　需要注意的是，在實現去中心化治理的過程中，需要注意保護使用者隱私和資料安全，建立健全的治理機制和監管機制，確保DAO的公正性和可持續性。

　　人工智慧和 DAO 的結合仍然存在著一些挑戰和風險，例如數據安全和可信性的問題，以及 DAO 的治理和協調問題等。因此，在探索和應用人工智慧和 DAO 的過程中，需要密切關注這些問題，並不斷優化和改進技術和治理機制。

# 如何善用AI賦能自我

Artificial
Intelligence

## 5-1　AI最佳的賦能是「決策」

　　現在開始的世代只有數據會不斷的快速增加，數據就是決策最好的分析依據，而且AI在這方面是完全得心應手，所以AI在賦能決策方面絕對是最佳的輔助工具。

## AI協助決策的方式

### 數據分析和預測

　　AI可以利用數據分析和預測技術，協助決策者做出更加精確和明智的決策。以下是AI協助決策的方式：

◎ **數據收集**：AI可以自動收集大量的數據，包括文本、圖像、視頻、聲音等，並進行結構化處理，使其可以進行分析和預測。

◎ **數據分析**：AI可以使用各種算法對數據進行分析，例如聚類、關聯規則、回歸分析等。透過分析，AI可以發現數據中的模式和趨勢，並把這些信息轉化為對決策的建議。

◎ **預測模型**：AI可以建立預測模型，利用歷史數據和現有的信息，預測未來的趨勢和發展方向。例如，AI可以根據銷售數據預測下一個月的銷售額，或根據客戶數據預測客戶的購買行為。

◎ **決策支持**：基於分析和預測的結果，AI可以提供決策建議和支持，幫助決策者做出更加明智的決策。例如，AI可以推薦最佳的產品定價策略，或提供最佳的市場進入策略。

AI在數據分析和預測方面具有強大的能力，可以幫助決策者做出更加精確和明智的決策，並提高決策的效率和效果。

## 自動化決策自動化決策自動化決策

自動化決策是指AI能夠自動識別、解決一些簡單的問題，或者根據一定的規則進行自動化的決策，從而節省人力和時間成本。以下是AI自動化決策的方式：

◎ **自動問答**：AI可以通過自然語言處理技術識別用戶的問題，並自動給出答案或解決方案。例如，在客服系統中，AI可以自動回答一些常見問題，從而節省客服人員的時間。

◎ **自動調整**：AI可以根據數據和參數自動調整某些系統或產品的設置。例如，在工廠中，AI可以根據生產線的實際情況，自動調整機器的運行速度和參數，以達到最佳的生產效率。

◎ **自動化決策**：AI可以根據預先設定的規則或模型，自動做出決策。例如，在交通管理中，AI可以根據實時的交通流量和情況，自動調整交通信號，以達到最佳的交通流動效果。

◎ **自主學習**：AI還可以通過機器學習技術，自主學習和優化決策，不斷提高自身的智能水平和決策能力。

總之，自動化決策是 AI 在賦能決策方面的另一種方式，可以大大節省人力和時間成本，並提高決策的效率和準確性。當然，對於一些複雜的決策問題，仍然需要人類的參與和決策。

## 模擬和優化

模擬和優化是指利用 AI 技術對現實世界的系統、流程或事件進行虛擬仿真和優化分析，以求出最佳解決方案。這種技術可以應用於各種領域，例如交通、製造、城市規劃等等。在這些領域中，模擬和優化可以幫助人們更好地理解和預測系統的運作，從而減少損失、提高效率和降低風險。

模擬通常是通過建立模型來實現的，模型包括系統的各個組件、其交互方式以及系統的行為。然後利用數據進行驗證和優化。通過這種方法，可以在不必實際實施系統的情況下，對各種情況進行測試，從而找到最佳方案。

優化通常是指尋找一個或多個變量的最佳值，以滿足特定目標。例如，可以優化生產線的效率，以最大限度地減少產品的成本和時間。優化算法通常使用機器學習和其他 AI 技術來分析數據，找到最佳解決方案。

總之，模擬和優化是利用 AI 技術來模擬和優化現實世界中的系統、流程和事件，以幫助人們更好地理解和預測系統的運作，並找到最佳解決方案。

## 🧭 智能助手

智能助手是指擁有人工智慧技術的輔助工具，可以協助人們完成各種任務和工作，並且不斷地學習、優化自己。在決策方面，智能助手可以根據特定的問題和場景，提供最佳的解決方案和決策建議。

智能助手的主要功能包括自然語言處理、知識庫構建和管理、機器學習和深度學習等技術。它可以通過對話交互的方式，理解人們提出的問題和需求，並根據相應的知識庫和算法，提供最佳的答案和解決方案。

在決策方面，智能助手可以幫助人們快速收集和分析各種數據，並提供具有參考價值的報告和分析結果。此外，智能助手還可以擔任企業管理、客戶服務和人力資源等方面的助手，為企業提供更加高效的管理和服務。

智能助手的應用越來越廣泛，不僅僅局限於決策方面。在未來，隨著人工智慧技術的不斷發展和完善，智能助手將會成為人們工作和生活中不可或缺的輔助工具。

## 🧭 自動化監控

自動化監控是指使用AI技術來實現對一個系統或者流程的自動監控和管理。這種方法可以提高生產力，降低成本，同時減少人為錯誤和失誤。通過監控數據，AI可以檢測問題並提供及時的警報和反應，以幫助組織更快地處理問題和提高效率。例如，AI可以用於自動化生產線的監控，檢測異常並自動停止生產線，從而減少產品的錯誤率和

成本。此外，AI還可以用於監控交通流量、能源使用和安全系統等。

　　自動化監控是指利用AI技術對系統、機器、產品、服務等進行全面的監控、分析和管理，以保持其正常運行狀態。自動化監控可以幫助企業實現全面的數據化和智能化，提高生產力和效率，減少故障率和維修成本，同時也能提高安全性和可靠性。

　　自動化監控通常包括以下幾個方面的內容：

◎ **實時監控**：通過傳感器、控制器、攝像頭等設備，實時監控生產線、設備、系統等運行狀態。

◎ **數據收集**：收集大量的數據，包括溫度、壓力、電流、電壓等物理量，以及產品的各種特徵和性能指標。

◎ **數據分析**：利用AI技術對收集到的數據進行分析和處理，檢測和預測問題，提出相應的解決方案。

◎ **預警提示**：當系統或機器出現異常情況時，自動發出警報提示，通知相關人員及時處理問題。

◎ **自動化控制**：對系統進行自動化控制，調整設備運行參數，以實現最佳化的運行狀態，提高效率和生產力。


　　總的來說，自動化監控是一種以AI技術為核心的智能化管理方式，能夠實現對生產過程的全面監控、預測、調節和管理，提高企業生產效率、產品品質和可靠性。

## 智慧搜索

　　智慧搜索是指利用AI技術提高搜尋引擎的效率和精度。AI可以通過學習和理解用戶的搜索習慣和搜索歷史來提供更為準確的搜索結果，從而為用戶提供更好的搜索體驗。

　　AI可以通過自然語言處理和機器學習技術來理解和分析搜索查詢，從而更好地匹配相關的搜索結果。例如，當用戶搜索一個問題時，智慧搜索可以提供相關答案，並給出可信度評估和其他有用的資訊。

　　此外，AI還可以提供個性化的搜索結果。通過分析使用者的歷史搜索記錄、流覽歷史和其他資訊，AI可以了解使用者的興趣和需求，並針對性地推薦相關內容。

　　總之，智慧搜索可以讓用戶更加便捷地獲取所需資訊，同時也可以提高企業的市場競爭力和業務效率。

## 認知計算

　　認知計算（Cognitive Computing）是一種基於人工智慧、自然語言處理、機器學習和人類認知原理的計算方式，目的是讓機器能夠以一種智能化的方式來解決複雜問題。認知計算可以讓機器進行自然語言對話、自主學習、感知和推理，並進行人類所做出的決策。

　　認知計算通常使用多種技術和工具，包括機器學習、自然語言處理、圖像識別、情感分析等，以模擬人類大腦的認知過程。這些技術可以讓機器對複雜的數據進行分析，從中提取出有價值的信息，並根

據這些信息做出決策。

與傳統的計算模型不同，認知計算模型更加強調機器能夠像人類一樣進行「思考」，而不僅僅是執行固定的指令。這種思考方式可以讓機器更加靈活地應對不同的情況，並且在面對未知的問題時，能夠自主學習和自我改進。因此，認知計算在賦能決策方面具有很大的潛力，能夠幫助企業和個人更好地處理複雜的問題，做出更明智的決策。

# AI 如何協助個人決策

AI 在個人運用上也有很多協助決策的應用，以下是一些例子：

## 購物推薦

購物推薦是指利用 AI 技術，對用戶的購物歷史、行為、喜好等進行分析，從而向用戶推薦最符合其需求的產品。具體來說，AI 技術可以通過以下方式實現購物推薦：

◎ **數據收集**：通過蒐集用戶的購買歷史、搜索關鍵詞、點擊記錄、購物車內的商品等數據，建立用戶的數據庫。

◎ **數據分析**：利用機器學習、深度學習等技術，對用戶的數據進行分析，探索用戶的偏好、消費習慣、購買意圖等。

◎ **模型建立**：根據數據分析的結果，建立用戶的推薦模型。通常，推薦模型會結合用戶的個人信息、歷史購買記錄、商品評價、商品類型、價格等因素進行建模。

◎ **推薦產品**：通過推薦模型，對用戶進行產品推薦。推薦產品通常是與用戶的喜好和需求高度相關的商品，從而提高用戶的購買意願和滿意度。

總的來說，購物推薦利用AI技術，從海量數據中挖掘用戶的需求，為用戶提供更加個性化、準確的購物體驗。

### 🧭 健康管理

健康管理是指利用AI技術分析個人的健康數據，提供健康建議和管理方案的應用。這些健康數據可以來自穿戴式設備、健康應用程序、智慧手機等多種渠道。

利用AI技術，健康管理應用程序可以將個人的健康數據進行分析，例如運動量、心率、睡眠時間和品質、飲食習慣等，並根據分析結果提供相應的健康建議和管理方案。例如，如果一個人的運動量不足，應用程序可以向他推薦運動計畫和鼓勵他多做運動；如果一個人的睡眠品質差，應用程序可以提供睡眠建議和優化睡眠環境的方法。

健康管理應用程序還可以利用AI技術，根據個人的健康數據進行預測和風險評估。例如，根據個人的飲食習慣和健康指標，應用程序可以預測他是否容易罹患某些疾病，並提供相應的預防措施和建議。此外，健康管埋應用程序還可以進行健康數據的分析和可視化，讓用戶可以更直觀地了解自己的健康狀況和進展，並及時調整自己的生活方式和健康管理計畫。

## 🧭 旅行規劃

旅行規劃是一個很好的例子，展示了AI如何在個人運用上協助決策。許多旅行應用程序利用AI技術，通過分析旅行目的地的信息和用戶的偏好，提供旅行建議和行程規劃，以幫助用戶在旅行中做出最佳的決策。

首先，AI會通過分析用戶的偏好和旅行目的地的相關信息來生成旅行建議。例如，AI可以分析用戶的過去旅行經驗、興趣愛好、預算和時間等信息，以及旅行目的地的天氣、交通、文化和活動等信息，從而推薦最適合用戶的旅行目的地和行程。

其次，AI會提供行程規劃建議，包括景點推薦、餐飲建議和交通路線等。AI可以通過分析用戶的時間、交通方式、興趣愛好和飲食偏好等信息，提供最佳的行程規劃建議，以及最佳的交通路線和餐飲建議，以便用戶可以更好地安排旅行。

在旅行期間，AI還可以幫助用戶解決各種問題，例如預測天氣、提供交通信息和建議餐廳等等，以使用戶的旅行更加順利和愉快。總之，旅行應用程序利用AI技術可以幫助用戶做出更明智和更令人滿意的旅行決策。

## 🧭 投資管理

AI在投資管理中的應用可以協助投資者分析股市和投資產品的數據，並提供投資建議和風險管理方案，以幫助投資者做出更明智的投資決策。以下是一些常見的AI在投資管理中的應用：

◎ **股票推薦**：AI可以通過分析股票市場的大量數據，根據投資者的投資目標、風險偏好和收益期望等因素，推薦最適合的股票投資組合。

◎ **風險評估**：AI可以根據投資者的風險偏好和投資組合的分散度等因素，對投資風險進行評估和管理，以降低風險並提高回報。

◎ **投資組合管理**：AI可以協助投資者進行投資組合管理，根據投資者的投資目標和風險偏好等因素，自動調整投資組合，以實現最佳的風險回報平衡。

◎ **自動交易**：AI可以通過對市場數據的實時分析，自動進行交易決策，實現高頻交易和更好的交易結果。

總的來說，AI在投資管理中的應用可以幫助投資者更好地理解市場情況，提高投資決策的精確性和效率，並最大程度地降低風險。

### 學習和教育

AI技術在學習和教育領域中的應用越來越普及，可以提供更加個性化的學習體驗和更好的學習效果。以下是一些具體的例子：

◎ **學習計畫和建議**：利用AI技術分析學生的學習情況、學習風格和學習目標，制定個性化的學習計畫和建議。例如，AI可以根據學生的學習進度和理解程度調整學習進度，並推薦相關的學習材料和練習題目。

◎ **自動化評估和反饋**：利用AI技術分析學生的學習成果和表現，自動化地生成評估報告和反饋，以幫助學生了解自己的學習進度和不足之處。例如，AI可以自動化地評估學生的作業和考試答案，並生成評估報告和相關的學習建議。

◎ **互動式學習體驗**：利用AI技術實現更加互動式和沉浸式的學習體驗，例如虛擬班級、互動式教學應用程序和基於遊戲化的學習平台等。這些應用程序和平台可以提高學生的學習興趣和參與度，增加學習的樂趣和效果。

◎ **學生分析和預測**：利用AI技術分析學生的學習行為和成果，預測學生的學習趨勢和結果，以便教師和學校制定更加有效的教學計畫和措施。例如，AI可以分析學生的學習紀錄和測試成績，預測學生的學習進度和潛在的學習困難，並提供相關的教學建議和幫助。

## 智能家居

　　智能家居是一種利用互聯網和AI技術實現智能化控制和管理的家居產品。它通過連接家居裝置、傳感器和互聯網，實現了智能化的控制和管理，從而提供更加便利、安全和舒適的居住體驗。

　　AI技術在智能家居中起到了關鍵作用。它可以分析用戶的生活習慣和偏好，並根據這些信息自動調整家居裝置的運作，實現更加智能化的控制和管理。例如，當用戶進入房間時，智能照明系統可以自動調整燈光亮度和顏色，以滿足用戶的需求；當用戶離開房間時，智能

照明系統可以自動關閉燈光，從而節省能源。

此外，AI技術還可以實現智能安防、智能暖通等功能。智能安防系統可以通過視頻監控和人臉識別等技術，實現對家居安全的全面監控和管理；智能暖通系統可以通過溫度傳感器和AI算法，自動調節室內溫度，實現更加舒適的居住體驗。

總的來說，AI技術在智能家居中可以實現更加便利、安全和舒適的居住體驗，提高居住品質和生活品質。

### 職業規劃

AI技術也可以在職業規劃方面提供幫助，讓個人更好地了解自己的技能和興趣，找到最適合自己的職業和發展路徑。以下是一些職業規劃應用程序的例子：

◎ MyNextMove：這是美國勞工統計局開發的一個職業規劃工具，利用AI技術分析用戶的技能和興趣，提供與其最匹配的職業選擇。

◎ LinkedIn：這是一個職業社交網絡，利用AI技術分析用戶的職業歷史和技能，提供職業發展建議和推薦職業機會。

◎ SkillSurvey：這是一個職業測評平台，利用AI技術分析用戶的技能和行為，提供職業建議和發展方向。

◎ CareerBuilder：這是一個職業搜索平台，利用AI技術分析用戶的履歷和技能，提供與其最匹配的職業機會。

這些應用程序都利用 AI 技術分析用戶的技能、興趣、職業歷史和履歷等信息，提供個性化的職業建議和推薦，幫助個人更好地了解自己，找到最適合自己的職業和發展路徑。

## 財務管理

AI 在個人財務管理方面的應用主要是分析用戶的財務狀況和目標，提供相應的財務建議和管理方案。以下是一些財務管理方面的應用案例：

◎ **預算規劃**：許多財務應用程序利用 AI 技術，分析用戶的收入和支出，制定個性化的預算計畫。它們可以根據用戶的消費習慣和生活方式，提供相應的建議，例如如何減少不必要的支出、如何分配預算等。

◎ **儲蓄管理**：AI 可以根據用戶的儲蓄目標和風險承受能力，提供相應的儲蓄建議和方案。例如，許多應用程序可以根據用戶的儲蓄目標和時間，推薦適合的儲蓄方式和理財產品。

◎ **稅務規劃**：許多財務應用程序可以利用 AI 技術，分析用戶的財務狀況和稅務政策，提供相應的稅務建議和管理方案。例如，它們可以根據用戶的所得和家庭狀況，提供如何減少稅款的建議和方案。

◎ **投資管理**：AI 可以根據用戶的風險承受能力和投資目標，提供相應的投資建議和管理方案。例如，許多應用程序可以根據用戶的投資目標和時間，推薦適合的投資組合和理財產品。

總之，AI 在個人財務管理方面的應用可以幫助用戶制定個性化的財務計畫，提高財務管理效率，減少風險，實現財務目標。

### 社交媒體

AI 技術在社交媒體上的應用主要包括以下幾個方面：

◎ **用戶個性化推薦**：社交媒體平台通過分析用戶的興趣、行為和歷史數據，利用機器學習等 AI 技術來推薦個性化的內容給用戶。這種推薦系統能夠根據用戶的喜好，向用戶推薦更符合其興趣和偏好的內容，增加用戶的黏性和平台的活躍度。

◎ **廣告投放優化**：社交媒體平台通過 AI 技術，分析用戶的行為和興趣，利用廣告投放算法，將廣告投放給最有可能感興趣的用戶，提高廣告投放的效果和轉化率。

◎ **社交分析**：社交媒體平台利用 AI 技術，分析用戶的社交行為和關係，從中發現用戶之間的聯繫和互動，發現潛在的社交群體和趨勢，從而更好地理解和服務用戶。

◎ **自然語言處理**：社交媒體平台利用 AI 技術，進行自然語言處理，識別用戶的情感和情緒，從而更好地了解用戶的需求和反饋，提高平台的用戶體驗和滿意度。

總之，AI 技術在社交媒體上的應用，可以幫助平台更好地了解用戶，提供更符合用戶需求的個性化內容和服務，同時也能提高平台的運營效率和盈利能力。

### 購房規劃

AI在購房規劃中的應用，可以幫助人們更快速、有效地找到符合自己需求和預算的房源，也能協助人們做出更好的財務決策。

具體而言，AI技術可以幫助房產平台和網站根據用戶的需求和預算，自動推薦最合適的房源，節省用戶的搜索時間。此外，AI還可以利用大數據技術，對房地產市場進行深入分析，為用戶提供更精確的房價評估和房貸計算，幫助用戶做出更好的財務規劃和決策。

除此之外，AI還可以協助人們更好地管理房產交易流程。例如，AI可以幫助人們自動翻譯和整理房產文件，加快交易進程。AI還可以利用智能合約技術，實現房產交易的自動化和透明化，降低交易風險，提高交易效率。

總的來說，AI在購房規劃中的應用，可以幫助人們更輕鬆地找到符合自己需求的房源，做出更好的財務決策，並且協助人們更快速、安全地完成房產交易。

# AI 如何協助企業和商業組織決策

### 市場分析

市場分析是指對特定市場的研究和分析，以確定市場的機會和挑戰，了解消費者需求和競爭對手行為，以及制定適當的營銷策略和商業決策。AI技術能夠協助企業和商業組織更快速、更精確地進行市場分析，從而提高營銷效率和商業決策的品質。

以下是AI在市場分析中的應用：

◎ **數據收集和分析**：AI能夠從海量的市場數據中提取有價值的信息，包括消費者行為、趨勢、競爭對手活動等，並且能夠將這些信息分析整合，從而提供更全面的市場分析。

◎ **消費者洞察**：AI能夠從消費者行為和偏好的數據中學習，從而提供關於消費者的深度洞察，包括他們的需求、習慣和趨勢。這能夠幫助企業和商業組織更好地理解消費者，並且提供更有針對性的營銷策略和產品開發方案。

◎ **市場預測和趨勢分析**：AI能夠分析市場趨勢和預測未來的趨勢，幫助企業和商業組織制定更明智的商業決策和營銷策略。

◎ **競爭對手分析**：AI能夠從競爭對手的行為和活動中提取信息，包括其產品和定價策略、市場份額和品牌形象等，從而幫助企業和商業組織制定更好的市場策略和決策。

總之，AI技術在市場分析中的應用能夠幫助企業和商業組織更快速、更準確地進行市場分析，並且提供更全面的市場信息和消費者洞察。從而能夠制定更明智的商業決策和營銷策略，提高營銷效率和企業競爭力。

## 客戶服務

AI技術在客戶服務方面可以提供多種協助，讓企業和商業組織更好地了解和滿足客戶需求，提高客戶滿意度和忠誠度。以下是一些常見的客戶服務應用領域：

◎ **語音助手**：許多企業利用語音助手技術，如Siri、Alexa、Google Assistant等，提供24小時客戶支持服務，回答客戶的問題和提供解決方案。這些語音助手還可以分析客戶的話語，以更好地理解和滿足客戶需求。

◎ **在線聊天機器人**：在線聊天機器人可以使用AI技術自動回答客戶的問題和提供支持，無需人工參與。這種方式可以大大減少客戶等待時間，並在24/7（24小時每週7天，全年無休）的時間內提供支持服務。

◎ **客戶情感分析**：許多企業利用自然語言處理技術，分析客戶在社交媒體上的反饋和評論，了解客戶的滿意度和需求，以便更好地滿足客戶需求，並改進產品和服務。

◎ **個性化體驗**：AI技術可以分析客戶的行為和偏好，為客戶提供個性化的建議和產品推薦。例如，在網上購物中，AI可以分析客戶的歷史購買記錄和瀏覽行為，以提供個性化的商品推薦。

◎ **潛在客戶分析**：AI技術可以幫助企業分析潛在客戶的需求和偏好，以更好地定位市場和推廣產品。企業可以使用機器學習模型，分析客戶的數據，以識別潛在客戶的特徵和行為，從而改進營銷策略並增加銷售。

總之，AI技術在客戶服務方面可以幫助企業和商業組織更好地了解和滿足客戶需求，提高客戶滿意度和忠誠度，從而增加收入和利潤。

## 生產管理

　　AI技術在生產管理方面的應用可以大大提高企業的生產效率和品質，讓企業更有效地利用資源和降低成本。以下是一些生產管理方面的應用：

◎ **生產計畫**：AI技術可以分析大量的生產資料和市場需求，並預測未來的需求趨勢，幫助企業制定更精確的生產計畫，確保生產能夠滿足市場需求並且減少浪費。

◎ **資源分配**：AI技術可以幫助企業優化資源分配，例如通過分析生產流程和生產資料，自動調整生產線的速度和資源分配，以達到更高的生產效率和降低生產成本。

◎ **庫存管理**：AI技術可以幫助企業優化庫存管理，例如通過分析市場需求和生產計畫，自動調整庫存水平，以確保庫存不會過多或過少，減少企業的庫存成本和風險。

◎ **設備維護**：AI技術可以幫助企業進行預測性維護，通過分析設備資料和運行狀態，預測設備可能出現的故障或問題，提前進行維護和修理，避免生產中斷和生產損失。

　　總之，AI技術可以在生產管理方面幫助企業更好地管理資源、提高生產效率和降低成本，讓企業更具競爭力和適應性。

## 風險管理

　　AI技術可以協助企業和商業組織在風險管理方面做出更好的決

策。以下是一些例子：

◎ **保險評估**：保險公司可以使用AI技術來評估保險申請人的風
險。通過分析客戶的數據，例如駕駛記錄和醫療歷史，AI可以
生成更準確的風險評估和保險報價。

◎ **信用評級**：銀行和金融機構可以使用AI技術來進行信用評
級。通過分析客戶的數據，例如財務記錄和信用歷史，AI可以
生成更準確的信用評級和風險評估。

◎ **投資風險管理**：投資公司可以使用AI技術來評估投資風險。
通過分析市場趨勢和公司數據，例如財務報告和交易記錄，AI
可以生成更準確的投資建議和風險評估，幫助投資者做出更明
智的投資決策。

總之，AI技術可以幫助企業和商業組織在風險管理方面做出更好
的決策，減少風險和損失，提高企業的綜合效益和競爭力。

### 財務管理

AI在財務管理方面的應用可以幫助企業和商業組織更好地管理財
務數據和資源，提供財務建議和預測，幫助企業做出更明智的財務決
策。以下是一些常見的AI財務管理應用：

◎ **財務報表分析**：許多公司利用AI技術，分析財務報表和趨
勢，幫助企業管理和監控財務狀況。AI可以自動化財務報表的
生成和分析，從而節省時間和人力成本，同時提高準確性和效

率。例如，AI可以分析資產負債表和損益表，以識別潛在的財務風險和機會，並提供建議和解決方案。

◎ **成本管理**：AI可以幫助企業分析成本結構和趨勢，提供成本管理建議和解決方案。例如，AI可以分析公司的成本結構和成本變化，以識別可能的成本節省機會和改進點。同時，AI還可以監控成本變化和趨勢，以及提供成本預測和計算，從而幫助企業制定更好的財務計畫和預算。

◎ **預算規劃**：AI可以幫助企業制定和管理財務預算，提供預算建議和預測。例如，AI可以分析過去的財務數據和趨勢，以及市場和行業的情況，從而制定更合理和準確的財務預算。同時，AI還可以監控預算執行情況，提供預算調整建議和解決方案。

◎ **投資分析**：AI可以幫助企業評估投資風險和回報，提供投資建議和預測。例如，AI可以分析公司的財務數據和市場情況，以及特定投資項目的風險和回報，從而幫助企業做出更明智的投資決策。

◎ **供應鏈管理**：許多公司利用AI技術，優化供應鏈和物流管理，提高產品交付的效率和可靠性，例如物流規劃、庫存優化和供應商管理等。

◎ **行銷和廣告**：許多公司利用AI技術，分析消費者數據和行為，提供個性化的行銷和廣告策略，例如廣告投放、社交媒體行銷和電子郵件營銷等。

◎ **人力資源管理**：許多公司利用AI技術，分析員工數據和表

現，優化招聘和培訓流程，提高員工滿意度和績效，例如招聘管理、培訓評估和員工反饋等。

總之，AI技術可以幫助企業和商業組織更好地分析和理解大量的數據，發現潛在的機會和挑戰，並幫助他們做出更明智的決策。在未來，隨著AI技術的不斷發展和應用，它將繼續成為企業和商業組織決策的重要工具之一。

## 人力資源管理

◎ **招聘和選擇**：企業可以利用AI技術分析大量的簡歷和應聘者的信息，自動篩選出符合要求的候選人，減少人力資源部門的工作量，同時也可以更加客觀地評估應聘者的能力和適合度。

◎ **培訓和發展**：企業可以利用AI技術分析員工的表現和需求，根據不同的職業和能力，提供個性化的培訓和發展計畫，幫助員工不斷提高自身技能和價值。

◎ **員工管理**：企業可以利用AI技術分析員工的表現和反饋，提供個性化的管理建議和支持，幫助員工解決工作和生活中的問題，增加員工滿意度和忠誠度。

◎ **工作自動化**：企業可以利用AI技術自動化一些簡單重複的工作，例如排班和薪酬管理等，減少人力資源部門的工作量，同時也可以提高工作效率和精確度。

## 採購管理

AI 可以協助企業和商業組織的採購管理，從而更好地控制成本、提高效率和提高產品品質。以下是一些常見的例子：

◎ **供應商選擇**：AI 可以通過分析供應商的資格、產品品質、價格等因素，幫助企業找到最合適的供應商。

◎ **價格議價**：AI 可以分析市場資訊和競爭環境，以幫助企業制定更有效的採購策略，例如價格議價和供應商洽談。

◎ **庫存管理**：AI 可以分析供應鏈數據和需求預測，從而幫助企業優化庫存管理，控制庫存成本，並確保產品供應和交貨時間。

◎ **品質控制**：AI 可以分析供應商的產品品質，提供品質控制和監測建議，以確保產品品質符合標準，並減少缺陷和退貨。

總的來說，AI 可以幫助企業更好地理解市場需求和供應鏈狀況，從而制定更好的採購策略，優化成本、提高效率和產品品質，從而實現更高的利潤和競爭優勢。

## 營銷管理

AI 在營銷管理方面可以提供以下幾方面的協助：

◎ **市場分析**：利用 AI 技術可以對市場進行大數據分析，包括消費者的行為和趨勢，以及競爭對手的策略和行為等，幫助企業做出更明智的市場策略和決策。

◎ **客戶分析**：利用 AI 技術可以對客戶進行大數據分析，包括客

戶的需求和偏好，以及消費習慣和反饋等，幫助企業提供個性化的產品和服務，並提高客戶的忠誠度。

◎ **廣告投放**：利用AI技術可以對廣告進行定向投放和效果分析，根據不同的受眾屬性和行為，選擇最佳的廣告投放管道和方式，並評估廣告的效果和回報。

◎ **社交媒體行銷**：利用AI技術可以對社交媒體進行大數據分析，包括受眾的行為和反應，以及社交媒體上的熱門話題和趨勢等，幫助企業制定更有效的社交媒體營銷策略和執行方案。

◎ **市場測試**：利用AI技術可以進行市場測試和預測，包括產品測試和定價測試等，以及市場趨勢和需求的預測，幫助企業更好地了解市場和客戶需求，並做出相應的調整和決策。

總的來說，AI技術在營銷管理方面的應用，可以幫助企業更好地了解市場和客戶需求，制定更有效的營銷策略和執行方案，提高市場競爭力和營收成長。

### ◈ 產品研發

在產品研發方面，AI技術可以提供多種建議和解決方案，以幫助企業和商業組織做出更明智的決策，下面是一些開發建議的詳細說明：

◎ **產品創意**：AI可以通過收集和分析市場和消費者數據，幫助企業和商業組織創造出更具創意和吸引力的產品，並提供產品設

計建議。

◎ **原型測試**：AI可以幫助企業和商業組織測試和評估產品原型，以確保其功能和可用性符合市場需求，同時提供改進建議和最佳實踐。

◎ **市場驗證**：AI可以通過收集和分析市場數據和消費者反饋，幫助企業和商業組織驗證產品市場可行性和需求，並提供市場定位和營銷策略建議。

◎ **生產優化**：AI可以分析生產過程和資源分配，提供生產優化建議和策略，以提高生產效率和品質，同時降低成本和風險。

◎ **技術創新**：AI可以幫助企業和商業組織發現和採用最新的技術和創新，以提高產品性能和競爭優勢，同時減少開發和生產成本。

## 安全管理

AI技術在安全管理方面發揮了重要的作用，幫助企業和商業組織評估和應對安全風險和威脅。以下是AI如何協助企業和商業組織在安全管理方面做出更明智的決策：

◎ **安全監控**：AI技術可以自動監測並分析海量的安全事件數據，幫助企業和商業組織快速識別和回應潛在的安全威脅。例如，AI可以分析網絡流量和用戶行為，檢測異常活動並自動發出警報，這有助於防止入侵和數據洩露等安全事件。

◎ **風險評估**：AI技術可以幫助企業和商業組織評估安全風險和威

脅,並制定相應的風險管理策略。例如,AI可以分析供應鏈和第三方合作夥伴的風險,以確保企業的產品和服務不會受到供應鏈攻擊或故障的影響。

◎ **事件處理**:AI技術可以自動處理和調查安全事件,節省人力和時間成本,並提高事件處理的效率和準確性。例如,AI可以自動分析安全事件日誌和警報,快速確定根本原因並提出解決方案,這有助於迅速恢復服務並減少損失。

總的來說,AI技術在安全管理方面發揮了越來越重要的作用,有助於企業和商業組織更好地保護其業務和數據資產,降低安全風險和損失。

# AI如何協助政府和公共機構決策

AI技術可以分析政府的社會、經濟、環境、安全等數據,提供政策建議和風險管理,幫助政府制定更有效的決策和政策,以下是一些常見的應用領域:

## 城市規劃

城市規劃是指對城市的整體發展進行規劃、設計和管理,以提高城市的可持續性和品質。隨著城市化進程的加速,城市規劃變得越來越重要。利用AI技術可以更精確地分析城市的數據和趨勢,進行城市規劃和設計。

以下是AI如何協助城市規劃的一些例子：

◎ **交通流量預測**：利用AI技術可以分析城市的交通數據，預測不同時間段和不同地點的交通流量，以及交通瓶頸和擁堵點。這些數據可以幫助城市規劃者更好地設計道路和交通系統，提高交通效率和便利性。

◎ **空氣品質監測**：利用AI技術可以監測城市的空氣品質，分析污染源和污染物濃度分佈，進而制定相應的空氣污染防治計畫和措施。

◎ **綠化設計**：利用AI技術可以分析城市的綠地分佈和綠化程度，提出更好的綠化設計方案，進而提高城市的生態環境和品質。

◎ **智慧城市建設**：利用AI技術可以將城市的各個系統和設施連接起來，實現智慧城市建設，例如智慧交通、智慧照明、智慧能源等，提高城市運營的效率和品質。

利用AI技術可以更好地分析城市的數據和趨勢，提高城市規劃和設計的準確性和效率，進而提高城市的可持續性和品質。

### 社會福利

AI技術可以幫助政府和公共機構分析社會福利數據和趨勢，從而制定更好的社會福利政策和計畫，以更好地滿足人民的需求。以下是幾個具體的應用：

◎ **失業率預測**：政府可以利用AI模型分析過去的失業率數據和趨勢，並基於此做出失業率的預測。這樣可以幫助政府制定更好的就業和職業培訓計畫，以應對未來可能出現的失業問題。

◎ **社會福利支出預測**：政府可以利用AI模型分析過去的社會福利支出數據和趨勢，並基於此做出未來社會福利支出的預測。這樣可以幫助政府規劃更好的預算，更好地滿足人民的需求。

◎ **貧困率分析**：政府可以利用AI技術分析貧困率的數據和趨勢，並找出貧困率高的地區和原因。這樣可以幫助政府制定更好的貧困緩解計畫，幫助貧困家庭擺脫困境。

◎ **醫療保健分析**：政府可以利用AI技術分析醫療保健數據和趨勢，例如疾病流行情況和醫療費用等，以制定更好的醫療保健政策和計畫，更好地保障人民的健康。

## 🧭 犯罪預防

AI技術可以協助政府和公共機構更好地預防犯罪。以下是幾種利用AI技術來預防犯罪的方式：

◎ **犯罪預測和分析**：利用AI技術可以分析犯罪數據和趨勢，預測哪些地區可能發生犯罪事件，並可以分析犯罪的類型和模式。這樣可以讓警察和其他執法機構更好地分配資源和部署警力，從而更好地預防犯罪事件的發生。

◎ **犯罪偵查**：AI技術可以分析大量的犯罪數據和影像資料，快速地尋找犯罪嫌疑人和犯罪證據。例如，利用人工智慧算法可以

自動識別監控攝像頭拍攝的影像中的人物，並能夠識別出人物
的臉部特徵和身份。

◎ **預防犯罪和維護治安**：利用AI技術可以設置智能監控系統，
例如設置在公共場所的監控攝像頭，自動偵測可疑人員和行
為，通過語音提示、警報等方式提醒安保人員或當地警察前來
處理。

◎ **警務管理**：AI技術可以幫助警察和其他執法機構更好地管理警
務，例如分配警力、指揮處理事件等。利用AI技術可以分析
大量的警務數據，包括警察的行動軌跡、指揮和操作方式等，
從而優化警務管理，提高警務效率。

總之，利用AI技術可以幫助政府和公共機構更好地預防犯罪，提
高治安水平，為社會帶來更多的安全和穩定。

### 🧭 災害管理

AI技術在災害管理方面的應用越來越廣泛，主要可以分為以下幾
個方面：

◎ **預測和預警**：利用AI技術分析大量的氣象、地震、洪水等自
然災害數據和趨勢，預測災害發生的可能性和程度，並及時發
出預警，以便公共機構和居民做好應對準備。

◎ **即時監測和應對**：利用無人機、衛星等技術進行災害現場的即
時監測，及時掌握災情和救援進展，以便公共機構做出更加精

確和有效的決策，提高災害應對的效率和準確性。

◎ **人工智慧救援機器人**：利用AI技術開發救援機器人，可以在人類難以進入的環境中實現搜索和救援工作，例如在地震等自然災害發生時，救援機器人可以進入倒塌的建築物中，搜尋倖存者。

◎ **資源調度和分配**：利用AI技術分析災害發生時的物資儲備和分配情況，以及人員和物資的調度，使資源分配更加科學和合理，提高救援效率。

### 🧭 環境保護

AI技術在環境保護方面的應用越來越廣泛。政府可以利用AI技術分析大量的環境數據和趨勢，從而制定更有效的環境保護政策和措施。以下是AI如何協助政府和公共機構在環境保護方面做出決策的幾個例子：

◎ **環境監測**：政府可以利用AI技術對環境監測數據進行分析，從而快速發現污染源和監測環境變化。例如，利用機器學習技術，可以將大量的環境數據進行分類和分析，從而發現污染源和預測污染物傳播趨勢。

◎ **環境風險評估**：政府可以利用AI技術對環境風險進行評估和預測。例如，利用機器學習技術，可以分析過去的污染事件和天氣條件，預測未來可能發生的污染事件，從而制定更好的緊急應對計畫。

◎ **環境治理決策**：政府可以利用 AI 技術對環境治理方案進行評估和優化。例如，利用多目標優化算法，可以將不同的環境保護目標進行綜合考慮，從而制定最優的環境治理方案。

◎ **環境法規執行**：政府可以利用 AI 技術對環境法規的執行進行監督和管理。例如，利用大數據技術，可以對環境違法行為進行監測和分析，從而提高環境法規的執行效率和精確度。

利用 AI 技術分析環境數據和趨勢，可以幫助政府和公共機構更好地了解環境問題和風險，制定更有效的環境保護政策和措施，從而保護生態環境和人民健康。

## AI 如何協助醫療和健康機構決策

AI 技術可以分析醫療的疾病、檢測、治療、藥物等數據，提供診斷建議和治療方案，幫助醫療機構做出更準確和個性化的決策和管理。AI 在醫療和健康機構中的應用越來越廣泛，能夠協助醫療機構和健康組織做出更好的決策。以下是一些常見的應用：

### 患者診斷

AI 技術在患者診斷方面有很大的應用價值，可以幫助醫生進行快速和準確的診斷，提高診斷的準確率和效率。以下是一些常見的應用場景：

◎ **醫學影像分析**：醫學影像是診斷疾病的重要手段之一，但是對

影像的解讀需要豐富的經驗和專業知識。利用AI技術可以對醫學影像進行自動分析和診斷，例如CT、MRI、X光等影像的分析和解讀，進而幫助醫生快速判斷病灶位置和病變程度。

◎ **病歷數據分析**：AI可以通過分析大量的病歷數據，發現疾病的風險因素和發病趨勢，幫助醫生制定更加個性化的治療方案。例如，基於病歷數據進行糖尿病診斷，可以大大提高診斷的準確率。

◎ **醫療決策支持**：利用AI技術可以對患者的病情進行綜合分析，預測疾病的發展趨勢和治療效果，幫助醫生制定更加科學合理的治療方案。例如，基於患者的病歷和生命體徵數據，利用AI技術對患者進行風險評估，可以幫助醫生制定更加個性化的治療計畫。

◎ **智能醫療輔助**：AI技術可以應用在智能醫療輔助系統中，通過智能化的問診、診斷、治療等流程，提高醫療效率和品質。例如，在慢性病管理方面，利用AI技術可以實現患者健康監測、藥物管理、營養管理等方面的智能化輔助。

總之，AI技術在患者診斷方面的應用，可以提高醫療效率和品質，降低醫療成本，同時也為醫生提供了更加精確的診斷和治療方法。

## 藥物研發

AI在藥物研發方面的應用已經成為一個熱門的話題,它可以加速藥物發現、優化和開發過程。以下是AI如何協助醫療和健康機構決策中的藥物研發方面的詳細說明:

◎ **選擇候選藥物**:AI可以利用機器學習和深度學習等技術,從海量的分子庫中篩選出具有潛在療效的分子作為候選藥物,減少實驗室篩選的時間和成本。

◎ **預測藥物效果**:利用AI可以建立藥物效應模型,根據候選藥物的化學結構和分子性質預測其可能的生物活性、毒性和藥效等。這可以加速評估候選藥物的療效和安全性,降低實驗室試驗成本和時間。

◎ **優化藥物設計**:AI技術可以幫助科學家對候選藥物進行精細的設計和優化。例如,利用基於機器學習的方法分析分子結構和性質,優化分子的穩定性、生物利用度、代謝穩定性和藥效等特性。

◎ **加速臨床試驗**:AI技術可以幫助臨床試驗的規劃和執行,從而提高藥物研發的效率和成功率。例如,利用機器學習預測患者對藥物的反應,選擇最佳的治療方案,減少臨床試驗的成本和時間。

## 預測流行病

在醫療和健康領域,AI技術可以用來預測和應對流行病,幫助醫

療機構制定更好的應對措施。具體而言，AI可以通過以下方式協助決策：

◎ **數據分析**：利用AI技術對歷史流行病數據進行分析，包括病例數、疫苗接種率、流行地區等，從而預測疾病傳播和擴散趨勢。AI也可以分析社交媒體和搜索數據，以了解公眾對疾病的關注和疑慮，從而幫助醫療機構及時回應和應對。

◎ **病毒檢測**：利用AI技術開發病毒檢測算法，可以更快速地進行病毒檢測，從而更早發現感染者，及時隔離和治療，有效控制疾病傳播。

◎ **預測模型**：利用AI技術開發預測模型，可以預測疾病的傳播趨勢和影響范圍，從而幫助政府和醫療機構制定更好的應對措施和政策。

◎ **資源分配**：利用AI技術分析疾病傳播和擴散趨勢，預測疫情發展和患者數量，從而幫助醫療機構優化醫療資源分配，提高醫療效率。

### 健康管理

AI技術在健康管理方面的應用日益廣泛，能夠幫助人們更好地管理和改善健康狀態。以下是一些AI在健康管理方面的應用：

◎ **個性化健康建議和方案**：AI技術可以根據個人的健康數據，例如體溫、心率、睡眠品質、飲食習慣等，分析人們的健康狀態和風險，提供個性化的健康建議和方案，幫助人們更好地管理

健康。

◎ **疾病風險預測**：AI技術可以分析大量的疾病數據和趨勢，預測
人們可能罹患的疾病，提供預防和治療建議。

◎ **健康數據分析和管理**：AI技術可以分析人們的健康數據，例如
運動量、飲食習慣、睡眠品質等，並提供統計數據和圖表，幫
助人們更好地了解自己的健康狀態和改善方案。

◎ **在線健康諮詢**：AI技術可以實現在線健康諮詢，人們可以通過
手機或電腦與AI聊天機器人進行健康問題諮詢，得到及時的
健康建議和解決方案。

◎ **醫生輔助診斷**：AI技術可以幫助醫生更準確地診斷疾病和制定
治療方案，例如利用機器學習分析醫學影像數據，幫助醫生快
速識別疾病和異常情況。

## 醫療機構管理

AI技術可以幫助醫療機構優化管理和提高效率，從而提供更好的
醫療服務和護理。以下是一些例子：

◎ **患者排班和門診管理**：醫院可以利用AI技術分析患者的就診
時間和需求，優化醫生和護士的排班，並根據患者的疾病類型
和嚴重程度安排門診時間和醫療資源。

◎ **床位管理和住院預測**：利用AI技術分析患者住院的時間和疾
病類型，預測未來的住院需求和床位使用情況，優化床位分配
和使用，從而提高床位利用率和醫療效率。

◎ **醫療資源分配**：利用AI技術分析醫院和醫療機構的資源使用情況和需求，優化醫療資源分配和管理，例如手術室的使用率、醫療器材的分配和使用等。

◎ **醫療設備維護和保養**：利用AI技術對醫療設備的運行情況進行監控和預測，提前發現設備故障和維修需求，減少因設備故障造成的損失和風險。

◎ **病歷管理和醫療決策**：利用AI技術分析患者的病歷和醫學影像，提供精確的診斷和治療建議，幫助醫生做出更好的醫療決策。

# AI如何協助學術和研究機構決策

AI技術在學術和研究領域也有廣泛的應用，可以協助學術和研究機構進行更加高效和準確的決策，以下是一些主要的應用場景：

## 研究項目選擇

AI技術在研究項目選擇方面可以提供關鍵的分析和預測，幫助學術和研究機構更好地制定研究方向和計畫。具體而言，AI技術可以從以下方面提供支持：

◎ **數據分析**：AI技術可以利用自然語言處理和機器學習等技術分析海量的學術文獻、研究報告和專利數據，從中挖掘關鍵詞、研究主題、學科交叉等信息，幫助學術和研究機構了解當前的研究趨勢和熱點。

◎ **預測未來發展方向**：AI技術可以基於當前的學術和科研數據，
利用統計學和機器學習等方法預測未來的發展方向。例如，利
用AI技術可以預測未來哪些研究領域會更加熱門，哪些研究
領域有較大的發展潛力等。

◎ **可視化分析**：AI技術可以利用可視化分析技術將分析結果以圖
表、圖像等方式呈現，使學術和研究機構更加直觀地理解和分
析數據，從而更好地制定研究方向和計畫。

## 文獻檢索和分析

　　文獻檢索和分析是學術和研究機構中非常重要的一個方面。AI技
術可以幫助研究人員更快速、精確地檢索相關文獻，同時提供自然語
言處理和分析功能，讓研究人員可以更好地理解和利用文獻。具體而
言，AI技術可以通過以下方式協助學術和研究機構進行文獻檢索和分
析：

◎ **自然語言處理**：AI技術可以對文獻進行自然語言處理，將文獻
轉化為可被機器理解和處理的數據，從而實現更快速、更精確
的檢索和分析。

◎ **機器學習**：AI技術可以通過機器學習技術對文獻數據進行分
析，從而預測相關的文獻，將大量的文獻數據快速歸納為關鍵
詞和主題。

◎ **文獻推薦**：AI技術可以通過分析用戶的閱讀習慣和喜好，為用
戶推薦相關的文獻和研究項目，從而幫助研究人員更好地掌握

和應用最新的研究成果。

## 實驗設計和優化

實驗設計和優化是科學研究中非常重要的一環,它直接關係到研究成果的可靠性和有效性。利用AI技術可以分析實驗數據和趨勢,設計更加高效和準確的實驗方案,同時可以對實驗數據進行分析和優化,提高研究的可靠性和有效性。

在實驗設計方面,AI技術可以根據研究目的和樣本大小,自動設計最優的實驗方案。例如,在藥物研發中,AI技術可以利用數據分析技術,預測藥物的療效和毒副作用,從而為藥物研發提供指導。AI還可以利用自然語言處理技術,將相關文獻中的信息提取出來,幫助研究人員更好地設計實驗方案。

在實驗優化方面,AI技術可以利用機器學習和深度學習等技術,從實驗數據中學習和預測最佳參數和條件。例如,在蛋白質結構預測中,AI技術可以根據蛋白質序列和結構數據,預測蛋白質的三維結構,從而幫助研究人員更好地理解蛋白質的功能和作用機制。

總的來說,AI技術可以幫助學術和研究機構優化研究設計,提高實驗效率和成果可靠性。未來隨著AI技術的不斷發展,相信在科學研究中將會有更廣泛的應用。

## 科學合作和社區建設

AI技術可以協助學術和研究機構建立更加高效和積極的學術合作

和社區建設，具體來說有以下幾方面的應用：

◎ **社區結構分析**：利用AI技術對學術社區的結構和關係進行分析，幫助研究人員了解學術社區的結構和關係，找到合作夥伴和資源，同時可以提高學術合作的效率和品質。

◎ **會議組織和管理**：利用AI技術對學術會議的組織和管理進行分析和優化，包括會議議程的設計、演講者的邀請、會議記錄的整理等，提高學術會議的效率和品質。

◎ **學術知識庫建設**：利用AI技術對學術知識的搜集、整理和分類，建立一個全面、系統的學術知識庫，方便研究人員查找和利用學術資源。

◎ **研究資源共享**：利用AI技術對研究資源進行共享和管理，包括數據庫、文獻資源、研究工具等，提高研究資源的利用效率和品質。

◎ **項目申請和管理**：利用AI技術對項目申請和管理進行分析和優化，幫助研究機構更加高效和準確地進行項目申請和管理，提高研究資源的利用效率和品質。

## AI如何協助社區和公眾決策

AI技術可以分析社區的人口、環境、交通、安全等數據，提供社區建議和改進方案，幫助社區和公眾做出更安全、健康、舒適和方便的決策和生活。

### 社區管理和規劃

AI可以在社區管理和規劃方面發揮作用，從而提高社區居民的生活品質和幸福感。具體而言，AI可以：

◎ **分析社區數據**：利用AI技術分析社區的人口、建築和地理數據，進行統計分析和可視化，從而幫助決策者更好地理解社區的概況和特點，找出存在的問題和潛在的優勢，從而制定相應的規劃和管理策略。

◎ **交通網絡優化**：AI可以分析社區的交通流量和路網結構，提供優化交通網絡的建議，例如增加公共交通路線、調整交通信號等，從而減少交通擁堵，提高交通效率，讓居民出行更加方便快捷。

◎ **城市規劃**：AI可以分析社區的建築和用地情況，提供城市規劃的建議，例如增加公共空間、改善綠化、優化建築設計等，從而提高城市的美觀度和舒適度，讓居民居住更加舒適和愉悅。

◎ **社區安全**：AI可以分析社區的治安狀況和風險因素，提供社區安全管理的建議，例如增加監控設施、加強巡邏、建立安全管理體系等，從而提高社區的安全性，讓居民生活更加安心和放心。

### 環境保護

AI技術可以在環境保護方面提供重要的支持和建議，以下是一些具體的例子：

◎ **監測和預測空氣品質**：利用AI技術分析大量的空氣監測數據，預測未來的空氣品質趨勢，並提供相應的應對措施，例如：提醒市民減少戶外活動或限制交通。

◎ **監測和預測水質**：利用AI技術分析水質監測數據，預測未來的水質趨勢，並提供相應的應對措施，例如提醒市民減少對水資源的浪費或加強水質治理。

◎ **監測和預測氣候變化**：利用AI技術分析氣象數據，預測未來的氣候變化趨勢，並提供相應的應對措施，例如提醒市民減少碳排放或加強植樹造林。

◎ **減少污染源**：利用AI技術分析污染源的分布和特徵，提供相應的減排措施，例如針對某些污染源進行限制或改進技術。

◎ **提高綠化率**：利用AI技術分析城市綠化的現狀和缺陷，提供相應的建議和措施，例如提高綠化標準或改進綠化管理方式。

### 🧭 健康和生活方式

AI可以通過分析個人健康和生活方式資料，使人們更好地管理自己的健康和生活方式，具體來說，AI可以有以下方面的應用：

◎ **健康監測**：AI可以通過連接感測器和智慧設備來收集個人健康資料，例如心率、血壓、血糖等等，進而對個人的健康狀況進行監測和評估。

◎ **健康管理**：AI可以根據個人健康資料，提供針對性的健康管理建議，例如合理的飲食、運動、睡眠等方面的建議，以幫助人

們更好地管理自己的健康。

◎ **疾病預測**：AI可以通過分析個人的健康資料和生活方式，預測個人患病的風險，進而提醒人們採取相應的預防措施，從而減少患病的可能性。

◎ **生活方式建議**：AI可以分析個人生活方式，例如飲食、運動、睡眠等方面的資料，提供針對性的生活方式建議，例如合理的飲食計畫、適宜的運動方式、改善睡眠品質的方法等等。

◎ **健康諮詢**：AI可以根據個人的健康資料和生活方式，提供健康諮詢服務，例如針對性的健康諮詢、疾病防治方案等等，以幫助人們更好地管理自己的健康。

## 公共安全

AI技術可以應用於分析公共安全數據，提供更加精準的建議和方案，以幫助社區和公眾制定更好的決策。以下是AI如何協助公共安全決策的一些應用：

◎ **犯罪分析**：利用AI技術分析犯罪數據，預測犯罪發生的時間和地點，以便警方加強監控和巡邏。同時可以分析犯罪模式和行為特徵，以幫助警方制定更加有效的打擊犯罪的策略。

◎ **交通安全**：利用AI技術分析交通事故數據，預測交通事故發生的機率和嚴重程度，以幫助交通管理部門制定更加有效的交通安全政策和措施。例如：可以利用AI技術分析交通流量和道路條件，提供交通管理部門關於路線優化、交通信號調整等

方面的建議。

◎ **突發事件應對**：利用AI技術分析突發事件的數據，例如自然
災害、公共衛生事件等，預測事件發生的概率和可能對社區和
公眾帶來的影響，以幫助政府和相關機構制定應急計畫和應對
措施。

◎ **監控和警告**：利用AI技術分析監控視頻、聲音等數據，提供
關於潛在威脅和風險的警告，以幫助安全管理部門加強監控和
安全措施，以及及時警告大眾。

# 5-2 善用AI賦能自我需掌握五大要點

## 了解AI的基礎知識

了解AI的基礎知識是善用AI賦能自己的基礎,這包括以下內容:

1. **了解AI的基本概念和原理**:AI是指通過計算機模擬人類智能的能力,這涉及到機器學習、深度學習、自然語言處理等多個領域的知識。

2. **掌握AI相關的技術和工具**:AI技術包括機器學習、深度學習、神經網絡等,工具包括Python、TensorFlow等,學習這些技術和工具可以幫助我們更好地應用AI。

3. **了解AI的應用領域**:AI在圖像識別、語音識別、自然語言處理、機器翻譯、自動駕駛等領域有廣泛的應用,了解這些應用領域可以幫助我們更好地應用AI。

4. **了解AI的發展趨勢和挑戰**:AI技術在不斷發展,了解AI的發展趨勢和挑戰可以幫助我們更好地應對AI的變化和挑戰。

學習AI的基礎知識可以通過網上課程、書籍等途徑進行學習。例如,網上有許多免費的AI課程和教程,例如Coursera、Udacity等,在網上搜尋相關的資源可以找到適合自己的學習材料。此外,還可以

參加AI相關的研討會、工作坊等活動，與其他人交流學習和經驗，進一步提升自己的AI能力。

## 選擇適合自己的AI工具

選擇適合自己的AI工具是善用AI賦能自己的重要一環，以下是一些選擇AI工具的建議：

1. **明確自己的需求**：在選擇AI工具之前，首先需要明確自己的需求，例如是否需要一個語音助手來協助日常工作，或者是否需要一個智能化搜索引擎來搜索大量資訊等等。明確需求有助於快速定位適合自己的AI工具。

2. **研究市場上的AI工具**：市場上有許多不同類型的AI工具，需要通過研究來了解它們的功能、優點和缺點等信息，以便選擇最適合自己需求的工具。可以通過互聯網搜索、評價和評論、使用者指南等方式進行研究。

3. **測試和比較不同的AI工具**：在選擇AI工具之前，可以測試和比較不同的工具，以確定哪些工具更符合自己的需求。可以通過使用免費試用版、查閱相關使用者指南和評價等方式進行測試和比較。

4. **考慮安全和隱私問題**：在選擇AI工具時，需要考慮安全和隱私問題。需要確定AI工具是否符合安全和隱私標準，例如是否使用了加密技術來保護用戶數據等等。

5. **不斷更新和學習**：選擇一個適合自己的AI工具只是開始，需

要不斷更新和學習，以充分發揮其功能和效益。需要關注新版本的發布和更新，並學習如何更好地使用AI工具。

## 利用 AI 處理大數據

AI可以通過多種方式來處理大數據。以下是一些主要的方式：

1. **機器學習**：機器學習是一種AI技術，它可以使計算機自動從數據中學習。通過使用機器學習算法，可以從大數據中發現模式、預測趨勢和分類數據。例如，可以使用機器學習算法來分析銷售數據，以了解哪些產品最受歡迎，哪些顧客最常購買，並預測未來的銷售趨勢。

2. **自然語言處理**：自然語言處理是一種AI技術，它可以讓計算機理解和處理人類語言。通過使用自然語言處理技術，可以分析大量的文字數據，例如網絡論壇、社交媒體、新聞文章等，從中提取信息，例如關鍵詞、主題和情感。這些信息可以幫助企業了解消費者的看法和反饋，並改進其產品和服務。

3. **圖像和視頻處理**：AI技術可以幫助識別和分析圖像和視頻中的信息。例如，可以使用圖像和視頻處理技術來識別產品、場景、人物和情感等。這些信息可以幫助企業了解消費者的需求和偏好，並改進其產品和服務。

4. **雲計算**：雲計算是一種將計算機資源作為服務提供的方式。通過使用雲計算，可以輕鬆地處理大量的數據，因為它可以

提供大量的計算和存儲資源。這可以幫助企業快速地分析和
處理數據,並在需要時快速地擴展其計算和存儲能力。

# 學習AI應用技巧

學習AI應用技巧需要掌握以下幾個方面:

1. **機器學習基礎知識**:了解機器學習的基本概念和原理,例如
監督式學習、非監督式學習、半監督式學習和強化學習等。
熟悉機器學習算法,例如線性回歸、決策樹、隨機森林、支
持向量機和深度學習等。

2. **數據處理和分析技能**:應用AI處理大量的數據,需要了解
數據清洗、數據轉換和數據可視化等技能。掌握數據分析方
法,如描述性統計、假設檢驗和機器學習模型的評估等。

3. **AI工具和平台**:了解AI相關的工具和平台,例如Python編
程語言、Scikit-Learn、TensorFlow、Keras等,這些工具和
平台可以幫助我們更輕鬆地應用AI。

4. **領域知識**:應用AI需要有相關領域的知識。如分析客戶購買
行為需要了解市場行銷和消費者行為等相關知識。

5. **不斷學習和實踐**:AI技術不斷發展和演進,需要不斷學習和
實踐,跟上最新的技術和趨勢。

學習AI應用技巧需要具備機器學習基礎知識、數據處理和分析技
能、AI工具和平台、領域知識和不斷學習和實踐。通過掌握這些技能

和知識，可以更有效地應用 AI，提高工作效率和效益。

## 不斷學習和更新知識

不斷學習和更新知識是善用 AI 賦能自我的關鍵因素之一。AI 技術在不斷發展和演進，因此需要持續學習和更新知識，才能跟上最新的技術和趨勢。以下是幾個建議：

1. 訂閱 AI 相關的網站、博客和社交媒體帳號，了解最新的 AI 技術、應用和趨勢。例如，可以關注知名的 AI 科技公司、AI 學術組織、AI 研究人員和 AI 專家等。

2. 參加 AI 相關的線上課程、研討會和培訓活動，學習最新的 AI 技術和應用，並與其他 AI 專業人士交流和分享經驗。

3. 實踐和應用 AI 技術，探索 AI 在自己的工作和生活中的應用，從中發現問題和挑戰，並學習如何解決這些問題。

4. 建立和加入 AI 相關的社群，與其他 AI 愛好者和專業人士交流和分享經驗，從中學習和成長。

5. 持續反思和評估自己的 AI 知識和技能，確定強項和弱點，並訂立一個明確的學習計畫，不斷提高自己的能力和水平。

總之，不斷學習和更新知識是善用 AI 賦能自我的必要條件之一。通過不斷學習和實踐，我們可以跟上最新的 AI 技術和應用，提高自己的競爭優勢，更好地應對未來的挑戰和機遇。

| 5-3 | **善用AI賦能自我的<br>五大建議** |

## 學習AI相關知識

　　了解AI的基礎知識、應用場景、技術趨勢等可以通過網上課程、書籍、博客、論文等途徑進行學習，以下是幾種可以運用AI、學習AI相關知識的方法：

1. **線上課程：**許多知名的大學、學院、MOOC平台都提供了AI相關的課程，可以透過這些線上課程來學習AI的基礎知識，例如Coursera、edX、Udemy等平台。

2. **AI學習平台：**許多AI學習平台提供了從入門到進階的AI課程，並且提供了相應的練習和項目，幫助學習者更快速地學習AI知識。例如，Codecademy、DataCamp和Udacity等平台。

3. **在線社群：**加入AI相關的社群和論壇可以獲得有關AI的實時問答和討論，例如Quora、Stack Overflow和Reddit等平台，透過這些社群可以與AI專業人員交流，學習他們的經驗和技巧。

4. **AI學習工具：**一些AI學習工具，例如Google的TensorFlow、Microsoft的Cognitive Toolkit、PyTorch等等，提供了豐富的學習資源和文檔，幫助學習者深入了解AI相關的技術和知

識。

5 **AI應用實踐**：實踐是學習AI最重要的部分。透過參與開源
項目、參加AI競賽、進行個人或團隊項目實踐等，可以實際
運用所學的AI技術並從中獲得更多的經驗和技巧。

## 使用AI工具提高工作效率

利用AI工具自動化、優化工作流程，例如使用自動化的應答工具
來減輕常見問題的重複性工作量，使用自動化的鍵盤和鼠標腳本，提
高軟件使用效率等。以下是一些常見的方法：

1 **自動化重複性工作**：AI工具可以幫助自動處理重複性工作，
例如自動發送郵件、自動回覆訊息、自動整理文件等，這樣
可以節省大量時間和精力。

2 **聚焦重點工作**：AI工具可以幫助分析大量資料，提取出重要
信息，幫助人們更快速地掌握關鍵信息，專注於重點工作。

3 **提高效率**：AI工具可以通過智能預測和自動化處理，快速完
成複雜的工作任務，提高工作效率。

4 **提高精確度**：AI工具可以通過機器學習和深度學習等技術，
對大量資料進行分析和處理，提高精確度和準確性。

5 **協同工作**：AI工具可以幫助多人協同工作，例如通過智能語
音助手進行語音交互、使用協同編輯工具協同編輯文件等，
提高工作效率和溝通協調能力。

# 探索 AI 輔助創作

　　AI技術可以幫助提高創作效率和創造力，例如利用 AI 分析市場和用戶數據，優化內容製作，使用 AI 創意生成工具創作新的內容等。探索 AI 輔助創作是善用 AI 賦能自我的一個方向。利用 AI 技術可以幫助提高創作效率和創造力，並且可以應用於各種創作領域，例如文字、圖像、音樂、影像等。

　　對於文字創作，可以利用 AI 分析市場和用戶數據，透過自然語言處理技術分析用戶的搜索習慣、熱門話題等，幫助寫手獲得靈感和方向，優化內容製作。同時也可以使用 AI 編輯器、文字生成器等工具，快速生成文章大綱或甚至是全文。對於圖像和影像創作，可以利用 AI 生成工具創作新的內容。例如，使用風格轉換技術，將一幅圖片的風格轉換成另一幅圖片的風格；使用圖像生成器，創造出具有一定風格的新圖像；使用影像生成器，創造出具有故事情節的影片。

　　此外，還可以利用 AI 技術進行音樂創作。例如，使用音樂生成器，可以自動生成符合指定風格和情感的音樂片段，也可以使用深度學習算法，分析音樂特徵，從而幫助作曲家創作出更好的音樂作品。

　　總之，探索 AI 輔助創作是一個極具潛力的方向，通過利用 AI 技術進行創作，可以提高創作效率和創造力，同時也能夠創造出更具靈感和創意的內容。

# 利用 AI 工具進行自我管理

　　利用 AI 工具進行自我管理，可以幫助人們更好地掌握自己的時間

管理和提高效率。其中，一些 AI 工具可以記錄和分析個人的行為模式，並提供相應的反饋和建議。例如：

1. **時間追蹤工具：** 利用時間追蹤工具可以記錄個人的時間分配和使用情況，例如 RescueTime 和 Toggl 等工具可以追蹤使用電腦的時間和應用程序使用情況，從而提供反饋和建議。

2. **任務管理工具：** 利用任務管理工具可以幫助人們更好地管理自己的任務和計畫，例如 Todoist 和 TickTick 等工具可以跟蹤任務進度，設置提醒和優先級，並提供相應的建議和分析。

3. **聲音記錄和分析工具：** 利用聲音記錄和分析工具可以幫助人們更好地理解自己的語言和溝通習慣，例如 Voicea 和 Orai 等工具可以記錄和分析語音，並提供反饋和建議。

利用 AI 工具進行自我管理可以提高效率和效能，從而幫助人們更好地實現自己的目標和計畫。

## 加入 AI 社群

加入 AI 社群可以讓你更深入地了解 AI 領域的最新發展，擴展人脈圈，並從中學習和交流。有許多的 AI 社群和討論區，例如 Kaggle、Github、Reddit、Stack Exchange、Quora 等，可以在這些平台上加入相關的社群、參與討論和交流。

通過參與這些社群，你可以與 AI 專家和業界同行進行交流，提出

問題和疑惑，分享經驗和知識，從中獲得啟發和建議。此外，這些社群也經常會舉辦網上和線下的活動，如研討會、講座、競賽等，可以透過參加這些活動擴展人脈圈，認識更多志同道合的人，並可能與其他人進行合作，共同實現AI賦能的目標。

　　利用AI工具和技術，可以提高工作效率、創造力和自我管理能力，從而更好地實現個人和職業目標。

## 5-4　最佳 AI 賦能自我的工具

最佳AI賦能自我的工具取決於個人需要和興趣。以下是幾個常見的AI工具，可以幫助你賦能自我：

## Coursera

這是一個在線學習平台，提供了眾多的AI相關課程和證書。你可以通過Coursera學習機器學習、深度學習、自然語言處理等方面的知識。

Coursera是一個全球知名的在線學習平台，成立於2012年。Coursera與世界上許多知名的大學和機構合作，提供了超過4000門免費和付費的網上課程和證書課程。其中包括許多與人工智慧和機器學習相關的課程，涵蓋了從入門到高級的知識和技能。

在Coursera上，可以找到來自史丹佛大學、約翰霍普金斯大學、加州大學伯克利分校等知名機構開設的人工智慧課程。這些課程涵蓋了機器學習、深度學習、自然語言處理、機器視覺等多個方面的知識，幫助學習者從入門到精通。

在Coursera上學習人工智慧和機器學習課程，可以獲得多種學習形式和學習進度。這些課程包括視頻講座、線上編程作業、測驗和小

組討論等，讓你可以根據自己的節奏和需要學習。此外，Coursera的證書課程還可以幫助你在就業市場上提高競爭力，因為它們是由世界知名大學和機構開設，具有較高的信譽度。

總之，Coursera是一個非常好的學習人工智慧和機器學習的在線學習平台。通過Coursera，你可以學習最新的AI知識和技能，並與全球的學習者和專家交流討論。

# Kaggle

這是一個數據科學和機器學習的社區和競賽平台，你可以在這裡找到有趣的數據集，解決真實的問題，並與其他AI愛好者交流。

Kaggle是一個社區驅動的線上資料科學平臺，由安東尼·高德布盧姆（Anthony Goldbloom）於2010年創立，現在已經被Google（谷歌）收購。Kaggle平臺彙集了全球資料科學家、機器學習工程師和資料分析師，他們可以在Kaggle上分享和發現資料集，參與競賽和專案，討論和解決實際問題。Kaggle的主要功能包括：

> 1 　**資料集和內核**：Kaggle提供了一個資料集的存儲庫，包括各種類型的資料集。同時，用戶可以在平臺上創建、編輯和共用內核（Kernel），內核是一個互動式的Jupyter Notebook，用戶可以使用內核探索、分析資料，編寫機器學習模型，還可以發佈、分享和發表內核。

> 2 　**競賽**：Kaggle提供了各種競賽，旨在鼓勵資料科學家和機器學習專家解決真實世界的問題。Kaggle競賽提供大量的獎金

和機會，吸引了全球眾多的參賽者。

> **3** **論壇**：Kaggle論壇是一個開放的討論區，資料科學家和機器學習專家可以在這裡交流和分享各種問題和解決方案，包括資料預處理、特徵工程、機器學習演算法、深度學習等方面的問題。

Kaggle是一個非常優秀的AI社區，無論是剛入門的AI愛好者還是資深的資料科學家，都可以在Kaggle上找到有趣的資料集、挑戰和專案，並與全球的AI愛好者交流和分享。

# TensorFlow

這是一個開源的機器學習框架，由Google開發。它提供了各種工具和API，你可以輕鬆地開始進行深度學習和其他機器學習項目。

TensorFlow是由Google Brain團隊開發的一個開源的機器學習框架，旨在簡化機器學習的開發和部署。它支持各種機器學習任務，包括圖像和語音識別、自然語言處理、推薦系統和深度強化學習等。

TensorFlow提供了一個簡單易用的API，使得開發者能夠快速地構建、訓練和部署機器學習模型。它還提供了各種工具和庫，如TensorBoard、TensorFlow Lite、TensorFlow.js等，使得機器學習的開發和部署更加簡單和高效。

TensorFlow具有高度的靈活性和可擴展性，可以運行在多種平台上，包括CPU、GPU和TPU等。它還支持多種編程語言，如

Python、C++和Java等。

對於那些想要學習機器學習和深度學習的開發者和研究人員，TensorFlow提供了豐富的學習資源和社區支持，例如官方文檔、網絡課程、示例代碼和論壇等。此外，TensorFlow也經常舉辦各種研討會和活動，以促進AI領域的發展和交流。

# PyTorch

這是另一個開源的機器學習框架，由Meta（Facebook）開發。它提供了Python接口，使得開發者可以更快速地構建深度學習模型。

# OpenAI Gym

這是一個用於開發和比較強化學習算法的工具包。它提供了各種環境和場景，你可以在不同的應用領域中訓練和測試自己的強化學習算法。

# Google Colab

Google Colab 是一個免費的 Jupyter 筆記本環境，內建 TensorFlow 和其他機器學習相關的套件。你可以透過這個平台快速建立和執行機器學習程式，並且可以與其他人協作。

# Hugging Face

Hugging Face 是一個提供自然語言處理模型和資料集的平台，你可以透過這個平台學習如何使用機器學習來解決文本相關的問題，例如語言翻譯、文章生成、情感分析等。

## 5-5 AI 賦能的實際做法

## 運用 ChatGPT 實現賺錢的 6 種具體方法

### 1. 應用 ChatGPT 寫廣告文案

ChatGPT 可以幫助你自動生成廣告文案，節省你撰寫內容的時間，同時讓你的廣告內容更有說服力。這種方法同樣適用於 Google AdWords 或 Facebook Ads 等廣告平台。ChatGPT 可以在幾分鐘內幫助你生成一些簡單、易讀且有吸引力的廣告文案。請注意，ChatGPT 生成的內容可能存在一些語法和語義錯誤，因此你需要自行判斷和修正。

### 2. 應用 ChatGPT 做客服

ChatGPT 可以幫助你自動回覆客戶的問題，節省你的時間和人力成本。你可以將 ChatGPT 集成到你的客服系統中，讓 ChatGPT 自動回覆客戶的問題，提高客戶滿意度。ChatGPT 可以學習你的業務流程和客戶問題，並給出最佳答案，從而為客戶提供更好的體驗。此外，ChatGPT 還可以讓你為客戶提供 24 小時的服務，從而提高客戶滿意度。

### 3. 應用 ChatGPT 寫文章

ChatGPT可以自動生成文章內容，節省撰寫內容的時間和精力。這種方法適用於網站、博客或社交媒體平台，可以增加訪問量和點擊率。ChatGPT 可以根據關鍵字和內容主題，自動生成內容並提供給你。你可以修改和調整生成的內容，以滿足個人需求和標準。此外，ChatGPT還可以為不同的網站和平台生成不同風格和語調的內容，從而擴大你的讀者群體。

### 4. 應用 ChatGPT 做 SEO

ChatGPT 可以優化SEO，提高網站的搜索排名。ChatGPT 可以自動生成關鍵字和META描述，從而優化網站的SEO。ChatGPT 還可以分析你的網站內容，提供關鍵詞建議和內容優化建議，從而提高網站的搜索排名。此外，ChatGPT還可以分析競爭對手的網站和關鍵詞，從而制定更好的SEO策略。

### 5. 應用 ChatGPT 做翻譯

ChatGPT可以自動翻譯文本和語音，從而節省你的翻譯時間和成本。ChatGPT可以自動識別源語言和目標語言，並生成翻譯結果。ChatGPT還可以學習您的翻譯偏好和風格，從而提供更好的翻譯體驗。此外，ChatGPT還可以能翻譯大量文本和語音，從而提高翻譯效率。

### 6. 應用 ChatGPT 做為寫作助手

ChatGPT 可以擴展寫作能力，它可以提供寫作建議、修辭分析、標點符號檢查等功能，幫助你提高寫作的品質和效率。ChatGPT 可以

學習寫作風格和偏好,並提供個性化的寫作建議,從而提高你的寫作水平。此外,ChatGPT 還可以幫助你寫出更生動、更有趣的文章,吸引更多的讀者。

以上是6種利用 ChatGPT 賺錢的具體方法。除此之外,還有很多其他的方法可以利用 ChatGPT 實現賺錢,比如 ChatGPT 寫作、ChatGPT 編程等等。最重要的是,你需要了解 ChatGPT 的功能和限制,以及 ChatGPT 可能存在的語法和語義錯誤,從而更好地利用 ChatGPT 實現賺錢。

## 應用 ChatGPT 寫文案

ChatGPT是一款能夠自動生成文本的AI模型,可以應用於文案撰寫方面。以下是利用ChatGPT寫文案的一般步驟:

1. **定義文案主題和目標讀者**:首先需要明確文案的主題和目標讀者,這有助於設置ChatGPT的生成方向。

2. **選擇適當的輸入格式**:ChatGPT支持多種輸入格式,如自然語言文本、關鍵詞、問答式等。根據文案的需要選擇適當的輸入格式,可以提高ChatGPT生成文案的效果。

3. **編輯輸入內容**:根據所選擇的輸入格式,編輯輸入內容,提供ChatGPT生成文案的素材。

4. **調整生成結果**:ChatGPT生成的文案可能不完全符合需求,需要對生成結果進行調整和修改。可以通過修改輸入內容、調整生成模型的參數等方式進行調整。

5 **完善文案細節**：生成的文案可能存在細節不夠完善的問題，需要人工進行完善。例如校對文法錯誤、調整文案結構、添加合適的詞語等。

需要注意的是，ChatGPT生成的文案僅供參考，需要人工進行修改和完善。在使用ChatGPT生成文案時，應該關注文案的品質而不是生成速度，並且不應完全依賴AI模型，仍需人工審視和修改。

# 使用Dall-E 創造圖像

Dall-E 是一個人工智慧圖像生成器，可以根據文字描述創建圖像。下面是使用 Dall-E 創建圖像的步驟：

1 打開 Dall-E 網站。

2 輸入你要創建圖像的描述。例如，輸入「一隻綠色的小鳥站在樹枝上」。

3 等待 Dall-E 生成圖像。這可能需要一些時間，具體時間取決於你的描述和 Dall-E 的載入速度。

4 檢查生成的圖像，你可以選擇保存圖像或進行更多的修改和調整。

需要注意的是，Dall-E 創建的圖像可能不夠完美，因此需要仔細檢查並進行修改。此外，在使用 Dall-E 創建圖像時，也需要遵守相關法律法規，避免侵犯他人的權益。

# 運用人工智慧提供關鍵決策

人工智慧可以提供關鍵決策的幫助，以下是一些方法：

1. **數據分析**：人工智慧可以對大量的數據進行分析和預測，以幫助決策者做出更明智的決策。透過探索和分析大數據，人工智慧可以發現與決策相關的趨勢和模式，這些趨勢和模式可以用來作出更好的決策。

2. **預測模型**：人工智慧可以建立預測模型來預測未來事件的發生。這些預測可以幫助決策者在制定計畫時更好地了解可能的後果和風險。

3. **自動化決策**：人工智慧可以利用訓練過的算法和規則，進行自動化的決策。這些算法和規則可以設計成符合特定目標和條件的，幫助決策者快速做出決策。

4. **協作和輔助決策**：人工智慧可以提供與其他人共同工作的方式，協助多人合作做出決策。例如，可以利用人工智慧來創建虛擬會議，使不同的利益相關方可以共同參與決策過程。

5. **資訊檢索和整理**：人工智慧可以幫助決策者搜尋和分析相關資料，提供決策所需的最新和最精確的資訊。這可以幫助決策者做出更明智的決策，減少錯誤和風險。

綜上所述，人工智慧可以幫助決策者進行各種形式的決策，從數據分析到預測模型，再到自動化決策、協作和輔助決策，以及資訊檢索和整理等，都可以應用人工智慧技術來提供決策所需的支援。

## 運用 AI 當作創業顧問

AI可以被運用作為創業顧問，幫助創業家做出更好的決策。以下是一些運用 AI 作為創業顧問的方法：

1. **資料分析和預測**：利用 AI 來分析市場趨勢、消費者行為和競爭對手情況，並提供相應的預測和建議。

2. **智能搜索和篩選**：利用 AI 技術幫助創業家搜索和篩選潛在投資者、合作夥伴和供應商等。

3. **智能客服和體驗**：利用 AI 來提供更好的客戶服務和體驗，例如自動回答問題、推薦產品和提供個性化的建議等。

4. **自動化流程和管理**：利用 AI 技術自動化流程和管理，減少人工成本和人為錯誤，提高效率和效益。

5. **項目評估和風險管理**：利用 AI 技術幫助創業家評估項目的可行性和風險，提供相應的建議和預測。

總之，運用 AI 作為創業顧問需要了解 AI 技術的應用和局限性，並且需要建立一個有效的數據和知識庫來支持決策和建議。

## 運用 AI 賦能個人工作

AI可以用於賦能個人工作，提高工作效率、精度和創造力。以下是一些方法：

1. **自動化重複性任務**：AI可以自動化一些重複性任務，例如數據輸入、文件管理和郵件排序等，從而節省時間和精力，讓

個人可以專注於更有價值的任務。

2 **優化工作流程**：AI 可以分析和優化工作流程，從而提高效率和精度。例如，在製造業中，AI 可以分析生產過程中的數據，並推薦最佳的生產流程和材料使用方法。

3 **智能輔助和協作**：AI 可以用於智能輔助和協作，例如智能語音助手、智能雲端協作工具和智能預測分析等。這些工具可以幫助個人更輕鬆地完成工作，並提供更好的團隊協作體驗。

4 **提高創造力**：AI 可以用於提高創造力，例如創作軟體、圖像處理工具和音樂生成程式等。這些工具可以幫助個人更輕鬆地創造出各種創意和作品。

　　總之，AI 可以幫助個人在工作中更加智能、高效、創造力十足，從而提高工作品質和效率。

# 利用Notion AI讓團隊更有效率

Notion AI 是一個功能豐富的工作協作平台，它可以提供各種工具來幫助團隊更有效地組織、協調和管理工作。以下是一些使用 Notion AI 來增強團隊協作的建議：

1. **自動化工作流程**：Notion AI 可以自動化常見的工作流程，例如自動化報告、排程、提醒和指派任務等。自動化這些重複性的工作可以減少人工錯誤，節省時間和提高生產力。

2. **信息整合**：Notion AI 可以將多個資料來源整合到一個地方。例如，你可以使用 Notion AI 將電子郵件、記事本、日曆和檔案整合到一個專案中，這樣可以更容易地查找所需的資訊，減少了搜尋不同資料源的時間。

3. **自然語言處理**：Notion AI 具有自然語言處理技術，可以自動辨識和標記文本中的關鍵字，並快速提取重要資訊。例如，你可以使用 Notion AI 自動辨識文檔中的日期、時間、地點和人名等信息，這樣可以減少手動輸入和錯誤。

4. **語音識別**：Notion AI 還具有語音識別技術，可以自動轉換語音成文字。這對於需要記錄會議討論、討論結果或想法等場合非常有用。使用 Notion AI 記錄語音，可以節省時間，並且在需要查找資訊時能夠更快地找到所需資訊。

5. **智能推薦**：Notion AI 可以根據用戶的使用行為和工作模式，智能地推薦和優化功能。例如，Notion AI 可以推薦使用者所需的模板、工具和教學資源，並且可以快速學習用戶

的使用習慣，並且改善用戶體驗。

綜合以上建議，使用 Notion AI 可以提高團隊的生產力，提高工作效率，減少錯誤，並且提供更好的工作體驗。

# 使用 Runway AI 生成圖像、音頻、文本

Runway AI 是一個功能強大的 AI 工具，可以幫助用戶生成各種形式的數字內容，包括圖像、音頻和文本。以下是使用 Runway AI 生成不同類型內容的步驟：

## 生成圖像

使用 Runway AI 可以生成各種風格的圖像，包括藝術作品風格轉換、影像描繪等。使用 Runway AI 的步驟如下：

→ 註冊 Runway AI 帳戶，登錄後進入主頁面。

→ 選擇您想要生成的風格，例如 Van Gogh、Picasso 等，或是使用 Runway AI 的搜索功能查找更多風格。

→ 上傳你想要轉換風格的圖像，然後點擊「生成」。

→ 等待生成完成後，你可以下載並保存生成的圖像，也可以進行其他操作，例如應用不同的濾鏡和效果等。

## 生成音頻

使用 Runway AI 可以生成各種風格和類型的音頻，包括音樂、語音合成、聲音效果等。以下是使用 Runway AI 生成音頻的步驟：

→ 登錄Runway AI帳戶，選擇「音頻」功能。

→ 選擇想要生成的音頻類型，例如音樂、聲音效果等。

→ 上傳你要生成的音頻內容或是選擇Runway AI提供的樣本，然後點擊「生成」。

→ 等待生成完成後，可以試聽並下載生成的音頻，或者調整一些參數並重新生成音頻。

## 🧭 生成文本

使用Runway AI可以生成各種類型和風格的文本，包括故事、詩歌、新聞文章等。以下是使用Runway AI生成文本的步驟：

→ 登錄Runway AI帳戶，選擇「文本」功能。

→ 選擇你要生成的文本類型，例如故事、詩歌、新聞文章等。

→ 輸入一些文字內容，或者使用Runway AI提供的樣本作為基礎，然後點擊「生成」。

→ 等待生成完成後，可以查看和下載生成的文本，或者進一步編輯和修改內容。

使用Runway AI的過程中，需要先準備好原始數據，例如圖片、聲音、文本等，然後輸入到相應的模型中進行處理，最終生成需要的結果。使用Runway AI可以大大提高團隊的工作效率，同時也可以讓團隊在設計、媒體等領域上更具創意。

# 使用 beHuman 進行網站設計

beHuman 是一個基於低代碼技術的網站設計平台,可以幫助使用者快速地建立自己的網站。以下是使用 beHuman 進行網站設計的步驟:

1. 註冊 beHuman 帳號並登入後,選擇創建新網站。

2. 選擇一個適合的模板,可以選擇免費模板或付費模板。beHuman 提供了豐富的模板,用戶可以根據自己的需求選擇。

3. 開始自定義網站內容。beHuman 的編輯器是基於拖放的,用戶可以輕鬆地拖動元素進行布局、調整字體、修改顏色等等。同時,beHuman 還提供了許多現成的元素,如圖片、文字、按鈕、表格等等,用戶可以根據需要隨時添加。

4. 在 beHuman 中,用戶可以添加各種擴展功能,如線上付款、電子郵件訂閱、社交媒體分享等等。這些功能可以幫助用戶更好地管理網站,吸引更多的訪問者。

5. 當網站設計完成後,可以點擊發布按鈕,beHuman 會自動幫助用戶將網站上傳到網絡上,讓人們可以訪問。

總體而言,beHuman 是一個功能豐富、易於使用的網站設計平台,可以幫助用戶快速、輕鬆地創建自己的網站,對於那些沒有專業編程知識的用戶來說,是一個非常好的選擇。

# 使用LALAL AI音樂創作工具

LALAL AI是一個人工智慧音樂創作工具，可以幫助使用者自動創作、編曲和生成音樂。以下是使用 LALAL AI 創作音樂的步驟：

1. **選擇音樂風格：**打開 LALAL AI 後，您需要選擇您想創作的音樂風格，比如說古典、流行、搖滾等等。

2. **選擇節奏、音符：**選擇完音樂風格後，LALAL AI 會要求你選擇節奏和音符的基本結構，你可以選擇一個預設的節奏，也可以自己定義一個新的節奏。

3. **自動生成音樂：**選擇完節奏和音符結構後，LALAL AI 會自動生成一段音樂，並且會有一個基本的旋律、和弦和鼓聲。

4. **編輯音樂：**如果你不滿意自動生成的音樂，你可以對它進行修改。LALAL AI 提供了一些編輯工具，比如增加、刪除音符，改變音符的長度和音高等等。

5. **下載音樂：**完成編輯後，你可以下載這段音樂，並將它保存到你的電腦或者手機中。LALAL AI 還可以將生成的音樂導出為 MIDI 文件，這樣你就可以在其他軟件中繼續進行編曲和製作。

總體來說，LALAL AI是一個非常方便和易於使用的音樂創作工具，它可以幫助沒有音樂背景的人快速地生成和編輯音樂。當然，如果你有音樂創作經驗，LALAL AI 也可以作為一個很好的創作工具，幫助你快速地生成一些音樂素材，並進一步進行編曲和製作。

## 使用 Gaituya 提供高品質攝影服務

　　LALAL AI 是一個基於人工智慧的音樂創作工具，可以幫助使用者自動生成旋律、和弦、節奏等元素，並且支持用戶對創作進行修改和編輯。以下是使用 LALAL AI 進行音樂創作的詳細步驟：

1️⃣　前往 LALAL AI 的網站，登錄或註冊一個帳戶。

2️⃣　選擇一個音樂風格或者曲風，例如流行音樂、搖滾樂等，並且選擇一個音樂的 BPM（每分鐘節拍數）。

3️⃣　選擇創作方式，LALAL AI 提供了自動創作和手動創作兩種方式。如果選擇自動創作，LALAL AI 會自動生成旋律、和弦和節奏，用戶可以直接修改或編輯；如果選擇手動創作，用戶需要自己手動添加或修改音符。

4️⃣　在 LALAL AI 的音樂編輯器中進行編輯。用戶可以通過拖動音符或者更改音符屬性，調整旋律、和弦和節奏等元素，以創作出自己想要的音樂作品。

5️⃣　完成創作後，可以將作品下載到本地電腦，或者分享到社交媒體上與他人分享。

　　需要注意的是，LALAL AI 僅能生成基礎的旋律、和弦和節奏等元素，對於音樂的整體創作風格和特色還需要用戶自己進行編輯和調整，因此使用 LALAL AI 創作的音樂作品，可能需要經過進一步的加工和修改，才能達到用戶的預期效果。

## 使用 Remove 快速、自動去除照片背景

Remove是一款使用人工智慧技術的圖像處理工具，可快速、自動去除照片背景。以下是使用Remove的詳細步驟：

1. 開啟Remove網站，並點擊「Upload Image」上傳想要處理的圖片。

2. 等待片刻，Remove會自動辨識圖片中的物體和背景，然後顯示出經過處理的結果。

3. 如果需要微調處理結果，可以點擊「Edit」，然後使用畫筆工具進行修飾。

4. 當滿意處理結果後，可以點擊「Download」下載處理過的圖片。

需要注意的是，Remove並不是完美的工具，對於複雜的圖片，其處理結果可能不夠精確。此外，Remove僅支持處理圖像，無法處理其他媒體格式。

Chapter
**6**
★ ★ ★

# AI新時代四大布局策略

Artificial
Intelligence

# 職場未來的目標

AI時代的到來，將會取代非常多舊有的工作，同時也會創造出新的工作，我們應該學習擁有哪些技能才能擁抱AI的到來呢？

## 機器學習

了解機器學習的基本原理以及如何使用機器學習算法來解決問題。

機器學習是人工智慧（AI）的一個重要分支，它是一種從數據中自動學習的技術，並使用這些學習來預測未來結果。機器學習算法基於統計學和數學原理，可以自動化許多日常任務，例如圖像識別、語音識別和自然語言處理等。

作為AI領域的重要技能之一，掌握機器學習技能的人可以應用這些算法來解決許多現實世界的問題，從金融預測到醫學診斷等。掌握機器學習的基本原理以及如何使用相關工具（例如TensorFlow和Scikit-learn）是必不可少的技能，以實現AI的目標。

具體來說，掌握機器學習的技能需要：

1. 了解機器學習的基本原理和概念，包括監督學習、非監督學習和強化學習等。

2. 掌握常用機器學習算法，如回歸、分類、聚類和降維等。

3 學習如何使用 Python 等編程語言來實現機器學習算法，例如使用 Scikit-learn 庫來實現簡單的監督學習算法。

4 熟悉機器學習工作流程，包括數據預處理、模型訓練和模型評估等。

5 掌握機器學習算法的優化方法，例如特徵選擇、超參數優化和模型組合等。

機器學習是 AI 領域中不可或缺的技能之一，掌握機器學習的基本原理和相關工具可以讓人們開發出更好的 AI 應用程序。

## 編程

能夠使用至少一種流行的程式語言（如 Python 或 Java）來開發 AI 應用程序。

機器學習是人工智慧（AI）的一個重要分支，它是一種從數據中自動學習的技術，並使用這些學習來預測未來結果。機器學習算法基於統計學和數學原理，可以自動化許多日常任務，例如圖像識別、語音識別和自然語言處理等。作為 AI 領域的重要技能之一，掌握機器學習技能的人可以應用這些算法來解決許多現實世界的問題，從金融預測到醫學診斷等。掌握機器學習的基本原理以及如何使用相關工具（例如 TensorFlow 和 Scikit-learn）是必不可少的技能。

具體來說，掌握機器學習的技能需要：

1 了解機器學習的基本原理和概念，包括監督學習、非監督學

習和強化學習等。

2　掌握常用機器學習算法，如回歸、分類、聚類和降維等。

3　學習如何使用Python等編程語言來實現機器學習算法，例如
使用Scikit-learn庫來實現簡單的監督學習算法。

4　熟悉機器學習工作流程，包括數據預處理、模型訓練和模型
評估等。

5　掌握機器學習算法的優化方法，例如特徵選擇、超參數優化
和模型組合等。

　　機器學習是AI領域中不可或缺的技能之一，掌握機器學習的基本
原理和相關工具可以讓人們開發出更好的AI應用程序。

## 數據處理

　　熟悉數據處理工具，例如Pandas和Numpy，以及數據庫（如
MySQL或MongoDB）。

　　數據處理是AI領域中非常重要的一個技能，因為AI模型的訓練
和應用需要使用大量的數據。掌握數據處理技能可以讓人們有效地處
理和管理數據，以及進行數據清理和轉換等操作。以下是數據處理技
能的相關內容：

1　**熟悉數據處理工具：**數據處理的核心工具是Pandas和
Numpy。Pandas是一個Python庫，可以處理結構化數據，
例如表格和時間序列數據。Numpy是一個Python庫，可以

處理數值數據，例如多維數組和矩陣。

2 **熟悉數據庫**：數據庫是一個管理結構化數據的系統。熟悉至少一種主流的數據庫系統，例如 MySQL 或 MongoDB。了解如何在數據庫中存儲和查詢數據，以及如何使用 SQL 等查詢語言。

3 **熟悉數據清理和轉換**：數據清理是指對數據進行預處理，以便更好地使用。這包括處理缺失值、重複值、異常值和不一致值等。數據轉換是指將數據從一個格式轉換為另一個格式。這包括數據格式轉換、數據編碼和數據標準化等。

4 **熟悉數據可視化**：數據可視化是指使用圖表和圖形等方式將數據呈現出來。這可以幫助人們更好地理解數據和發現數據中的規律和趨勢。熟悉至少一種數據可視化工具，例如 Matplotlib 或 Seaborn 等。

5 **熟悉數據分析**：數據分析是指對數據進行統計和機器學習等技術的應用，以發現數據中的規律和趨勢。熟悉統計學基礎和機器學習算法，例如回歸、分類、聚類等，並能夠使用相應的 Python 庫進行數據分析，例如 Scikit-learn 和 Statsmodels 等。

6 **熟悉大數據技術**：隨著數據量的不斷增加，大數據技術已成為必備技能之一。熟悉大數據技術，例如 Hadoop、Spark 和 Hive 等，可以幫助人們處理海量數據。

7 **熟悉自然語言處理（NLP）技術**：NLP 技術是一種可以使機

器能夠理解和生成自然語言的技術。熟悉NLP技術，例如文本處理、情感分析和機器翻譯等，可以幫助人們開發基於自然語言的AI應用。

數據處理技能對於從事AI領域的工作至關重要，因為數據是AI模型的核心，掌握數據處理技能可以讓人們更好地處理和管理數據，進而開發出更加高效和準確的AI應用。

## 統計學

了解基本統計學概念，如機率分佈和假設檢驗，以支持AI分析。

統計學是一門研究收集、分析、解釋和呈現數據的學科。在AI領域，統計學是一個必備技能，因為AI模型需要通過數據進行訓練和測試，而統計學提供了分析和解釋數據的基礎理論和方法。以下是一些與統計學相關的技能：

1. **確定問題**：統計學可以幫助人們確定問題，確定分析的目標以及選擇合適的數據集和模型。

2. **數據收集**：統計學可以幫助人們設計和執行數據收集計畫，確定樣本大小和選擇合適的數據收集方法。

3. **數據描述**：統計學可以幫助人們描述數據，例如計算數據的中心傾向、變異程度和分佈情況等。

4. **假設檢驗**：統計學可以幫助人們進行假設檢驗，確定數據是否具有統計意義和可信度，並評估模型的準確性和可靠性。

5 **確定模型**：統計學能幫助人們選擇和確定模型，如線性回歸、邏輯回歸和決策樹等，以及確定模型的參數和假設等。

6 **預測和分類**：統計學可以幫助人們進行預測和分類，例如通過回歸模型預測房價和通過分類模型識別垃圾郵件。

統計學是AI領域中不可或缺的技能之一，掌握統計學技能可以幫助人們更好地分析和解釋數據，提高AI模型的準確性和可靠性。

## 自然語言處理

熟悉自然語言處理的基本概念，如詞嵌入和文本分類，以應用於AI的相關領域。

自然語言處理（Natural Language Processing，NLP）是一個研究人類語言與計算機之間交互的學科。在AI領域，NLP技術被廣泛應用於處理和分析自然語言文本，例如語音識別、情感分析、文本分類、機器翻譯等。以下是一些與自然語言處理相關的技能：

1 **詞嵌入**：詞嵌入（Word Embedding）是一種將單詞表示為向量的技術，它可以幫助計算機更好地理解單詞的語義和語境。熟悉詞嵌入技術可以幫助人們訓練更好的NLP模型。

2 **文本分類**：文本分類是一種將文本歸類為不同類別的技術，例如通過分析電子郵件主題來標記垃圾郵件。熟悉文本分類技術可以幫助人們訓練更好的文本分類模型。

3 **語音識別**：語音識別（Speech Recognition）是將語音轉換

為文本的技術，例如通過識別語音指令來控制智能家居。熟悉語音識別技術可以幫助人們開發更好的語音識別模型。

4 **情感分析**：情感分析是一種將文本分析為情感極性的技術，例如通過分析社交媒體用戶的發帖內容來了解其情感狀態。熟悉情感分析技術可以幫助人們訓練更好的情感分析模型。

5 **機器翻譯**：機器翻譯是一種將文本從一種語言翻譯為另一種語言的技術，例如通過翻譯外國新聞來提供多語言新聞閱讀體驗。熟悉機器翻譯技術可以幫助人們開發更好的機器翻譯模型。

總的來說，自然語言處理是 AI 領域中一個非常重要的技能，掌握自然語言處理技能可以幫助人們處理和分析大量的自然語言文本，從而實現許多有用的應用。隨著 NLP 技術的不斷發展和改進，它在各個領域的應用也越來越廣泛，包括搜尋引擎、智能助手、社交媒體分析、自動翻譯等。掌握 NLP 技能可以讓人們更好地利用和理解文本數據，從而為各種應用場景提供更智能化和高效的解決方案。

## 機器視覺

了解圖像處理和機器視覺的基本概念，如圖像分類和物體檢測，以支援相關領域。

機器視覺是指通過機器學習和圖像處理技術讓機器理解和分析圖像的能力。機器視覺的基本流程包括圖像的擷取、前處理、特徵提

取、特徵表示和分類或檢測。

1 **擷取**：從攝像頭、相機或圖片庫等來源中獲取圖像。

2 **前處理**：對圖像進行縮放、旋轉、去噪等操作，以便更好地進行特徵提取。

3 **特徵提取**：從圖像中提取關鍵特徵，例如邊緣、紋理和形狀等。

4 **特徵表示**：將提取出的特徵轉換成計算機可處理的數字或向量表示。

5 **分類或檢測**：根據所提取的特徵進行分類或檢測。

機器視覺已經在很多領域中得到廣泛應用，例如人臉識別、交通監控、安防監控、自動駕駛、無人機、機器人等。在AI領域，機器視覺技術是非常重要的一個方向，因為它能夠實現對圖像和視頻的智能識別和分析，從而實現更多的應用和服務。

## 軟件開發

掌握軟件開發的基本技能，如代碼管理和測試，以編寫高品質的AI應用程序。

軟件開發是指使用編程語言、軟件工具和技術，設計、開發、測試和維護軟件系統的過程。在AI的應用中，軟件開發是實現AI算法的核心技術之一，因此對AI開發者而言，掌握軟件開發技能至關重要。以下是一些軟件開發技能的建議：

1. **編程語言**：AI開發人員需要掌握至少一種流行的編程語言，如Python、Java或C++等。這些語言都有強大的AI庫和框架，可支持AI算法的開發。

2. **代碼管理**：使用版本控制系統（如Git）可以使開發者更好地管理代碼。它可以跟踪代碼的更改，允許不同開發者協作並使回退操作更容易。

3. **測試**：測試是軟件開發的關鍵部分，可以幫助確保代碼的穩定性和可靠性。AI開發人員需要學習編寫單元測試、集成測試和端到端測試等不同類型的測試。

4. **設計模式**：設計模式是軟件開發中常用的解決方案。AI開發人員需要掌握常見的設計模式，如單例模式、觀察者模式和工廠模式等，以實現可重用且可擴展的代碼。

5. **代碼重構**：代碼重構是對現有代碼進行修改以改進其結構和性能的過程。AI開發人員需要學習如何重構代碼，以使其更易於維護和擴展。

軟件開發是AI開發的基礎，AI開發人員需要精通編程、代碼管理、測試、設計模式和代碼重構等技能，以實現高品質的AI應用程序。

## 硬件知識

了解機器學習和AI所需的硬件要求，以便構建和優化AI系統。

在AI和機器學習的領域中，硬件知識指的是對於所需的計算硬件的了解和掌握。這些硬件包括中央處理器（CPU）、圖形處理器（GPU）和專用的AI加速器（如TPU）。以下是幾個重要的硬件知識：

1. **CPU**：在AI和機器學習領域，一般使用多核心的CPU來進行計算，以提高計算效率。同時，對於CPU的架構和緩存等特性的了解也是有益的。

2. **GPU**：GPU是專門用於圖形處理的硬件，但也因其高效的矩陣運算能力而被廣泛用於AI和機器學習中。熟悉GPU的架構和運作方式，可以更好地進行高效的矩陣運算。

3. **TPU**：TPU是Google開發的專用於AI加速的硬件。相較GPU，TPU更加高效且運算速度更快，但有特定的使用場景。

4. **其他硬件**：除了CPU、GPU和TPU，還有一些其他的硬件，如FPGA、ASIC等。了解這些硬件的特點和應用場景，可以根據需求選擇最合適的硬件。

總體而言，硬件知識對於構建高效的AI系統至關重要，因為硬件的選擇和配置會直接影響到計算效率和性能。

## 商業思維

能夠了解並解決商業問題，並能夠利用AI技術來改善業務流程。

在 AI 應用程式的開發和實施過程中，商業思維對於成功非常重要。這個技能涉及到理解商業需求、選擇最適合的 AI 技術，以及最終實施解決方案的能力。以下是一些涵蓋商業思維技能的具體方面：

1. **商業分析**：能夠評估商業問題，從中得出洞察力並提出解決方案。這可能需要對商業領域和市場趨勢的深入了解，以及對組織內部和外部數據的詳細分析。

2. **項目管理**：能夠有效管理項目，確保計畫得到執行並在預算和時間範圍內交付。這涉及到能夠與團隊和相關利益者進行有效的溝通和協調，並能夠隨時調整計畫以應對變化。

3. **廣泛知識**：能夠跨不同領域工作並理解其商業需求。這可以涵蓋各種不同的行業，例如金融、零售和醫療保健等。

4. **預測能力**：能夠將過去的數據和趨勢轉化為可靠的預測模型。這可能需要熟悉不同的預測技術，例如時間序列分析和機器學習等。

5. **客戶服務**：能夠理解客戶需求並為他們提供高品質的服務。這可能需要對客戶服務和支持的最佳實踐有深入了解，並且要能夠迅速解決問題和回應客戶的需求。

6. **創新思維**：能夠提出新的創意解決方案，並轉化為可實施的計畫。這可能需要具有獨立思考、創意和解決問題的能力。

7. **專業操守**：能夠在商業活動中保持良好的道德和行為標準。這可能需要對行業標準和監管要求的深入了解，並且要遵守相關的法律和規定。

8 **市場分析**：了解市場趨勢、競爭環境和客戶需求，以便設計和實施適合市場的AI解決方案。

9 **商業模式**：熟悉各種商業模式，並能夠選擇適合自己公司的模式，以利用AI技術創造更多商業價值。

10 **產品開發**：了解產品開發的基本原理和流程，並能夠與開發團隊協作，設計和開發出基於AI的新產品。

11 **產品營銷**：熟悉產品營銷的基本方法和策略，並能夠使用AI技術來優化營銷策略和促進銷售。

商業思維是一種將AI技術與商業目標和需求相結合的能力，需要對商業環境和市場深入了解，並能利用AI技術來創造更多商業價值。

## 創新能力：

具備創新能力和探索精神，以不斷改進和發展AI技術，並為未來AI領域做出貢獻。

在AI領域，創新能力是非常重要的一個技能。因為AI技術一直在不斷發展和進步，需要有人持續推進技術的發展。以下是一些可以幫助您提高創新能力的技巧：

1 **學習新技術**：了解最新的AI技術和相關的工具和應用，了解行業趨勢。

2 **探索新領域**：探索尚未開發的領域，思考如何利用AI技術解決當前的問題或挑戰。

3 **發掘新思路**：與其他人分享自己的想法和創新，從其他人的反饋中獲得啟發。

4 **提出問題**：定義問題並提出解決方案，並考慮多種方法，從而激發創新的想法。

5 **評估風險**：了解採用新技術或方法可能帶來的風險，並評估其可行性和可持續性。

6 **改進現有方法**：評估現有的AI技術和方法，並思考如何進行改進，以實現更好的性能和結果。

7 **開放思考**：保持開放的思維方式，接受挑戰和新觀點，並從失敗中學習。

另外，創新能力也包括運用不同的技術和思維方式來解決問題，挑戰現有的框架和常規思考方式。這需要對行業和市場的深刻理解，以及敏銳的洞察力和創意思維，以提出獨特和有效的解決方案。AI領域的創新能力是不可或缺的，因為這是實現技術突破和推動行業發展的關鍵。有這種能力的人可以在快速變化的市場中脫穎而出，將AI技術應用到新領域中，並為社會帶來真正的價值。

總之，創新能力是AI領域成功的一個重要因素。通過持續學習、開放思維和探索新領域，你可以提高自己的創新能力，推動AI技術的發展和應用。

### 布局二 學習成長的方向

　　隨著 AI 技術的發展，許多工作崗位的工作內容可能會發生改變，但是人類的價值和重要性仍然不可取代。因此，在 AI 來臨的時代下，學習成長的方向應該包括以下幾點：

## 學習新技能

　　在 AI 來臨的時代下，學習新技能是非常重要的。隨著科技的發展，職場上的工作內容和要求也在不斷變化，需要人們不斷學習和掌握新的技能以應對新的挑戰。學習新技能是職場未來的必備技能之一。需要不斷學習和實踐，以應對職場的變化和挑戰。以下是一些關於學習新技能的建議：

◎ **尋找適合自己的學習方式**：學習新技能有許多種方式，包括在線課程、實體課程、自學等等。每個人的學習方式都不同，因此需要尋找適合自己的學習方式。可以透過試驗不同的方式來找到最適合自己的學習方式。

◎ **確定自己的學習目標**：在學習新技能之前，需要明確自己的學習目標。明確的目標有助於集中注意力、提高學習效率，並為未來的職業發展制定更好的計畫。

◎ **選擇熱門技能或與自己職業相關的技能**：學習熱門技能或與自己職業相關的技能有助於提高就業競爭力。可以透過網絡、職業論壇等途徑了解哪些技能是最熱門的或哪些技能與自己的職業相關。

◎ **與他人合作學習**：與他人合作學習可以增加學習的互動性和樂趣。可以通過參加課程、加入學習群體等方式與他人合作學習。

◎ **持續學習並實踐**：學習新技能需要持續的努力和實踐。需要花時間學習並嘗試應用所學知識。可以通過實際項目、實踐經驗、工作實習等方式來應用所學技能，提高實踐經驗。

# 培養創新能力

　　培養創新能力是現代職場中非常重要的技能之一。創新能力可以幫助人們在職場上解決問題、創造價值，並在日常工作中更具創造力和靈活性。培養創新能力需要多元思考、學習新技能和知識、接受失敗等多方面的努力。通過不斷的練習和實踐，可以在職場上發揮更大的創造力和價值。以下是一些建議，可幫助培養創新能力：

◎ **鼓勵做出改變**：創新能力的關鍵是獨立思考和行動，鼓勵自己和團隊成員提出改進意見，甚至是新想法，這可以培養對未來的想像力，並激發創造力。

◎ **尋找問題和解決方案**：尋找現實生活中的問題並思考解決方案，是培養創新能力的一個有效方式。可以從小到大，從個人

的日常問題到更大範圍的社會問題。

◎ **培養多元思考**：多元思考是指不斷擴展思維的範圍，將不同的思考方式和觀點納入其中。可以從多個方面思考問題，運用不同的知識和經驗來解決問題。

◎ **接受失敗**：創新不是一個簡單的過程，其中有時會出現失敗的情況。接受失敗是成功的關鍵之一，需要從失敗中學習並繼續前進。

◎ **學習新技能和知識**：學習新技能和知識可以幫助人們獲得新的想法和工具，進而激發創造力。可以通過參加網上課程、參加培訓、閱讀書籍等方式學習新知識。

◎ **與他人合作**：與他人合作可以幫助人們擴大思維範圍和集體智慧，共同創造更好的解決方案。可以透過小組工作、項目合作、討論會等方式與他人合作。

## 掌握跨領域知識

隨著科技和產業的發展，跨領域知識已成為現代職場中的一個重要技能。跨領域知識是指能夠涉獵不同領域的知識並將其整合應用的能力。以下是一些建議，可以幫助掌握跨領域知識：

◎ **找到相關職場和領域**：了解自己所在的職場和所學領域外的其他領域，特別是那些可能會與自己的工作相關的領域，這是非常重要的。可以通過閱讀相關報紙、雜誌、網絡資源和與同事、朋友等交流來了解其他領域的發展情況。

◎ **學習其他領域的知識：**學習其他領域的知識可以幫助擴展自己的思維和視野，了解其他領域的專業術語、理論和實踐。可以通過閱讀書籍、參加線上課程、觀看網上視頻等方式學習。

◎ **鼓勵多元思考：**多元思考是指將不同領域的知識和經驗相結合，擴展思維範圍，從而產生更多的創新和獨特想法。可以通過閱讀跨領域的文章、參加跨領域的研討會等方式培養多元思考能力。

◎ **探索新的解決方案：**跨領域知識可以幫助找到新的解決方案，解決傳統思維無法解決的問題。通過將不同領域的知識相結合，可以發現新的連接點，進而產生獨特且創新的解決方案。

◎ **與不同領域的人合作：**與不同領域的人合作可以幫助擴展思維和視野，提高跨領域解決問題的能力。可以通過參加跨學科研究項目、與其他領域的人共事等方式，與不同領域的人建立聯繫和合作。

## 培養團隊合作能力

在現代職場中，團隊合作能力已經成為一項重要的技能，培養團隊合作能力需要建立良好的溝通渠道、培養共同目標、相互尊重、提高團隊成員的意識以及鼓勵互相幫助等方面進行。良好的團隊合作能力是職場未來不可或缺的一個方面。在AI技術的應用過程中，需要各個領域的專家協同工作，良好的團隊合作能力能夠確保團隊能夠有效地達成共同目標。以下是一些建議，可以幫助培養團隊合作能力：

◎ **建立良好的溝通管道**：團隊成員之間要有清晰的溝通管道，確保信息流暢，意見得到充分的交流和理解。可以透過定期的會議、使用協作工具、開放式的溝通等方式來實現良好的溝通。

◎ **培養共同目標**：團隊成員需要知道團隊的共同目標，並將其作為自己的目標，以此為方向進行工作。可以通過討論和制定目標，確定每個人的職責和貢獻，以及共同擁有的成就感，從而培養共同目標。

◎ **培養相互尊重**：團隊成員之間需要建立起相互尊重的關係，這樣才能夠在團隊合作中充分發揮每個人的優勢。可以通過了解團隊成員的背景和優勢、尊重意見和想法等方式來培養相互尊重。

◎ **提高團隊成員的意識**：每個團隊成員都需要清楚地知道自己的貢獻和職責，並且了解如何與其他人協作，實現最終的目標。可以通過培訓、討論、給予反饋等方式提高團隊成員的意識。

◎ **鼓勵互相幫助**：在團隊合作中，每個人都有可能遇到困難和挑戰。團隊成員之間應該鼓勵互相幫助，共同解決問題。可以通過鼓勵團隊成員進行知識分享、相互協作等方式來實現互相幫助。

◎ **解決衝突能力**：在團隊中，難免會出現意見分歧或者衝突。良好的團隊合作需要團隊成員能夠理性地處理衝突，並達成共識。

◎ **合作精神**：良好的團隊合作需要每個成員都擁有合作精神，能

夠為實現團隊的共同目標而努力,同時也需要相互支持和幫助。

## 建立人際關係

在 AI 來臨的時代下,建立人際關係也是職場未來的重要目標之一。雖然 AI 可以執行許多重複性的工作,但是人際關係是 AI 無法替代的,尤其是在涉及到創新、協作和溝通等方面。

建立良好的人際關係可以帶來許多好處,包括:

◎ **增強職場信任**:建立良好的人際關係可以增加人與人之間的信任,從而提高職場效率和生產力。

◎ **擴展職場人脈**:通過建立良好的人際關係,人們可以擴展自己的職場人脈,從而了解更多的職場資訊和機會。

◎ **改善溝通效果**:良好的人際關係可以促進更好的溝通效果,從而減少職場中的誤解和衝突,提高工作效率和生產力。

◎ **促進協作**:建立良好的人際關係可以促進協作,從而更好地完成任務和達成目標。

要建立良好的人際關係,人們可以從以下幾個方面著手:

◎ **積極參與職場活動**:參加職場活動可以讓人們認識更多的同事和業界人士,從而擴展職場人脈。

◎ **建立互信關係**:與同事建立互信關係是建立良好人際關係的基礎。要建立互信關係,人們需要誠實、尊重和關心他人。

◎ **培養良好的溝通能力**:良好的溝通能力可以幫助人們更好地表

達自己的想法和意見，從而促進更好的協作和合作。

◎ **建立良好的工作風格：**要建立良好的人際關係，人們需要建立良好的工作風格，包括認真負責、勇於承擔、積極進取等。

在建立人際關係方面，以下是職場未來的目標：

◎ **建立良好的人際關係：**人際關係在職場中非常重要，能夠幫助人們建立良好的工作關係，提高工作效率。在AI來臨的時代下，人際關係的重要性不會減少，相反地，更需要通過與人溝通來了解工作需求、交換想法和創造新的機會。

◎ **發展社交技能：**人際關係的建立需要良好的社交技能，包括溝通技巧、表達能力、聆聽技能等。因此，職場未來的目標之一是發展社交技能，讓自己能夠更好地與人交流，建立良好的關係。

◎ **建立職場聯繫：**建立職場聯繫可以幫助人們了解職場內外的信息，開拓新的機會。職場聯繫的建立可以通過參加行業活動、網絡社交等方式實現。

◎ **建立良好的領導力：**在職場中，領導力是非常重要的，良好的領導力能夠幫助團隊更好地達成目標，促進工作效率。因此，職場未來的目標之一是建立良好的領導力，並透過領導力發揮自己的影響力。

在AI來臨的時代下，職場未來的目標之一是建立良好的人際關係，發展社交技能，建立職場聯繫，建立良好的領導力，以適應職場

變化。

## 培養數據分析能力

隨著AI技術的不斷發展和普及，數據分析能力已成為職場中不可或缺的一項技能。數據分析能力指的是對大量數據進行有效收集、處理、分析和應用的能力，可以幫助企業或組織做出更為精確的決策，提高工作效率和競爭力，培養數據分析能力需要不斷學習和實踐，通過學習統計學和數學、掌握相關軟件和工具、掌握數據收集和清洗技能、掌握數據分析和可視化技能以及實踐經驗等。以下是培養數據分析能力的建議：

◎ **學習統計學和數學**：數據分析需要有一定的統計和數學基礎，如概率論、線性代數、微積分等，可以通過線上課程、書籍和網絡資源等途徑進行學習。

◎ **掌握相關軟件和工具**：數據分析需要使用一些軟件和工具，如Python、R語言、Excel等，學習這些工具可以提高數據分析的效率和準確性。

◎ **掌握數據收集和清洗技能**：數據分析的第一步是數據的收集和清洗，需要學習如何從不同來源的數據中提取所需的信息，以及如何處理缺失值和異常值等問題。

◎ **掌握數據分析和可視化技能**：數據分析需要運用統計學和機器學習等技術對數據進行分析和建模，同時需要運用可視化工具將結果以圖表或圖像的形式展示出來，更直觀地傳達數據分析

結果。

◎ **實踐經驗：**實踐是培養數據分析能力的重要途徑，可以通過實踐項目或競賽等方式提升自己的數據分析能力，並不斷累積經驗。

## 靈活適應變化

靈活適應變化是職場未來非常重要的一個目標，因為AI技術的發展讓未來的職場充滿不確定性和變化性。職場未來的目標之一是要保持靈活適應能力，不斷學習和調整自己的工作方式，以應對未來職場的變化。以下是一些可以幫助人們靈活適應變化的建議：

◎ **持續學習：**隨著技術的不斷發展，新的工作機會和需求不斷涌現，因此，持續學習新技能是非常重要的。人們應該關注職場中出現的新趨勢和技術，並積極學習和應用。

◎ **保持彈性：**在職場中，人們需要隨時調整自己的工作方式和工作範圍，因此保持彈性是非常重要的。人們應該樂於接受新的挑戰和機會，並願意改變自己的工作方式和職業目標。

◎ **與他人溝通和協調：**在職場中，人們需要和其他人合作，共同完成工作。因此，良好的溝通和協調能力是非常重要的。人們應該學習如何有效地與他人溝通，並熟悉如何協調不同人的意見和需求。

◎ **接受挑戰和風險：**在職場中，人們可能需要接受新的挑戰和風險，以擴展自己的工作範圍和能力。人們應該學習如何評估風

險和機會，並做出明智的決策。

◎ **不斷反思和改進：**在職場中，人們應該不斷反思自己的工作表現和方法，並尋找改進的方法。人們應該學習如何從失敗和錯誤中學習，以提高自己的工作效率和能力。

## 電腦科學與程式設計

在 AI 時代的到來，學習電腦科學和程式設計是非常重要的，因為 AI 技術的發展需要大量的電腦科學和程式設計知識作為基礎。AI 時代需要人們學習新技能，包括電腦科學和程式設計、機器學習和數據分析、自然語言處理以及創新思維和跨領域能力等。這些技能能夠幫助人們更好地應對未來的職場。

◎ **理解計算機的運作原理和結構：**學習電腦科學可以幫助人們理解計算機的運作原理和結構，掌握如何使用計算機進行問題解決和應用開發。電腦科學的學習內容包括電腦結構、算法和數據結構、計算機網絡和操作系統等，這些知識對於學習和應用 AI 技術都至關重要。其次，程式設計是 AI 技術開發過程中必不可少的技能之一。人們需要掌握至少一種程式設計語言，如 Python、Java、C++ 等，以實現 AI 算法的開發和應用。程式設計的學習內容包括基本語法、面向對象編程、資料庫設計和應用等，學習這些知識可以幫助人們開發和應用 AI 技術。此外，人工智慧的應用還需要其他相關的技術和知識，例如機器學習、自然語言處理、數據挖掘、分佈式系統等等。因此，人

們需要不斷學習和更新自己的技能和知識，以適應不斷發展和變化的 AI 技術。

◎ **機器學習和數據分析**：隨著大數據時代的到來，掌握機器學習和數據分析的技能變得越來越重要。機器學習是人工智慧的一個分支，它可以幫助人們分析大量的數據，並自動從中學習，以便更好地預測和分析未來的趨勢。這種能力在商業和科學研究等領域中都有廣泛的應用。數據分析則是將數據轉化為可理解的信息，以便支持商業決策和問題解決。

◎ **自然語言處理**：自然語言處理是一門利用計算機處理人類自然語言的學科，它是人工智慧和語言學的交叉領域。隨著人工智慧技術的不斷進步，自然語言處理的應用越來越廣泛，包括語音識別、翻譯、文本分類和機器人對話等。學習自然語言處理技術可以幫助人們更好地掌握人工智慧的應用。

◎ **創新思維和跨領域能力**：在 AI 時代，不僅需要掌握技術，還需要具備創新思維和跨領域能力。創新思維是指從新的角度看待問題，找到創新的解決方案的能力。跨領域能力是指掌握多個領域的知識，並能夠將它們結合起來，解決跨領域問題的能力。這種能力在 AI 領域中尤為重要，因為 AI 技術的應用需要從多個角度來看待問題，並掌握多個領域的知識。

## 🎸 資料科學和分析

在 AI 時代的到來，資料科學和分析技能變得越來越重要。這些技

能可幫助人們從大量數據中提取有用的信息和洞見，並進行分析和預測，學習資料科學和分析技能，能夠讓人們更好地應對AI時代的到來，並在未來的職場中更具競爭力。以下是幾個應該學習的方面：

◎ **統計學和機器學習**：統計學和機器學習是資料科學和分析的核心技能。這些技能可幫助人們學習如何建立數據模型、進行預測和分析，並從中發現新的見解。熟練掌握統計學和機器學習技能，能夠幫助人們更好地理解數據和AI技術，並在未來的職場中更具競爭力。

◎ **數據庫管理和數據探勘**：在AI時代，數據庫管理和數據探勘技能變得越來越重要。這些技能可幫助人們更好地存儲和管理大量數據，並進行有意義的數據分析。數據探勘技能能夠幫助人們快速有效地找到數據中的模式和關聯性，進而提高數據分析的效率。

◎ **數據可視化和報告**：數據可視化和報告技能也變得越來越重要。這些技能能夠幫助人們更好地展示數據分析的結果，讓其他人更容易理解和應用這些結果。學習數據可視化和報告技能，能夠幫助人們更好地與團隊成員和其他人進行溝通，提高工作效率和成果。

◎ **核心競爭優勢**：對於企業和組織來說，資料科學和分析已成為了一種核心競爭優勢，因為它們能夠幫助企業更好地理解客戶需求、市場趨勢、產品優化等資訊。因此，對於想要在企業中發揮重要作用的人來說，掌握資料科學和分析技能也是必要

的。學習資料科學和分析是非常重要的，因為它們是 AI 應用和發展的核心，也是人工智慧領域中最熱門和最有前途的技能之一。

## 機器學習和深度學習

機器學習和深度學習是 AI 時代中不可或缺的技能。機器學習是一種人工智慧技術，通過對大量數據的學習和分析，使機器從中學習並做出預測或決策。深度學習是一種機器學習的分支，它模擬人腦神經元之間的聯繫，通過多層神經網絡實現高級的學習和決策。學習機器學習和深度學習，需要具備數學、統計學、編程等基礎知識。其中，Python 是機器學習和深度學習最常用的編程語言，常用的機器學習和深度學習框架包括 Scikit-learn、TensorFlow、Keras 等。通過學習機器學習和深度學習，可以應用於圖像識別、自然語言處理、推薦系統等多個領域，並為未來的職場需求提供足夠的競爭力。掌握機器學習和深度學習的知識和技能也非常重要。機器學習是 AI 技術的核心之一，是通過將大量的數據輸入到算法中進行學習，使機器能夠自動提高性能的技術。深度學習是機器學習的一個分支，是通過模擬人腦神經網絡的方式來實現自動學習的技術。掌握機器學習和深度學習的知識和技能可以讓人們更好地運用 AI 技術來處理複雜的問題，從而提高工作效率和創造價值。這些知識和技能可以通過在線課程、網上教學平台等途徑進行學習和練習，也可以通過參加專業的培訓課程或者考取相關的證書來加強學習效果。

## 跨學科知識

在 AI 時代的到來，跨學科知識成為了越來越重要的技能之一。由於 AI 技術在不同的領域都有應用，因此，對多學科知識的掌握可以幫助人們更好地理解和應用 AI 技術。以下是幾個跨學科知識的例子：

◎ **數學和統計學**：機器學習和深度學習都需要對數學和統計學的知識有基本的掌握，包括線性代數、微積分、機率論等。

◎ **心理學和認知科學**：AI 技術的發展需要人機交互的研究，因此對心理學和認知科學的了解可以幫助人們設計更好的使用者體驗和界面。

◎ **生物學和醫學**：人工智慧在生物學和醫學領域也有應用，例如醫學影像分析、基因組學和蛋白質結構預測等。對生物學和醫學知識的了解可以幫助人們更好地應用 AI 技術進行相關研究。

◎ **經濟學和商業學**：AI 技術也有廣泛的應用於商業和經濟領域，例如銷售預測、財務分析和投資決策等。對經濟學和商業學的了解可以幫助人們更好地應用 AI 技術進行相關分析。

跨學科知識可以幫助人們更好地理解和應用 AI 技術，因此在 AI 時代的到來，學習跨學科知識也變得越來越重要。

## 人工智慧倫理

在 AI 時代的到來，人工智慧技術的應用和發展已經在我們的生活

和社會中產生了深遠的影響，同時也帶來了倫理道德方面的挑戰。因此，學習人工智慧倫理成為越來越重要的一項能力。人工智慧倫理是一門研究人工智慧如何遵守道德規範和價值觀的學科。它不僅關注技術應用本身的道德問題，還關注人工智慧技術所帶來的社會和政治影響，以及技術的公平性和透明性等方面的問題。具體來說，學習人工智慧倫理需要了解以下幾個方面：

◎ **人工智慧的責任和道德：** 學習人工智慧倫理需要了解人工智慧的責任和道德。人工智慧技術的發展和應用帶來了一系列的倫理問題和挑戰，因此，對於人工智慧的責任和道德方面的了解和思考變得越來越重要。首先，人工智慧技術的發展和應用必須考慮到其對社會、經濟和政治方面的影響。人工智慧技術可能會對某些工作造成失業，對社會帶來不平等，或是對隱私產生威脅等問題。因此，人工智慧應該負起相應的責任，確保其對社會、經濟和政治方面的影響是正面的。其次，人工智慧技術的發展和應用必須考慮到其對個人和社會的道德和價值觀的影響。例如，人工智慧決策可能會基於偏見和歧視，而這些偏見和歧視可能源自數據本身或算法設計中的偏見。因此，人工智慧應該負起相應的道德責任，確保其應用不會侵犯人權、尊重個人隱私、並且不會損害社會公義和人類普遍價值觀。總之，學習人工智慧倫理需要了解人工智慧的責任和道德，並且能夠進行相應的思考和反思。在 AI 時代的到來，學習人工智慧倫理將會成為更為重要的課題之一。

◎ **公平性和透明性**：了解人工智慧的公平性和透明性是學習人工智慧倫理的重要方面。在AI的設計、執行和應用過程中，公平性和透明性是非常關鍵的，這兩個方面涉及到AI算法和系統是否具有公正性、是否能夠保障人權、隱私和安全等等問題。特別是當AI被應用在重要的決策領域，如司法、醫療和金融等，公平性和透明性的問題更為重要。公平性指的是AI算法和系統是否對所有人平等對待，避免歧視和不公。為了實現公平性，需要考慮種族、性別、年齡、殘疾等因素，並且確保AI設計過程中不會有這些因素的偏見。此外，還需要進行測試和驗證，確定AI算法和系統的公平性，並將其納入監管和管理的框架之中。透明性指的是AI算法和系統的運作過程和結果是否可以被解釋和理解。透明性是確定AI算法和系統決策是否合理和公正的重要手段。透明性需要AI設計者在設計階段考慮清晰的目標和準則，並且確保AI算法和系統的輸出可以被理解和解釋。同時，在運行AI算法和系統時，需要對其進行監控，以確保其不會偏離預定的目標和準則。

因此，學習人工智慧倫理需要深入了解人工智慧的公平性和透明性，並將這些原則納入AI的設計和應用中，從而確保AI的負面影響最小化，其應用能夠為人類帶來更多的好處。在學習人工智慧倫理方面，了解人工智慧的公平性和透明性同樣非常重要。公平性是指人工智慧系統應該平等地對待所有人，而不應該基於種族、性別、宗教、國籍、年齡等因素進行歧視。透

明性則是指人工智慧系統的運作應該具有可解釋性，也就是人們可以了解其運作原理和決策過程。這可以幫助人們更好地理解和信任人工智慧系統，同時也可以發現其中的潛在偏見或錯誤。因此，學習人工智慧倫理需要掌握相關的知識和技能，包括了解倫理標準和法律法規、理解人工智慧系統的運作原理和應用場景、掌握數據倫理和隱私保護等方面的知識。同時，還需要發揮跨學科的能力，將哲學、社會學、心理學等學科知識與技術知識相結合，從多個角度來思考和解決人工智慧倫理問題。

◎ **社會和政治影響**：人工智慧的廣泛應用將不可避免地對社會和政治產生影響。例如，AI的自動化可能導致工作失業，導致社會不穩定。AI還可以被濫用，例如通過使用假新聞和深度偽造來操縱選舉。因此，了解人工智慧對社會和政治的影響是非常重要的，以便制定政策和措施來應對這些影響並確保公正和公正的應用。學習人工智慧倫理可以讓人們了解這些問題，並鼓勵他們思考如何平衡科技的發展和社會利益的需求。此外，人工智慧的應用也會對社會政治產生影響。比如，在政治選舉中，人工智慧可以被用來幫助政治團體收集和分析選民資料，有助於更了解選民行為和趨勢。但是，如果這些資料收集和分析不被透明地進行，或者存在偏見，就可能導致選舉過程的不公平。類似地，人工智慧也會在法律和司法系統中被應用。在一些國家，例如美國，已經有一些機構開始使用人工智慧來輔

助法官做出裁決。然而，如果這些演算法的開發和應用存在偏見或錯誤，就可能導致不公正的判決和不公平的法律結果。因此，學習人工智慧倫理不僅能夠幫助我們更好地了解人工智慧的作用和潛在風險，還能幫助我們更好地引導人工智慧的發展和應用，從而確保它們能夠為人類帶來最大的益處。

◎ **道德決策和道德理論**：了解道德決策和道德理論是學習人工智慧倫理中的重要一環。在人工智慧領域中，有時會涉及到需要進行道德判斷的問題，例如：自駕車需要決定遇到緊急情況時應該採取哪種行動、人工智慧醫療診斷系統需要決定應該如何處理病人的隱私等等。在這些情況下，必須遵循某些道德原則，例如尊重人權、社會公正、責任等等。而道德理論是用來研究和探討道德問題的學科，常見的道德理論包括：功利主義、德性倫理學、義務倫理學等。其中，功利主義強調對最大多數人的最大福利做出貢獻，德性倫理學強調個人道德品質和道德成長，義務倫理學則強調應該遵循的道德原則和責任。透過學習這些道德理論，可以幫助我們更好地理解和解決人工智慧領域中的道德問題。

◎ **哲學**：哲學是人工智慧倫理研究的重要基礎，它可以提供對倫理問題的深度理解和思考，進而對人工智慧技術的發展和應用提出建設性的意見和建議。以下是幾個哲學知識點：

a. 倫理學：倫理學是關於道德行為的研究，它探究人類的價值觀和行為規範，對人工智慧倫理研究具有重要啟示作用。

b.形而上學：形而上學是關於存在和實體的研究，它對於人工智慧研究有啟示作用。例如，人工智慧是否有自我意識、自主性和人類一樣的情感和意識等問題。

c.語言哲學：語言哲學是關於語言和意義的研究，它對於自然語言處理技術的研究和發展具有重要作用。例如，如何理解自然語言的意義和語境，如何避免自然語言處理技術帶來的語言偏見等問題。

d.道德哲學：道德哲學是關於道德判斷和行為的研究，它對於人工智慧倫理問題的研究和探討具有重要啟示作用。例如，如何解決人工智慧帶來的就業和隱私問題，如何保護消費者和公眾的權益等問題。

e.知識論：知識論是關於知識和信仰的研究，它對於人工智慧技術的發展和應用具有重要作用。例如，如何確保人工智慧系統的可靠性和安全性，如何避免人工智慧技術帶來的誤判和誤導等問題。

在學習人工智慧倫理時，哲學知識是不可或缺的。需要深入了解倫理學、形而上學、語言哲學、道德哲學和知識論等知識，以便能夠全面理解人工智慧。

◎ **社會學**：社會學是人工智慧倫理研究的另一個重要基礎，它關注人類社會的組織、文化、價值觀、權力關係等問題，對人工智慧技術的發展和應用提供了深刻的社會背景和現實認知。以下是幾個社會學知識點：

a.社會結構：社會結構是指人類社會的各種組織形式，如政治制度、經濟體系、文化傳統等，它對於人工智慧技術的應用和發展具有重要影響。例如，人工智慧技術如何適應當前的社會結構，如何服務於人類社會的發展等問題。

b.技術決策：技術決策是指人們在技術發展中所做出的決策，它涉及到技術的發展方向、使用方式、風險評估等問題，社會學可以提供對技術決策的分析和評價。例如，在人工智慧技術發展中，如何平衡技術發展的效益和風險，如何避免技術決策帶來的社會負面影響等問題。

c.用戶接受：用戶接受是指人們對於新技術的接受程度，它涉及到人們對於技術的信任程度、技術的易用性、技術的風險評估等問題，社會學可以提供對用戶接受的分析和評價。例如，在人工智慧技術的應用中，如何提高用戶對於技術的信任程度，如何促進用戶對於技術的接受程度等問題。

d.數字鴻溝：數字鴻溝是指不同社會群體之間在技術使用上的差異和不平等，它對於人工智慧技術的發展和應用具有重要影響。例如，在人工智慧技術的應用中，如何避免數字鴻溝的出現，如何實現技術的普及和公平使用等問題。

◎ **法律**：法律是人工智慧倫理研究的另一個重要基礎，它涉及到法律、法律倫理和法律規範等方面的問題，對於人工智慧技術的發展和應用提供了重要的指導和規範。以下是幾個法律知識點：

a.隱私保護：隨著人工智慧技術的發展，隱私保護問題越來越受到關注。法律可以提供對隱私保護的法律規範和相關法律法規的解釋。例如，個人敏感信息的收集和使用是否遵從隱私保護的法律規定，人工智慧技術的應用是否遵從隱私保護的原則等問題。

b.道德責任：人工智慧技術的發展和應用往往涉及到道德責任的問題。法律可以提供對人工智慧技術的道德責任的相關規定和解釋，以及對人工智慧技術相關機構和個人的道德責任的約束。例如，人工智慧技術的發展和應用是否符合道德規範，人工智慧技術的開發者和使用者是否承擔相應的道德責任等問題。

c.法律責任：人工智慧技術的應用和發展往往涉及到法律責任的問題。法律可以提供對人工智慧技術的相關法律責任的法律規定和解釋，以及對人工智慧技術相關機構和個人的法律責任的約束。例如，人工智慧技術的應用和發展是否符合相應的法律規定，人工智慧技術的開發者和使用者是否承擔相應的法律責任等問題。

d.公正性和平等：人工智慧技術的發展和應用往往涉及到公正性和平等的問題。法律可以提供對公正性和平等的相關法律規定和解釋，以及對人工智慧技術相關機構和個人的公正性和平

學習人工智慧倫理需要涉及多個學科領域，這樣才能夠全面理解

人工智慧技術的本質和應用，並且制定出符合倫理和社會價值觀的政策和規範。

## 培養團隊合作能力

在 AI 時代，人工智慧技術的發展讓越來越多的工作自動化和智能化，但是人類的職場還是需要團隊合作才能順利運轉。因此，學習培養團隊合作能力在 AI 時代尤為重要。

首先，AI 技術的發展讓許多重複性工作得以自動化，從而提高了效率。但是，許多需要創造性思維和人際交往的工作無法被自動化。例如，項目管理、市場推廣、創意設計等工作需要人際交往和團隊協作，才能夠完成項目並取得成功。因此，學習培養團隊合作能力能夠提高人類在這些工作中的競爭力。

其次，AI 技術的發展讓跨國、跨地域的合作變得更加容易。很多公司都有分布在不同地區的團隊成員，需要透過網絡進行協作。在這樣的情況下，團隊合作能力就更加重要。團隊成員需要學習如何透過網絡進行有效溝通和協調，這樣才能達成共識並完成項目。

最後，AI 技術的發展讓很多工作需要不斷學習和更新。在這樣的情況下，團隊成員需要透過互相學習和交流來不斷提升自己的能力。如果團隊成員缺乏團隊合作能力，那麼這樣的學習和交流就無法順利進行，進而影響工作的品質和效率。

總之，在 AI 時代，團隊合作能力是不可或缺的。團隊成員需要學習如何有效溝通、明確分工、建立信任，才能夠共同完成任務，並取

得成功。

以下是一些學習和培養團隊合作能力的方法：

◎ **建立良好的溝通習慣**：良好的溝通是有效團隊合作的基礎。學習如何清晰地表達自己的想法，並學習傾聽和理解別人的觀點。在溝通中保持耐心和尊重，避免情緒化和攻擊性的言語。

◎ **明確分工和責任**：團隊合作需要每個成員清楚地知道自己的角色和責任。確定每個成員的專長和貢獻，並建立一個有效的分工和合作模式。

◎ **建立信任和尊重**：團隊成員之間建立信任和尊重是團隊合作的關鍵。要學習如何與他人合作，需要學習如何在團隊中建立良好的人際關係。遵守承諾、尊重他人的意見、在困難時提供支持和幫助等方法可以建立信任和尊重。

◎ **訂定清晰的目標和計畫**：團隊成員需要共同訂定明確的目標和計畫，以確保每個人都朝著同一方向努力。確定項目目標、時間表和里程碑，並確保所有成員都清楚明白。

◎ **要有開放的心態**：團隊合作需要開放的心態。學習接受和嘗試新的想法和方法，並願意學習和改進自己的方法。

◎ **應對衝突**：衝突在團隊中是不可避免的，但是正確的態度和處理方式可以幫助團隊更好地解決問題。避免情緒化反應，學習以開放和尊重的態度解決衝突，從中學習並改進自己的方法。

◎ **參與團隊項目**：參與團隊項目可以讓您學習如何與他人協作，並在實踐中改進自己的技能和方法。尋找機會參與項目，並積

極參與團隊合作。

◎ **學習團隊建設技能**：學習如何建立有效的團隊是非常重要的。研究和學習團隊建設技能，例如如何建立信任、如何有效地溝通、如何應對衝突等。

◎ **參加培訓和工作坊**：參加有關團隊合作和領導力的培訓和工作坊可以幫助您學習新的技能和方法，並與其他人交流經驗和知識。

◎ **尋求反饋**：尋求反饋可以幫助你了解自己的表現和成長方向。請其他團隊成員提供反饋，並學習如何從反饋中學習和改進。

◎ **了解不同的文化和價值觀**：團隊合作需要與不同背景和文化的人合作。學習了解不同的文化和價值觀，並學習如何與不同的人合作和溝通。

◎ **積極參與團隊活動和社交活動**：積極參與團隊活動和社交活動可以幫助您建立良好的人際關係，進而促進團隊合作和信任。

團隊合作是學習人工智慧倫理的重要一環，而培養團隊合作能力需要學習許多技能和方法。通過參與團隊項目、學習團隊建設技能、參加培訓和工作坊、尋求反饋、了解不同的文化和價值觀以及積極參與團隊活動和社交活動等方法，有助於不斷提升團隊合作能力，從而達到更好的團隊效能和成就共同的目標。

**布局三** # 投資賺錢的標的

在AI時代下，有幾個領域值得關注投資：

## AI硬體

AI硬體是指專門用於加速人工智慧（AI）計算的硬體設備。由於AI計算需要大量的運算能力和記憶體，因此傳統的中央處理器（CPU）和圖形處理器（GPU）已經無法滿足需求。為了解決這個問題，許多公司開始研究和開發專門用於AI計算的硬體。

以下是幾個值得關注和投資的AI硬體領域：

1. **圖形處理器（GPU）**：GPU是一種高速且並行運算能力強的硬體設備。GPU的運算能力比傳統的CPU更強大，因此它們通常用於加速AI計算，例如深度學習和卷積神經網絡。NVIDIA是GPU市場的主要供應商，其GPU產品系列包括GeForce、Quadro和Tesla。

2. **半導體公司**：半導體公司可以受益於AI的發展，因為AI計算需要大量的晶片和電路板。這些公司可以生產高效能的CPU、GPU、FPGA（現場可編程門陣列）和ASIC（應用特定集成電路）等產品，以滿足不同的AI應用需求。英特爾、AMD和高通是半導體市場的主要供應商。

3 **硬體加速器公司：**硬體加速器是一種專門設計用於加速AI計算的硬體設備。它們通常包括FPGA和ASIC等產品，可以實現高效能和低功耗的AI計算。與GPU相比，硬體加速器在能源效率方面更為出色，因此它們在AI應用中具有越來越重要的地位。目前，許多公司，如英特爾、Google和華為等，都在積極開發和推出硬體加速器產品。

總之，AI硬體是AI技術發展中非常重要的一部分，由於AI計算需要大量的運算資源，AI硬體公司可以受益於AI的發展。投資者可以關注GPU、半導體公司和硬體加速器公司等領域，以獲取AI發展帶來的投資機會。此外，投資者還應該密切關注AI硬體產品的技術創新、市場需求和產品競爭力等因素，以更好地了解市場趨勢和投資機會。隨著AI技術的快速發展和應用，AI硬體市場也呈現出蓬勃發展的趨勢。根據市場研究機構的報告，全球AI硬體市場在未來幾年內將保持高速成長，預計到2025年將達到300億美元以上。因此，投資者可以通過投資AI硬體公司來參與這一市場的發展，為自己帶來更好的投資回報。

最後，由於投資涉及風險，投資者在做出投資決策時需要仔細考慮自身風險承受能力和市場情況，以避免因不理性的投資決策而造成損失。

## 智慧城市

智慧城市（Smart City）是指利用先進的科技和信息技術，將城市各個部分互相聯繫起來，實現城市智慧化管理和運營的一種城市發展模式。智慧城市通過各種信息技術手段，將城市中各種物理設施、設備、交通、環境、能源等資源互相聯繫，形成一個智慧網絡，實現城市各個方面的數據化、智能化和自動化，提高城市運營效率和市民生活品質，促進城市的可持續發展。

智慧城市的技術基礎主要包括感測器技術、物聯網技術、大數據分析技術、人工智慧技術、雲計算技術、區塊鏈技術等。智慧城市的應用領域也很廣泛，包括交通、照明、環境監測、公共安全、社區管理、智能建築等。

智慧城市的優點包括：

1. **提高城市運營效率**：智慧城市可以實現城市各個部門之間的信息共享和互通，提高城市運營效率，減少人力成本和時間成本。

2. **促進城市創新**：智慧城市的技術基礎和應用領域都很廣泛，可以促進城市的創新和發展，吸引更多的企業和人才進入城市。

3. **提高市民生活品質**：智慧城市可以實現城市各個方面的智能化和自動化，提高市民的生活品質，如交通順暢、公共設施完善、環境品質良好等。

投資智慧城市領域可以參考以下幾點：

1 **投資智慧城市項目**：可以通過投資智慧城市項目來參與智慧城市建設，如投資交通智能化項目、智能建築項目等。

2 **投資相關技術企業**：可以通過投資智慧城市相關技術企業來參與智慧城市建設，如投資感測器技術企業、物聯網技術企業、大數據分析技術企業等。

3 **參與智慧城市平台建設**：可以參與智慧城市平台建設，提供智慧城市解決方案和服務，如提供智慧交通管理解決方案、智能城市照明系統等。

4 **投資智慧城市基礎建設**：可以通過投資智慧城市基礎建設，如投資智慧交通基礎建設、智能建築基礎建設等，提供智慧城市所需的基礎設施。

5 **投資城市運營管理企業**：可以通過投資城市運營管理企業，參與智慧城市運營和管理，如投資城市綜合運營企業、智慧城市運營管理平台等。

需要注意的是，投資智慧城市領域需要考慮相關技術的成熟度、市場需求和政策支持等因素，選擇具有潛力的投資項目和企業。此外，投資者應該關注智慧城市建設的可持續性和社會效益，注重長期發展和投資回報。

## 醫療保健

AI在醫療保健領域的應用，可以幫助提高醫療保健的準確性、效

率和可靠性，改善醫療保健品質，為患者提供更好的醫療保健服務。
以下是在醫療保健領域值得關注投資的幾個領域：

1. **醫學影像分析**：AI可以幫助醫生分析和診斷醫學影像，如
   CT、MRI等影像，提高診斷準確性和速度。投資可以聚焦
   於AI醫學影像分析技術的企業、醫學影像平台等。

2. **基因體學**：AI可以幫助分析基因數據，發現疾病的遺傳風
   險，提供個性化醫療方案。投資可以聚焦於基因測序技術企
   業、基因體學平台等。

3. **疾病預測**：AI可以利用大數據分析和機器學習技術，預測疾
   病的風險和發展趨勢，幫助早期預防和治療。投資可以聚焦
   於疾病預測模型企業、健康管理平台等。

4. **治療方案優化**：AI可以分析病人的臨床數據，提供個性化治
   療方案，減少治療風險和副作用。投資可以聚焦於人工智慧
   診斷治療系統企業、醫療數據平台等。

　　此外，還可以投資於智慧醫療設備和醫療機器人等技術領域，提
高醫療保健的自動化和智能化程度。需要注意的是，投資醫療保健領
域需要考慮相關技術的成熟度、市場需求和政策支持等因素，選擇具
有潛力的投資項目和企業。同時，需要注重醫療保健的倫理和法律問
題，保護患者隱私和權益。

## 自駕汽車

　　自駕汽車是指利用各種感測器、人工智慧和大數據分析等技術，實現汽車自主行駛和智能交通管理的一種新型交通方式。在自駕汽車領域的投資，可以涉及到以下幾個方面：

1. **車輛自動化技術**：車輛自動化技術是實現自駕汽車的核心技術之一，包括自動駕駛系統、感測器技術、激光雷達技術、計算機視覺技術等。投資可以聚焦於這些技術的開發和生產的企業。

2. **地圖制作和定位技術**：自駕汽車需要精確的地圖和定位技術，以確保安全和準確性。投資可以聚焦於地圖制作企業、定位技術企業等。

3. **人工智慧和大數據分析**：人工智慧和大數據分析技術是實現自駕汽車的重要基礎，可以用於車輛控制、交通管理和預測等方面。投資可以聚焦於人工智慧和大數據分析企業、智能交通管理平台等。

4. **電動汽車和電池技術**：電動汽車和電池技術是實現自駕汽車的另一個關鍵技術，可以提高車輛的綠色和節能性能。投資可以聚焦於電動汽車生產企業、電池技術企業等。

　　需要注意的是，自駕汽車的技術和市場仍處於發展初期，需要投資者關注相關技術的成熟度、市場需求和政策支持等因素，選擇具有潛力的投資項目和企業。同時，需要考慮相關的法律和道德問題，保

障人類的安全和權益。

# 數據安全

數據安全是指確保數據在存儲、傳輸和使用過程中不受非法訪問、破壞或洩漏的一種保護措施。在AI時代，大量的數據被收集、分析和應用於各個領域，包括醫療、金融、能源、交通等，因此，數據的安全性變得尤為重要。

投資於數據安全的公司可以從以下方面受益：

1） **市場需求**：隨著大量數據的產生和傳輸，保護數據安全的需求也隨之增加。由於許多企業和個人都需要保護自己的數據不受非法訪問、破壞或洩漏，因此數據安全公司的市場需求將會持續增加。

2） **技術創新**：數據安全的領域也需要不斷的技術創新來應對新的安全挑戰。投資於數據安全的公司可以通過不斷創新，研發新的解決方案來滿足市場的需求。

3） **政策支持**：隨著政府對數據安全問題的重視，相關的法律和法規也不斷出臺。數據安全公司可以通過遵守相關法律和法規，來提高市場競爭力。

總之，投資於數據安全的公司可以從市場需求、技術創新和政策支持等方面獲益，並有望在數據安全領域中佔據一席之地。

## 自動駕駛技術

　　自動駕駛技術是一個具有高潛力的投資領域，這個領域的主要玩家包括特斯拉、Waymo、Uber和Baidu等。自動駕駛技術的發展在未來幾年內將繼續保持快速成長，因此相關公司的投資前景非常好。自動駕駛技術是一種基於人工智慧、感測器、機器視覺等技術的交通工具控制系統，可以使車輛自主感知、分析和處理外部環境信息，並實現自主導航和行駛，以完成載人、運貨等任務。自動駕駛技術主要包括以下幾個方面：

1. **感測器技術**：感測器技術是自動駕駛技術的重要組成部分，它能夠實時感知車輛周圍的環境信息，如路標、交通標誌、障礙物、行人等，並將其轉化為數據輸入到自駕車系統中。

2. **人工智慧技術**：人工智慧技術是自動駕駛系統中的核心技術，包括機器學習、深度學習、神經網絡等，這些技術能夠實現對感測器輸入的數據進行分析和預測，以實現自主導航和決策。

3. **資訊通訊技術**：資訊通訊技術在自動駕駛技術中起到了關鍵的作用，包括高精度地圖、通訊系統、車輛網絡等，它們可以實現車輛之間的協同和通訊，以提高車輛的安全性和行駛效率。

4. **操作系統技術**：操作系統技術是自動駕駛系統的基礎，它包括車輛控制系統、人機交互系統等，能夠實現對車輛進行遠程控制和設置自動駕駛模式等操作。

自動駕駛技術的應用前景非常廣泛，除了在私人交通領域，還可以應用於公共交通、物流運輸、農業等領域，可以提高交通效率、減少交通事故、減少能源消耗等。

# 智能家居

智能家居是另一個值得關注的AI投資領域。這個領域的主要玩家包括Amazon、Google和Apple等。隨著智能家居市場的快速成長，相關公司的投資前景非常好。智慧家居是指通過智慧化技術，使住宅及其設備自動化、網路化、智慧化，以提高住宅安全、舒適度、便捷性、節能性、環保性等方面的居住品質。智慧家居可以通過連接不同的設備，使其能夠互相通信，實現自動化控制，為用戶帶來更加便捷的生活體驗。在智慧家居領域中，人工智慧和物聯網技術是關鍵的支撐技術。

智慧家居的應用場景非常廣泛，包括但不限於以下幾個方面：

1. **家庭安防**：通過智慧門鎖、監控攝像頭等設備實現家庭安全防護。

2. **環境控制**：通過智慧家居系統控制家庭的溫度、濕度、照明等設備，提高居住舒適度。

3. **娛樂系統**：通過智慧音響、智慧電視等設備提供娛樂體驗。

4. **健康管理**：通過智慧體重秤、智慧手環等設備讓使用者管理健康。

5. **家庭助手**：通過智慧語音助手如Amazon Alexa、Google

Assistant 等，實現智慧家居的語音控制和人機交互。

目前，智慧家居市場規模正在快速成長，估計到 2025 年全球智慧家居市場規模將達到 1.5 萬億美元。隨著 5G 網路的普及和人工智慧技術的不斷發展，智慧家居領域的應用場景將會越來越多，相關企業的投資前景非常廣闊。

## 醫療保健

AI 在醫療保健領域的應用也引起了廣泛的關注。例如，AI 可以用於病歷管理、診斷和治療方案的制定等。這個領域的主要玩家包括 IBM、Google 和 Amazon 等。隨著人口老齡化和醫療保健費用的增加，相關公司的投資前景非常好。醫療保健是一個重要的領域，在 AI 時代下，人工智慧的應用已經開始在醫療保健領域嶄露頭角。以下是幾個值得關注的醫療保健領域：

1. **醫學影像分析**：人工智慧可以用於醫學影像分析，幫助醫生更快速、更準確地進行診斷。例如，AI 可以檢測出肺部結節或腫瘤的位置和大小。此外，AI 還可以用於對 MRI 和 CT 等影像進行自動分析，以幫助醫生提高診斷效率和精確度。

2. **疾病預測和治療方案優化**：人工智慧可以用於預測疾病的發展趨勢，以幫助醫生制定更好的治療方案。例如，AI 可以通過分析患者的基因組和病歷，預測患者是否患有特定疾病的風險。此外，AI 還可以根據患者的個體化情況制定更好的治

療方案，以提高治療效果。

3 **醫療機器人**：人工智慧可以用於開發醫療機器人，以協助醫生進行手術和治療。例如，AI 可以使手術機器人更精確、更穩定地進行手術，減少手術風險和創傷。此外，醫療機器人還可以用於自動監測患者的生命體徵，並在需要時提醒醫生進行治療。

4 **醫療數據分析**：隨著醫療數據的增加，分析這些數據將對改進醫療保健產生重大影響。人工智慧可以用於分析大量的醫療數據，以發現疾病模式、制定治療方案和預測病情發展。此外，AI 還可以用於監測流行病的擴散，以幫助防控疫情的傳播。

此外，人工智慧還可以用於發現新的藥物和治療方案，從而幫助人類戰勝各種疾病。AI 可以分析大量的基因組數據和疾病數據，並預測哪些化合物可能是潛在的藥物，這有助於加快藥物發現的速度和降低成本。此外，AI 還可以用於優化藥物療效，根據患者的基因組和病史，製定最佳的治療方案，從而提高治療效果和減少副作用。

另一方面，人工智慧還可以用於醫療機器人的開發。機器人可以用於手術、護理和康復等方面，提高醫療保健的效率和品質，減少人為錯誤和風險，總體而言，醫療保健是一個非常具有潛力的 AI 投資領域，可以幫助改善醫療保健行業的效率和品質，同時還可以幫助人們更好地維持健康和生命。

## 教育

AI在教育領域的應用也具有潛力。例如，AI可以用於學習管理、個性化學習和教師培訓等。這個領域的主要玩家包括IBM、Microsoft和Pearson等。隨著線上學習的普及和學習方式的改變，相關公司的投資前景也非常好。在AI時代下，教育領域的應用逐漸受到關注，AI的應用有望改變教育產業的面貌。以下是教育領域中AI的幾個應用：

1. **學習管理**：AI技術可以用於學習管理，幫助學生更好地組織和管理學習內容。例如，AI可以分析學生的學習進度和能力水平，並提供個性化的學習計畫和建議，從而提高學生的學習效率和成績。

2. **個性化學習**：AI技術可以用於個性化學習，根據學生的學習能力、興趣和學習方式等因素，提供個性化的學習內容和教學方式。這有助於提高學生的學習效率和興趣，並減少學生的學習壓力。

3. **教師培訓**：AI技術可以用於教師培訓，幫助教師更好地理解學生的學習能力和需求，提高教學品質和效果。例如，AI可以分析學生的學習數據，並提供教師個性化的教學策略和建議，從而提高教師的教學能力和專業水平。

4. **在線教育**：AI技術可以用於在線教育，幫助學生更好地學習和互動。例如，AI可以用於自動評估學生的學習進度和成果，並提供即時反饋和建議，從而提高學生的學習效率和成績。此外，AI還可以用於在線教學的自動化和數據分析，提

高在線教學的效率和效果。

5 **教育決策：** AI 技術可以用於教育決策，幫助教育機構更好地制定教育政策和方案。例如，AI 可以分析學生的學習數據和學校的教學品質，提供教育決策者個性化的建議和方案，從而提高教育品質和效果。

此外，AI 還可以幫助學生進行個性化學習，根據學生的能力和學習風格定製學習計畫，提高學習效率。同時，AI 還可以幫助教師更好地進行教學和評估學生的學習情況，提供更好的教育體驗。因此，在 AI 的推動下，教育領域的投資潛力也越來越受到關注。

## 安全和保安

AI 在安全和保安領域的應用也引起了廣泛的關注。例如，AI 可以用於恐怖主義預防、犯罪預測和身份認證等。這個領域的主要玩家包括 IBM、Amazon 和 Cisco 等。隨著網絡攻擊和身份盜竊的增加，相關公司的投資前景也非常好。隨著科技的發展和社會的進步，安全和保安成為了現代社會中不可或缺的一環。而在 AI 時代下，人工智慧技術的應用也為安全和保安領域帶來了更多的機遇和挑戰。

首先，在恐怖主義和犯罪預防方面，AI 可以用於分析和監控大量的數據，幫助檢測潛在的犯罪行為和恐怖主義活動。例如，警方可以使用 AI 來分析公共場所的監控視頻，以便識別任何可疑的行為或者物品。同樣地，AI 還可以用於預測犯罪行為，進而提供更好的保安措

施。

　其次，在身份認證方面，AI可以用於提高身份認證的準確性和效率。例如，AI技術可以用於人臉識別和聲紋識別等方面，從而實現更高效、更準確的身份認證。這種技術可以應用於護照、簽證和登機證等文件的認證，也可以用於網上銀行和電子商務等領域的身份驗證。

　最後，在網絡安全方面，AI可以用於保護網絡免受駭客和病毒等攻擊。AI技術可以檢測網絡流量中的異常行為，並自動啟動保護措施，從而保護系統的安全。同時，AI還可以用於監控和管理網絡中的安全漏洞，以便及時修補和改進系統的安全性。

　總體來說，安全和保安是一個非常重要的領域，AI技術的應用為其帶來了更多的機遇和挑戰。相關公司的投資前景也非常好。

> **布局四** 斜槓掙錢的項目

在 AI 時代下，有許多可以斜槓賺錢的項目，以下是其中一些：

## AI 創意

AI 創意是指使用 AI 技術來創作藝術、音樂、電影等。這個領域的主要玩家包括 Amper Music、Jukedeck 和 Aiva 等。這些公司利用 AI 生成藝術作品和音樂，讓人類藝術家和音樂家可以更快速地創作和生產。AI 創意可以通過多種方式斜槓賺錢，以下是其中一些：

1. **商業應用**：AI 創意可以用於商業廣告、品牌形象、包裝設計等。通過 AI 生成的作品可以更快地生產和發布，同時可以降低生產成本，提高效率。因此，許多企業會願意支付高額費用來購買這些 AI 生成的藝術品和音樂作品，從而實現商業目標。

2. **產品銷售**：AI 生成的藝術品和音樂作品可以作為產品銷售。例如，某些公司可以通過 AI 生成的音樂來創建專屬的鈴聲和音樂包。同時，AI 生成的藝術品也可以作為珍貴的收藏品，從而實現商品價值。

3. **知識產權**：AI 創意所生成的作品可以成為知識產權的一部分，並且可以在未來的使用中產生收益。例如，某些 AI 生成

的音樂作品可能會被用於電影或遊戲中，產生版權收益。

4　**創新研究**：AI創意也可以成為創新研究的一個方向。例如，某些研究人員可以通過AI生成的藝術品來研究人類的藝術創作能力和思考方式，同時也可以探索AI的創作潛力。

總之，AI創意可以通過多種方式實現斜槓賺錢，可以作為一個有前景的投資領域。

## AI餐飲

AI餐飲是指使用AI技術來提高餐飲行業的效率和客戶體驗。這個領域的主要玩家包括Miso Robotics、Zume Pizza和Bear Robotics等。這些公司利用AI機器人來煮食、送餐和清理，從而提高餐廳的效率和品質。AI餐飲可以斜槓賺錢的方式主要有以下幾種：

1　**提高效率**：AI機器人可以協助廚師煮食、清理和送餐，從而提高餐廳的效率和生產率，減少人力成本。這可以使餐廳更快地服務更多的客人，增加收入和利潤。

2　**提高客戶體驗**：AI機器人可以提供更快速和準確的服務，減少客戶等待時間和錯誤訂單。這可以提高客戶滿意度，增加客戶忠誠度，進而增加收入和利潤。

3　**開拓新市場**：AI餐飲可以創造新的市場機會，例如自動販賣機、無人餐廳等。這些新型態的餐飲業務可以減少人力成本，降低營運成本，同時提供更便利和創新的服務，吸引更

多的客戶，增加收入和利潤。

4 **數據分析和管理**：AI技術可以收集和分析客戶的數據，從而了解客戶的需求和喜好，提供更個性化的服務。同時，AI還可以協助餐廳管理者進行財務管理、員工排班、庫存管理等方面的工作，提高營運效率，降低成本，進而增加收入和利潤。

總之，AI餐飲可以通過提高效率、提高客戶體驗、開拓新市場以及數據分析和管理等方式斜槓賺錢。

# AI零售

AI零售是指使用AI技術來提高零售行業的效率和客戶體驗。這個領域的主要玩家包括Amazon、JD.com和Alibaba等。這些公司利用AI來預測客戶需求、優化供應鏈和提高客戶體驗，從而提高零售商的效益。AI零售可以斜槓賺錢的方式包括以下幾個方面：

1 **提高營收**：AI可以幫助零售商預測客戶需求、優化產品組合和價格設定等，從而提高銷售額和營收。

2 **降低成本**：AI可以幫助零售商優化供應鏈和庫存管理，減少過剩和缺貨的情況，從而降低庫存成本和運營成本。

3 **提高客戶體驗**：AI可以幫助零售商提供個性化的推薦和服務，從而提高客戶滿意度和忠誠度。

4 **創新商業模式**：AI可以幫助零售商創新商業模式，例如利用

無人店、智能貨架和自動化配送等技術，從而打造更具競爭力的業務。

總的來說，AI技術可以幫助零售商提高效率、降低成本、提高營收和客戶體驗，從而創造更多的商業價值。

# AI金融

AI金融是指使用AI技術來提高金融行業的效率和客戶體驗。這個領域的主要玩家包括Ant Financial、Kensho和ZestFinance等。這些公司利用AI來預測風險、優化投資組合和提高客戶體驗，從而提高金融機構的效益。AI金融可以通過以下幾種方式斜槓賺錢：

1. **預測市場趨勢和風險**：通過使用機器學習演算法對歷史市場資料進行分析，AI金融公司可以預測市場趨勢和風險。這些預測可以幫助投資者做出更好的投資決策，從而賺取更多的錢。

2. **優化投資組合**：AI金融公司可以使用演算法優化投資組合，以最大限度地降低風險並提高回報。這可以使客戶實現更好的投資回報。

3. **提高客戶體驗**：AI技術可以幫助金融機構提供更快速、更高效和更個性化的服務。這些服務可以讓金融機構吸引更多的客戶和資金。

4. **自動化業務流程**：AI技術可以自動化金融業務流程，從而降

低成本、提高效率和減少錯誤。這些節省的成本可以轉化為更高的利潤。

總之，AI 金融可以通過提高效率、降低風險和提高客戶體驗來斜槓賺錢。

# AI 旅遊

AI 旅遊是指使用 AI 技術來提高旅遊行業的效率和客戶體驗。這個領域的主要玩家包括 Hopper、HelloGbye 和 Klook 等。這些公司利用 AI 來預測票價、推薦旅遊路線和提高客戶體驗，從而提高旅遊業的效益。AI 旅遊可以斜槓賺錢的方式有多種，以下是其中幾種：

1. **降低成本**：使用 AI 技術可以降低旅遊公司的成本，從而提高其利潤。例如，AI 可以用來自動化旅遊訂單的處理和管理，從而減少人力成本和時間成本。

2. **提高客戶體驗**：使用 AI 技術可以提高旅遊公司的客戶體驗，從而吸引更多客戶並增加其業務收入。例如，AI 可以用來預測客戶需求和推薦旅遊路線，從而提供更加個性化的旅遊體驗。

3. **創新產品和服務**：AI 技術可以用來開發創新的產品和服務，從而擴大旅遊公司的業務範圍和客戶基礎。例如，AI 可以用來開發虛擬旅遊體驗，從而讓客戶在不離開家的情況下體驗全球各地的景點。

4 **數據分析**：使用AI技術可以對旅遊業的大量數據進行分析，從而發現潛在的商機和趨勢。例如，AI可以用來預測旅遊需求和市場趨勢，從而幫助旅遊公司做出更明智的決策。

AI技術可以為旅遊公司帶來更多的商機和利潤，從而實現斜槓賺錢的目標。

## AI創作

AI技術可以用於幫助創作者提高效率和創造力，例如創作軟體、插件和工具等。此外，像是設計、攝影、網頁製作、寫作、音樂和影視等領域都有可能進行斜槓賺錢。創作領域中可以透過AI技術來提高效率和創造力，進而創造更高的營收。以下是幾個例子：

1 **AI生成內容**：AI技術可以用於生成各種形式的內容，例如文章、音樂、圖像和影片等。這可以大幅提高創作者的效率，並節省時間和人力成本。同時，透過AI生成的內容可以實現個性化和大規模定製，以滿足不同用戶的需求。

2 **設計工具**：AI技術可以用於設計工具，例如自動布局、自動配色和自動排版等。這可以幫助設計師提高效率，並在更短的時間內創造出更好的設計。

3 **數字藝術和虛擬現實**：AI技術可以用於創作數字藝術和虛擬現實，例如自動生成3D模型和創造虛擬環境等。這些技術可以大幅提高創作者的效率，並創造更具創意和互動性的作

品，進而吸引更多的用戶。

4　**自動化工具**：AI技術可以用於開發自動化工具，例如自動翻譯、自動校對和自動摘要等。這些工具可以幫助創作者提高效率，並在更短的時間內完成更多的工作。

5　**創作平台**：AI技術可以用於開發創作平台，例如可以幫助創作者發佈、行銷和賺取收益的平台。這些平台可以透過AI技術提供個性化和智能化的服務，並在不斷成長的創作市場中取得競爭優勢。

總的來說，AI技術可以提高創作者的效率和創造力，並帶來更高的營收。通過開發AI生成內容、設計工具、數字藝術和虛擬現實、自動化工具和創作平台等項目，創作者可以在AI時代下實現斜槓賺錢。

## AI 遊戲

遊戲開發可以融合AI技術，例如遊戲中的角色AI、自動生成遊戲關卡和用於虛擬現實的技術等。遊戲開發可以融合AI技術來提高遊戲體驗和效率，進而斜槓賺錢。以下是幾個可以利用AI技術賺錢的遊戲相關項目：

1　**自動生成遊戲關卡**：AI可以根據玩家的遊戲習慣和喜好，自動生成適合的遊戲關卡，從而提高遊戲的可玩性和挑戰性。開發者可以透過這種技術來吸引更多玩家，提高遊戲的流行度，進而賺取更多收益。

2 > **虛擬角色AI**：AI可以被用於遊戲中的虛擬角色，提高角色的智能和真實感。這種技術可以讓遊戲更具有互動性和挑戰性，從而吸引更多的玩家。此外，開發者還可以利用這些虛擬角色來增加遊戲中的社交元素，從而提高玩家參與度和忠誠度，進而賺取更多收益。

3 > **VR技術**：隨著VR技術的不斷發展，越來越多的遊戲開發者正在利用這種技術來提供更加真實的遊戲體驗。AI可以被用於VR遊戲中，提高遊戲中角色和場景的真實感，進而提高玩家的沉浸感和遊戲體驗。這種技術可以吸引更多的玩家，提高遊戲的收益。

4 > **遊戲數據分析**：AI可以被用於遊戲數據分析，幫助開發者了解玩家的遊戲習慣和需求，從而提供更加個性化的遊戲體驗。透過精準的數據分析，開發者可以更好地了解玩家的需求，進而開發更加受歡迎的遊戲，從而賺取更多的收益。

　　總之，利用AI技術來提高遊戲體驗和效率，可以讓遊戲開發者吸引更多的玩家，提高遊戲的收益。

## AI購物

　　AI技術可以應用於網路購物、零售和電商等領域，例如個性化推薦、價格比較和自動化訂單處理等。AI技術在購物領域的應用主要是通過提高消費者的體驗和增加商家的效益來賺錢。

首先，AI技術可以幫助電商平台實現個性化推薦，從而提高消費者的購物體驗和購買轉化率。這可以通過分析消費者的購買歷史、行為和偏好等數據來實現。例如，當一位消費者在網站上瀏覽產品時，AI系統可以通過分析該消費者的購買歷史和偏好，向其推薦相關的產品。這樣一來，消費者可以更快速地找到自己感興趣的產品，提高了其購買的可能性。

其次，AI技術還可以幫助商家進行庫存和供應鏈管理，從而提高效益和降低成本。這可以通過AI系統對消費者的購買行為進行分析，預測哪些產品將會被購買，並通過與供應商的聯繫實現庫存優化。此外，AI技術還可以幫助商家預測價格變化和市場趨勢，從而優化定價和促銷策略，提高效益。

最後，AI技術還可以幫助商家實現自動化訂單處理和物流管理，從而提高效率和降低成本。這可以通過AI系統對訂單和物流的自動處理來實現。例如，當消費者下單後，AI系統可以自動將訂單分配給最優秀的物流合作夥伴，從而提高了物流的效率和客戶體驗。

總之，AI技術可以幫助購物行業實現個性化推薦、庫存和供應鏈管理、自動化訂單處理和物流管理等功能，從而提高了消費者的購物體驗和商家的效益，並實現斜槓賺錢的目標。

## AI健身和健康

AI可以應用於健身和健康領域，例如健身追蹤器、智能藥箱和健康管理應用程式等。在AI時代下，健身和健康領域也開始應用AI技

術來提高效率和客戶體驗，以下是其中一些可以斜槓賺錢的項目：

1 **健身追蹤器**：許多健身追蹤器使用AI技術來分析健身數據，例如心率、步數、睡眠時間和燃燒的卡路里等。這些數據可以幫助使用者更好地理解他們的健康狀態和運動表現，也可以幫助健身教練更好地了解他們的客戶需求和進行個性化的健身計畫。

2 **智慧藥箱**：一些公司開發了智慧藥箱，使用AI技術來提醒使用者何時該服用藥物、如何服用藥物以及如何監測自己的健康狀態。這些智慧藥箱還可以與醫生或護士進行溝通，向他們發送有關使用者健康狀況的報告。

3 **健康管理應用程式**：許多健康管理應用程式使用AI技術來分析使用者的健康數據，例如體重、血壓和血糖等，以及其他健康指標。這些應用程式可以幫助使用者追蹤他們的健康狀態，提供個性化的建議和推薦，並與醫生或其他健康專業人士進行溝通。

這些技術可以為健身和健康行業帶來更好的效益和客戶體驗，也可以幫助使用者更好地維護自己的健康和生活品質。同時，開發這些AI技術的公司也可以通過售賣健身追蹤器、智慧藥箱和健康管理應用程式等產品來賺錢。

## AI 旅遊和體驗

　　AI技術可以應用於旅遊和體驗行業，例如智能導覽、訂票系統和虛擬旅遊體驗等。旅遊和體驗領域的斜槓賺錢機會主要來自於以下幾個方面：

1. **智能導覽**：AI技術可以應用於智能導覽中，例如使用人工智慧語音識別技術為遊客提供專業的導覽服務，並且能夠根據遊客的喜好和偏好提供個性化的旅遊建議和推薦。

2. **訂票系統**：AI技術可以應用於訂票系統中，例如使用機器學習和深度學習技術對過往訂票數據進行分析，從而預測未來的票務情況，提高訂票的成功率和效率。

3. **虛擬旅遊體驗**：AI技術可以應用於虛擬旅遊體驗中，例如使用虛擬現實和增強現實技術為遊客提供身臨其境的旅遊體驗，並且能夠根據遊客的喜好和偏好提供個性化的體驗。

4. **旅遊體驗設計**：AI技術可以應用於旅遊體驗設計中，例如使用機器學習和深度學習技術分析遊客的喜好和偏好，從而設計更符合他們需求的旅遊體驗和活動，提高遊客滿意度和忠誠度。

　　以上是部分斜槓賺錢機會，這些機會需要結合創新思維和技術能力，才能夠真正創造價值並獲得商業成功，而斜槓賺錢的項目還有很多，取決於個人的興趣和技能。

# 指引人生大道的明燈！
## 真理指引の知識服務

# 真是真永是真

- 跨時代 ☑
- 跨領域 ☑
- 融匯古今 ☑
- 中西互證 ☑

「真永是真」人生大道，條條是經典，字字是真理！王晴天大師率魔法講盟知識服務團隊精選 999 個真理，打造「真永是真」人生大道叢書，每一個真理均搭配書籍、視頻、課程等，並融入了數千本書的知識點、古今中外成功人士的智慧經驗，全體系應用，360 度全方位學習，讓你化盲點為轉機，為迷航人生提供真確的指引明燈！

333 本書
課程
影音視頻
999個真理
Mook 專書

……共 999 則

# 真是真 永

## 真讀書會 生日趴＆大咖聚

### 真讀書會來了！解你的知識焦慮症！

在王晴天大師的引導下，上千本書的知識點全都融入到每一場演講裡，讓您不僅能「獲取知識」，更「引發思考」，進而「做出改變」；如果您想體驗有別於導讀會形式的讀書會，歡迎來參加「真永是真·真讀書會」，真智慧也！

**2023 場次**
**11/4(六)**
13:00~21:00

**2024 場次**
**11/2(六)**
13:00~21:00

立即報名

📍 地點：新店台北矽谷國際會議中心
（新北市新店區北新路三段 223 號捷運大坪林站）

★ 超越《四庫全書》的「**真永是真**」人生大道叢書 ★

| | 中華文化瑰寶 清《四庫全書》 | 當代華文至寶 真永是真人生大道 | 絕世歷史珍寶 明《永樂大典》 |
|---|---|---|---|
| 總字數 | 8 億 勝 | 6 千萬字 | 3.7 億 |
| 冊數 | 36,304 冊 勝 | 333 冊 | 11,095 冊 |
| 延伸學習 | 無 | 視頻＆演講課程 勝 | 無 |
| 電子書 | 有 | 有 勝 | 無 |
| NFT＆NFR | 無 | 有 勝 | 無 |
| 實用性 | 有些已過時 | 符合現代應用 勝 | 已失散 |
| 叢書完整與可及性 | 收藏在故宮 | 完整且隨時可購閱 勝 | 大部分失散 |
| 可讀性 | 艱澀的文言文 | 現代白話文，易讀易懂 勝 | 深奧古文 |
| 國際版權 | 無 | 有 勝 | 無 |
| 歷史價值 | 1782 年成書 | 2023 年出版 勝 最晚成書，以現代的視角、觀點撰寫，最符合趨勢應用，後出轉精！ | 1407 年完成 勝 成書時間最早，珍貴的古董典籍。 |

> "「真永是真」人生大道叢書，將是史上最偉大的知識服務智慧型工程！堪比《四庫全書》、《永樂大典》，收錄的是古今通用的道理，具實用性跨界整合的智慧，絕對值得典藏！"

# 史上最強 寫書&出版實務班

## 全國最強 **4** 階培訓班，
## 見證人人出書的奇蹟。

**素人崛起，從出書開始！**
**讓您借書揚名，建立個人品牌，**
**晉升專業人士，**
**帶來源源不絕的財富。**

　　由出版界傳奇締造者、超級暢銷書作家王晴天及多位知名出版社社長聯合主持，親自傳授您寫書、出書、打造暢銷書佈局人生的不敗秘辛！教您如何企劃一本書、如何撰寫一本書、如何出版一本書、如何行銷一本書。

理論知識

實戰教學

個別指導諮詢

保證出書

**P 企劃**

**P 出版**

**W 寫作**

**M 行銷**

## 當名片式微，
## 出書取代名片才是王道！！

《改變人生的首要方法
～出一本書》 ▶▶▶

新絲路視頻5
改變人生的
10個方法
5-1寫一本書

# 微資創富計畫

## 智慧型立体學習

多層次 ▲　全方位 ▲　立体式 ▲　3D Pro ▲

☑ 你想成為暢銷書作家嗎？

☑ 你想站上千人舞台演講，建構江湖地位嗎？

☑ 你想斜槓學習，多賺10倍收入嗎？

☑ 你想低風險、甚至零風險創業，賺取長期被動收入嗎？

☑ 你知道有哪一套書的成就居然超越了《四庫全書》與《永樂大典》嗎？

更不可思議的是…………

智慧型立体學習出版＆培訓集團

～培養權威領導者的搖籃～

## ★AI智慧商機說明會★

實體活動 ▶ 每週週一～週五下午14:00～15:30

活動地點 ▶ 中和魔法教室（新北市中和區中山路二段366巷10號3樓）

・課程洽詢專線 ☎ 02-82458318　　・微資創業諮詢 ☎ 02-22487896#368

更多資訊，請上 silkbook○com 新絲路網路書店查詢

# COUPON 優惠券免費大方送！

## 2024．6/29（六）& 6/30（日）9:30~18:00

### 642財富大躍進實戰 二日班

地點：中和廬法教室（新北市中和區中山路二段366巷10號3樓 ⓔ 橋和站）

100%複製、建構高效萬人團隊、系統化經營

只要方法用對，就沒有賺不到的萬富貴。

打造自動化賺錢系統，月入千萬不是夢！

★優惠價★ **$3980** 元

定價$79800元

憑本票券享

更多詳細資訊請洽（02）8245-8318 或上官網 www.silkbook.com 查詢

---

### 2024 亞洲・世華八大名師高峰會

新趨勢・新商機

新布局・新人生

創業培訓高峰會，錢進元宇宙・區塊鏈・NFT，
高CP值的創業機密，讓您跨界創富！

**免費入場** 持本券可入座一般席

■ 亞洲八大名師高峰會

時間▶2024 年 6/15（六）、6/16（日）

每日上午 9 點到下午 5 點

**6月** 15/16

■ 世界華人八大明師

時間▶2024 年 10/19（六）、10/20（日）

每日上午 9 點到下午 5 點

**10月** 19/20

地點▶新店台北矽谷（新北市新店區北新路三段 223 號 ⓔ 大坪林站）

更多詳細資訊請洽（02）8245-8318 或上 www.silkbook.com 查詢